高职高专计算机专业系列教材

计算机数据恢复技术

（第 二 版）

梁宇恩　沈建刚　梁启来　编著

西安电子科技大学出版社

内容简介

本书主要介绍与计算机数据存储及恢复有关的技术，包括硬盘和分区、FAT 文件系统、NTFS 文件系统、数据恢复技术与数据备份、计算机软故障处理、硬盘修复工具 PC-3000 以及 Linux 文件系统等内容。此外，附录中还给出了常用数制、ASCII 码表、硬盘区域组织结构表、常用 DOS 命令及 debug 命令等内容。书中涉及的文件系统和工具软件均是目前市场上最常见的，具有很强的实用性。

本书可作为高职高专院校计算机类数据恢复技术课程教学的教材，也可供中职院校、职工业余大学、函授大学等学校选用，还可作为相关企事业单位工程技术人员、自学人员的参考书。

图书在版编目(CIP)数据

计算机数据恢复技术/梁宇恩，沈建刚，梁启来编著. —2 版. —西安：
西安电子科技大学出版社，2015.2(2021.10 重印)
ISBN 978-7-5606-3562-0

Ⅰ.①计… Ⅱ.①梁… ②沈… ③梁… Ⅲ. 电子计算机—数据管理—安全技术—高等职业教育—教材 Ⅳ.①TP309.3

中国版本图书馆 CIP 数据核字(2015)第 033333 号

策划编辑 臧延新
责任编辑 买永莲 臧延新
出版发行 西安电子科技大学出版社（西安市太白南路 2 号）
电 话 (029)88202421 88201467 邮 编 710071
网 址 www.xduph.com 电子邮箱 xdupfxb001@163.com
经 销 新华书店
印 刷 陕西日报社
版 次 2015 年 2 月第 2 版 2021 年 10 月第 10 次印刷
开 本 787 毫米×1092 毫米 1/16 印张 13
字 数 307 千字
印 数 22 501～24 500 册
定 价 28.00 元
ISBN 978-7-5606-3562-0 / TP
XDUP 3854002-10
*** 如有印装问题可调换 ***

前　言

自 2009 年《计算机数据恢复技术(第一版)》出版以来，计算机软硬件技术有了较大的发展，硬盘存储容量突破了 TB 级，微软 Windows 64 位操作系统和固态硬盘开始普及，移动互联网应用呈现爆发式增长，Linux 系统也吸引了不少用户的青睐。因此，本书新增加了 PC-3000 数据恢复工具与 Linux 系统两章，旨在使数据恢复技术的内容得以充实，并对前一版存在的错误进行了修正。

需要说明的是，由于 Windows 2000/XP、Windows 7/8 等操作系统管理 FAT32、NTFS 文件分区的方式是相同的，所以本书中新增章节之外的工具软件操作界面和第一版的相同，即书中所列工具在 Windows 7/8 环境下基本可以正常运行，操作方式也没有发生变化。

本书的编写人员有梁宇恩(绪论、第 1 章(部分)、第 2 章、第 4 章、第 6 章、附录)、沈建刚(第 3 章、第 5 章、第 7 章)、梁启来(第 1 章(部分))。

本书在编写的过程中得到了杭州颐高数码水利电子技术公司凌双林工程师在技术方面的大力指导，在此深表谢意。

由于编者水平有限，书中难免错误与疏漏之处，恳请广大读者批评指正。

编　者

2014 年 11 月

第一版前言

本书是根据“计算机维护和数据恢复技术教学大纲”的基本要求，在总结该课程四年教学经验的基础上，参考了国内相关专著编写而成的，编者希望本书对高职高专院校计算机数据恢复课程教学有所帮助。

在本书的编写过程中，考虑到高职高专院校的实际特点和就业需要，编者力求做到以下几点：

(1) 编写目的明确。本书主要面向高职高专院校学生，目的是拓宽学生对计算机文件系统的了解，培养学生独立分析问题和解决问题的能力，并掌握基本的数据恢复技术，为以后的进一步学习打下基础。

(2) 内容安排合理。根据高职高专院校学生的特点，在内容的取舍和章节的划分上，既考虑了内容的系统性，又突出了实用性。特别是考虑到多视角教学的需要，安排了不同层次的实例操作讲解，供相近专业学生根据自身的实际需要选用。此外，本书在内容的叙述上还力求通俗易懂、由浅入深、循序渐进，以引导学生学会独立思考，提高解决实际问题的能力。

(3) 注重结合实际。本书所选用的工具软件都是目前市场上常见的，以便于学生在实践中加以运用。

本书由梁宇恩主编，参加编写的人员有梁宇恩(绪论、第 1 章(部分)、第 2 章、第 4 章以及附录)、沈建刚(第 3、5 章)和梁启来(第 1 章(部分))。

本书在编写过程中得到了浙江机电职业技术学院计算机应用工程系王雷老师的大力支持，在此表示感谢。

由于时间仓促和编者水平有限，本书可能还有一些不足之处，希望广大读者批评指正。

编　者

2008 年 10 月

目　　录

绪　　论

一、信息安全与数据恢复

20 世纪 90 年代以来，计算机开始大规模进入社会生活的各个领域，逐渐成为人们日常生活和工作中密不可分的一部分。而随着计算机知识的普及和网络技术的发展，信息的安全日益受到人们的关注。

1．信息安全

随着人类对计算机依赖的日益加深，信息安全变得越来越重要，其主要原因如下：

(1) 信息在现代社会中是不可或缺的重要资源。信息(包括政治、经济、文化、科技、军事等各个方面)有别于传统意义上的实物资源，它存储于各种数据存储设备之中，以图像、语音、文档、数据库等为载体，表达了丰富的知识与内容，是一种非实物资源。信息的流向、拥有权和应用对现代社会产生了巨大而深远的影响，直接关系到个人、公司、区域甚至国家的利益，因此，保护信息安全意义重大。

(2) 进入 21 世纪以来，信息安全正面临着严峻挑战。例如，国内外多次发生的银行、信用卡信息泄露事件，不但给个人造成了经济损失，也给整个社会带来了不安定因素。2008 年 1 月法国兴业银行交易员热罗姆·凯维埃尔的违规交易事件，给该行造成了 70 亿美元的亏损，还影响到了国际金融市场的稳定。国内也发现有病毒编写者与不法人员勾结，在网络上传播病毒，窃取网民资料，攫取经济利益。凡此种种事例都说明，信息安全已成为一个不容忽视的社会问题。

(3) 信息安全意识普遍不强。人们在充分享受现代高科技带来便利的同时，却常常忽略信息安全。互联网普及后，网上环境变得愈来愈复杂，计算机用户在使用网络的过程中可能不知不觉就成为病毒、恶意软件的攻击者，而很多人是在遭受损失后才懊悔不已。所以信息安全防范意识薄弱也成为导致用户蒙受损失的一个重要原因。

2．数据恢复的作用

计算机时代，各类计算机数据作为信息的载体，一旦被破坏或丢失，将给用户带来巨大损失。数据恢复是一种能帮助用户恢复系统功能，部分或全部找回受损数据的技术，其主要作用如下：

(1) 恢复操作系统。由于种种原因(例如病毒入侵、误操作等)，致使计算机操作系统、部分分区无法正常使用时，利用数据恢复技术即可排除故障，使操作系统和分区重新正常工作。

(2) 恢复文件。这是数据恢复技术最重要的功能。如果用户不慎丢失了重要文件，可以借助于数据恢复软件和手工修复方法来找回。然而恢复文件有一个前提，即文件所在数据区部分没有被破坏。

(3) 排除系统安全故障。这方面内容比较丰富，如操作系统账号被人篡改、加密文件密码遗忘、硬盘出现坏道、IE 浏览器设置被恶意修改等，都可以使用相应技术一一化解。

二、数据恢复技术概述

1. 数据恢复的定义

计算机及存储设备如果遭受人为破坏、病毒入侵、误操作或因硬件故障、环境变化、非规范操作等，存储介质上的数据就有可能受损甚至丢失。数据恢复实际上就是将那些由于各种原因受损或丢失的数据还原成正常数据的过程。

2. 数据恢复的范畴

数据恢复过程中不但要处理存储介质上的数据，还要面对存储设备本身。所以数据恢复的范畴就包括数据故障和设备故障两部分。

(1) 数据故障。数据故障主要包括主引导记录、操作系统引导扇区、分区信息表丢失，病毒、恶意程序破坏，文件删除、分区、格式化和克隆还原误操作，重要文件(文本、图像、数据库)损坏，操作系统、文件密码遗失，U 盘、光盘文件丢失，系统掉电引起的数据丢失等。

(2) 设备故障。设备故障主要包括硬盘磁头、盘片、伺服机构损坏，硬盘电路板故障，硬盘固件信息丢失，硬盘出现坏道等。

3. 数据恢复的主要步骤

计算机发生故障后，维修人员应先判断是否需要进行数据恢复。首先对计算机进行检测，查看计算机是否有下列常见问题：

(1) 不能正常进入操作系统，密码丢失；

(2) 分区不能识别；

(3) 文件丢失；

(4) 文件打开后有乱码；

(5) 经检测硬盘出现坏道；

(6) 硬盘工作异常，如分区、格式化不能正常完成，硬盘工作时发出奇怪的响声，计算机出现蓝屏等；

(7) U 盘识别容量达不到标称值，有分区、文件丢失；

(8) 光盘上文件丢失。

如果发生了上述故障，应先备份好存储设备上的已有数据，确保后续操作不会对已有数据造成进一步的破坏。其次，询问计算机用户，问明发生故障前做了哪些操作，访问过哪些网站，下载过什么文件等。还要请用户回忆计算机出现过哪些异常现象，做好这些记录作为恢复数据的参考。

由于故障原因各不相同，开始恢复操作时应谨慎，必须根据用户自述和检测结果确定具体恢复方案，每一步操作应考虑周全，确保不会造成新的破坏并能退回上一状态。随着恢复的进度，还要及时备份还原成功的数据。

三、数据恢复技术基础

1. 存储介质

数据都是存储在某种物理介质中的，因此要实施数据恢复就必须先了解各种介质的构造和数据存储原理。随着材料技术的发展，近年来涌现出越来越多的新型存储介质。鉴于本书的定位，重点将放在使用最广泛的硬盘上。读者对硬盘的构造应有一个较完整的了解，特别要掌握硬盘的逻辑结构，理解磁道、扇区、柱面这些看不见摸不着的抽象概念。

2. 数据存储区域

数据如何存储在物理介质之中，是数据恢复的主要理论依据。只有弄清了数据存储区域以及区域之间的关系，才能提出正确的数据恢复策略并实施。掌握了主引导记录、操作系统引导记录、文件分配表、文件目录表和数据区这五种数据存储区域，不但可以理解 FAT 系统文件管理，也可为理解其他的文件系统铺平道路。

3. 文件系统

文件系统实际上和数据存储区域是密切相关的，不同的文件系统下的数据存储区域并不完全一样。掌握不同文件系统下数据存储区域的主要特征有助于我们开展数据恢复。本书主要介绍目前常用的 FAT 文件系统和 NTFS 文件系统。

4. 必要的预备知识和技能

学习数据恢复技术之前，最好能掌握计算机组成，会二进制、十进制和十六进制之间的数据转换，若能编写汇编程序和使用 Debug 工具就更好了。

总之，数据恢复是一项极具广阔应用前景的技术，掌握好这门技术不但要求有扎实的理论基础，还要有较强的实际操作技能，对现场分析、推理能力也有较高要求。因此，学好数据恢复，不但能掌握一项技能，也是对自身综合素质的一种全面提升。

第1章 硬盘和分区

1.1 硬盘基础知识

硬盘(Hard Disk)是计算机中最重要的外部存储器。硬盘也被称为计算机的仓库，其中所存放信息资源的价值往往要远高于硬盘本身的价值。自 1956 年 IBM 推出第一台硬盘驱动器 IBM 350 Disk Storage(见图 1-1)至今已有近六十年了，其间虽没有 CPU 那种令人眼花缭乱的高速发展与技术飞跃，但我们也确实看到在这几十年里，硬盘驱动器从控制技术、接口标准、机械结构等方面都进行了一系列改进。正是由于这一系列技术上的突破，今天，我们终于用上了容量更大、体积更小、速度更快、性能更可靠、价格更便宜的硬盘。

图 1-1　IBM 350 硬盘驱动器

如今，虽然号称新一代驱动器的 JAZ、DVD-ROM、DVD-RAM、CD-RW、MO、PD 等纷纷登陆大容量驱动器市场，但硬盘以其容量大、体积小、速度快、价格便宜等优点，依然当之无愧地成为台式机最主要的外部存储器，也是每一台 PC 必不可少的配置之一。

1.1.1 硬盘的物理结构

目前微机系统中使用的硬盘大多为温彻斯特盘(Winchester)，其特点是硬盘采用封闭式结构，读写数据时磁头与磁盘片不接触，而是悬浮在高速旋转的盘片上。硬盘按其盘径主要分为 5.25 英寸(135 mm)、3.5 英寸(90 mm)、2.5 英寸(64 mm)、1.8 英寸(46 mm)和 1.3 英寸(33 mm)等几种。其中，5.25 英寸的硬盘主要配置在早期 286 以下的 PC 中。目前的台式电脑中一般配置的都是 3.5 英寸硬盘，笔记本电脑中则主要配置的是 2.5 英寸以下的硬盘。

1．硬盘的外观

从外观上看，硬盘包括金属外壳、电路板、数据接口、电源输入接口和跳线。

由于硬盘产品在外形的设计上要遵守统一的行业标准，所以不同厂商的硬盘产品外形均相似，只有细节上的差异。硬盘外壳使用金属制造，呈长方形。硬盘外壳里面封装着盘片、磁头、电机等部件。一般环境下绝对不能打开外壳，因为空气中的尘埃会对盘片造成严重的损坏。硬盘工厂都是在超纯净的车间(洁净度达到或超过 Class100 级)中生产和封装盘片的。硬盘外壳的正面贴着硬盘标签，上面有硬盘的生产厂家、转速、容量、工作电压等信息，如图 1-2 所示。硬盘外壳的背面裸露着控制芯片、电阻等电子元件。这些电子元件裸露在外面而不包裹在金属匣子里面的原因在于这样更有利于散热，如图 1-3 所示。

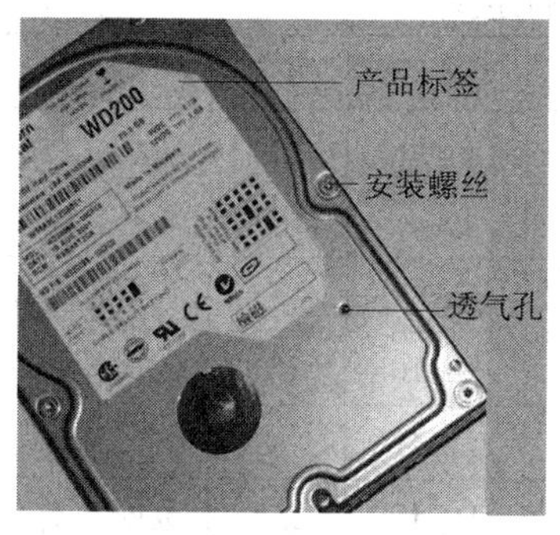

图 1-2 硬盘标签

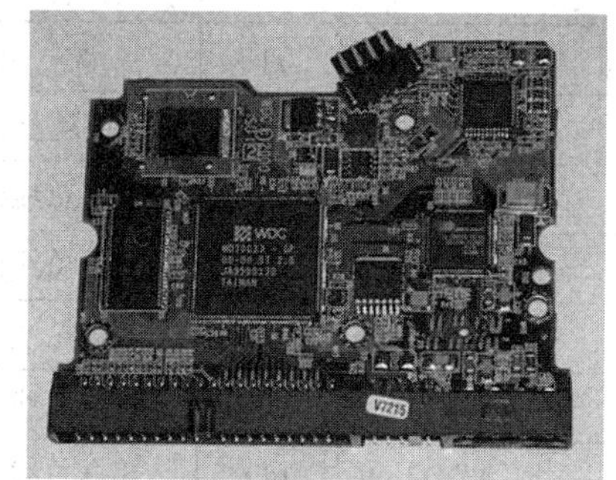

图 1-3 硬盘外壳背面的电子元件

数据接口、电源接口和跳线位于硬盘的同一个侧面(如图 1-4 所示)，它们直接和硬盘的电路板相连。数据接口通过数据线将硬盘和计算机主板连接起来，电源接口则为硬盘提供工作电源，用户可以通过跳线将硬盘设置为主盘、从盘或安全模式等。目前最常见的数据传输接口有 PATA(IDE)、SATA、SCSI 三种，前两种接口主要应用于个人计算机，而 SCSI 接口则主要应用在服务器中。此外，还有 USB 接口和 IEEE 1394 接口，其中 USB 接口主要用于移动硬盘。

PATA(Parallel ATA)接口也叫 IDE(Integrated Drive Electronics)接口，即“电子集成驱动器”，其本意是指把“硬盘控制器”与“盘体”集成在一起的硬盘驱动器。把盘体与控制器集成在一起的做法减少了硬盘接口的电缆数目和长度，使数据传输的可靠性得以增强，硬盘制造起来也更容易。对硬盘厂商而言，无需担心自己的硬盘与其他厂商生产的控制器是否兼容；对用户而言，硬盘安装起来更方便。

图 1-5 所示为主板上的数据接口，通常称为 IDE 接口，它通过数据线和硬盘相连。

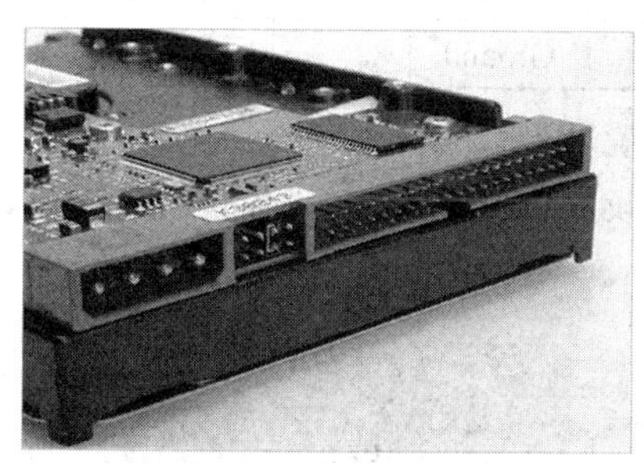

图 1-4 数据接口、电源接口和跳线

图 1-5 主板上的 IDE 接口

IDE 接口共有 40 个引脚，其中第 20 个引脚是空的，如图 1-4 所示，接口边框有一个缺口，相应的硬盘数据线上有一个凸起，其作用是防止用户在连接时出现错误。IDE 接口引脚的排列如表 1-1 所示，各引脚的定义如表 1-2 所示。与引脚 3～18 连接的电阻阻值均相同，与引脚 33、35、36 连接的电阻阻值均相同，检修时可对比测量。

表 1-1 IDE 数据接口的引脚排列

39	37	35	33	31	29	27	25	23	21	19	17	15	13	11	9	7	5	3	1
40	38	36	34	32	30	28	26	24	22	20	18	16	14	12	10	8	6	4	2

表 1-2　IDE 接口各引脚的定义

引脚	名　称	方向	说　明	引脚	名　称	方向	说　明
1	Reset–	I	复位	2	Ground		地
3	DD7	I/O	数据总线位 7	4	DD8	I/O	数据总线位 8
5	DD6	I/O	数据总线位 6	6	DD9	I/O	数据总线位 9
7	DD5	I/O	数据总线位 5	8	DD10	I/O	数据总线位 10
9	DD4	I/O	数据总线位 4	10	DD11	I/O	数据总线位 11
11	DD3	I/O	数据总线位 3	12	DD12	I/O	数据总线位 12
13	DD2	I/O	数据总线位 2	14	DD13	I/O	数据总线位 13
15	DD1	I/O	数据总线位 1	16	DD14	I/O	数据总线位 14
17	DD0	I/O	数据总线位 0	18	DD15	I/O	数据总线位 15
19	Ground		地	20	N.C.		
21	DMARQ	O	DMA 请求	22	Ground		地
23	DIOW–	I	I/O 写	24	Ground		地
25	DIOR–	I	I/O 读	26	Ground		地
27	IORDY	O	I/O 通道准备好	28	CSEL		①
29	DMACK–	I	DMA 确认	30	Ground		地
31	INTRQ	O	中断请求	32	N.C.		ATA-2 中使用
33	DA1	I	地址位 1	34	PDIAG–		②
35	DA0	I	地址位 0	36	DA2	I	地址位 2
37	CS0–	I	片选 0	38	CS1–	I	片选 1
39	DASP–	O	驱动器状态	40	Ground		地

注：① CSEL：一条排线上有两个存储设备时，通过该信号确定主、从设备。

② PDIAG–/CBLID–：一条排线上有两个存储设备时，设备 1 通知设备 0，设备 1 已检测通过。该引脚也用于确定是否有 80 芯的排线连接到接口上。

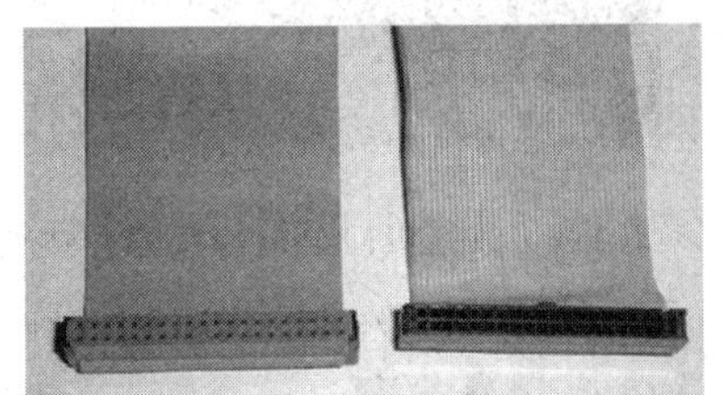

图 1-6　IDE 数据线

IDE 接口的数据线有两种，分别是 40 芯数据线和 80 芯数据线，如图 1-6 所示。其中，40 芯数据线只适用于数据传输速率在 33 MB/s 以下的 IDE 驱动器，现在多用于光驱。80 芯数据线适用于数据传输速率在 66 MB/s 以上的 IDE 驱动器，并且向下兼容。80 芯的数据线同样适用于 40 个引脚的接口，80 芯数据线中新增的都是地线，与原有的数据线一一对应。当数据传输速率提高到 66 MB/s 以上时，信号线之间的电磁干扰就会增强，这样的设计可以有效降低相邻信号线之间的电磁干扰。

2．硬盘的内部结构

硬盘由磁头组件、磁头驱动机构、盘片、主轴组件、前置控制电路等组成。硬盘中的盘头组件(HDA，Hard Disk Assembly)是构成硬盘的核心，它封装在硬盘的净化腔内。

(1) 磁头组件。该组件是硬盘中最精密的部件，它由读写磁头、传动臂、传动轴三部分组成，如图 1-7 所示。磁头是硬盘技术中最重要和关键的一环，实际上是集成工艺制成的多个磁头的组合，采用非接触式头、盘结构，加电后在高速旋转的磁盘表面移动，与盘片之间的间隙只有 0.1～0.3 μm，这样可以获得极佳的数据传输率。

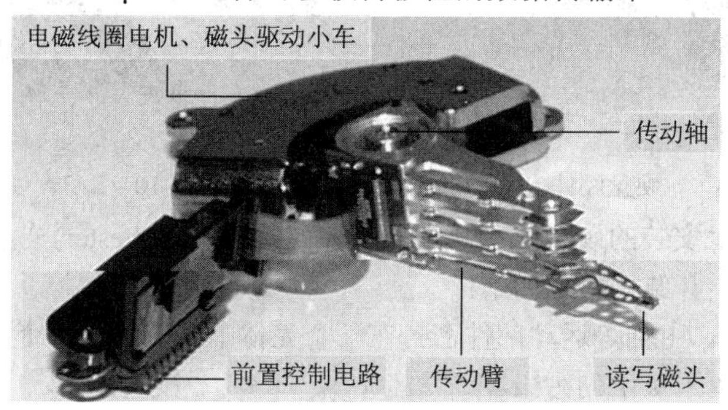

图 1-7　磁头组件

(2) 磁头驱动机构。磁头驱动机构由电磁线圈电机、磁头驱动小车、防震动装置构成。高精度的轻型磁头驱动机构能够对磁头进行正确的驱动与定位，并能在很短的时间内精确定位系统指令指定的磁道。

(3) 盘片。盘片是硬盘存储数据的载体，现在的硬盘盘片大多采用的是金属薄膜材料，这种金属薄膜与软盘的不连续颗粒载体相比，具有更高的存储密度、高剩磁及高矫顽力等优点。

(4) 主轴组件。主轴组件包括轴承和驱动电机等，如图 1-8 所示。随着硬盘容量的扩大和速度的提高，主轴电机的速度也在不断提升，有厂商开始采用精密机械工业的液态轴承电机技术(FDB)。采用 FDB 电机不仅可以使硬盘的工作噪音降低许多，而且还可以增加硬盘的工作稳定性。

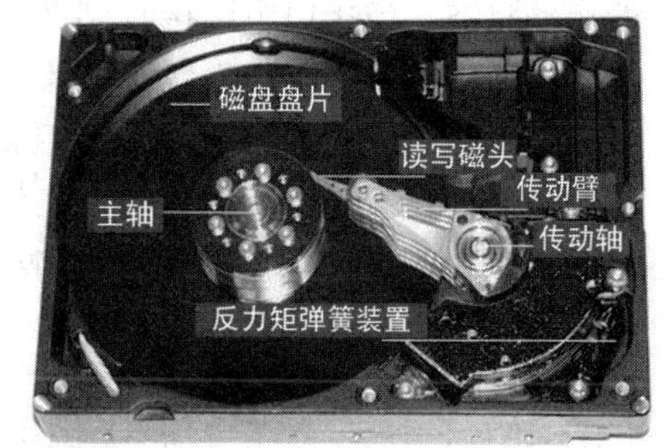

图 1-8　主轴组件

(5) 前置控制电路。前置电路控制磁头感应的信号、主轴电机调速、磁头驱动和伺服定位等(见图 1-7)。由于磁头读取的信号较微弱，故将放大电路密封在腔体内，以减少外来信号的干扰，提高操作指令的准确性。

所有的盘片都固定在一个旋转轴上，这个轴就是盘片主轴。所有的盘片都是平行的，每个盘片的存储面上都有一个磁头，磁头与盘片之间的距离比头发丝的直径还小。所有的磁头连在一个磁头控制器上，由磁头控制器来控制各个磁头的运动。当磁头沿盘片的半径方向运动时，盘片则以每分钟数千转到上万转的速度旋转，这样磁头就能对盘片上的指定位置进行数据的读写操作。

将硬盘盒盖打开后，硬盘内部结构即一目了然。把硬盘上表面的塑料纸彻底撕掉，拧下 8 颗螺钉(四周 6 颗，中间 2 颗)，再撕掉后侧面的密封锡纸，看到的硬盘如图 1-9 所示。这即硬盘的内部结构，硬盘的盘片相当光滑，比我们常用的镜子还要平整。

SATA 接口的硬盘，其内部结构与 IDE 接口的硬盘一样，只是外部接口不同，如图 1-10 所示。

图 1-9　硬盘腔体

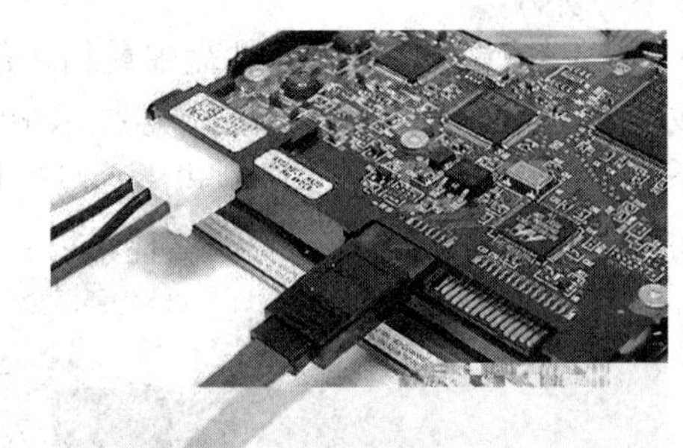

图 1-10　SATA 硬盘的外部接口

目前，计算机上安装的硬盘几乎都是采用温彻斯特(Winchester)技术制造的硬盘。这种硬盘也被称为温盘，其结构特点如下：

(1) 磁头、盘片、主轴等运动部件密封在一个壳体中，形成了一个盘头组件(HDA)，与外界环境隔绝，避免了灰尘的污染。

(2) 磁头在启动、停止时与盘片接触，而在工作时磁头悬浮于盘片上约 0.1～0.3 μm(人的头发直径是 50 000 nm)处。早期硬盘的磁头悬浮高度为 3～4 μm。

(3) 磁头工作时与盘片不直接接触，所以磁头的负载较小。磁头可以做得很精细，检测磁道的能力很强，可大大提高位密度。

3．硬盘的工作原理

当硬盘驱动器加电后，利用控制电路进行初始化工作，初始化完成后主轴电机将启动并高速旋转，装载磁头的小车机构移动，将浮动磁头置于盘片表面的 0 道，处于等待指令的启动状态。当接口电路接收到微机系统传来的指令信号时，使该指令信号通过前置放大控制电路，驱动音圈电机发出磁信号，根据感应阻值变化的磁头对盘片数据进行正确定位并将接收后的数据信息解码，然后通过放大控制电路传输到接口电路，反馈给主机系统以完成指令操作。当硬盘断电停止工作时，在反力矩弹簧的作用下，浮动磁头驻留到盘面中心。由于硬盘的工作原理非常复杂，这里仅作简要介绍，下面重点介绍磁头读写原理。

硬盘的数据都保存在盘片上，盘片上布满了磁性物质。我们都知道磁性有南、北两极，正好可以表示二进制的 0 和 1，而计算机数据的存储和运算都是以二进制的形式进行的。写入数据的过程实际上是通过磁头对硬盘盘片表面上磁性物质的磁极进行改变的过程；读取数据则是通过磁头去感应磁阻的变化过程。这里，磁头扮演着极为重要的角色，它也是硬盘里最昂贵的部件。

早期的磁头是读写合一的电磁感应式磁头，但是硬盘数据的读和写是两种截然不同的操作，因此，这种二合一磁头在设计上必须兼顾读和写两种特性，从而造成设计上的局限。而 MR 磁头(磁阻磁头)和 GMR 磁头(巨磁阻磁头)采用分离式的磁头结构，写入磁头仍采用传统的感应磁头(MR 磁头不能进行写操作)，而读取磁头则采用新型的 MR 磁头或 GMR 磁头，因此写操作由感应磁头完成，读操作由 MR 磁头(或 GMR 磁头)完成。这样，在设计时就可以针对两者的不同特性分别进行优化，以取得更好的读写性能。另外，MR 磁头是通过阻值的变化来感应信号的，因而对信号的变化相当敏感，读取数据的准确率很高。而且由于读取信号幅度与磁道宽度无关，所以磁道可以做得很窄，从而提高盘片的容量。

硬盘的有效数据都存储在盘片上，磁头用于读取和写入数据。主轴电机带动盘片旋转，磁头通过音圈电机的驱动，以音圈电机为轴心，沿盘片直径方向作内外圆弧运动，这样通过盘片的旋转和磁头的内外移动，磁头就可以读写到盘片上的每个位置。磁头上有一个磁头芯片，用于磁头的逻辑分配和电磁信号的放大。前置信号处理器处理磁头芯片传过来的信号，数字信号处理器进一步处理前置信号处理器传过来的信号，然后传递给接口。接口芯片对数据再作进一步处理，然后传递给计算机，没能及时处理的数据暂存在高速缓存中。硬盘微处理器控制着电机驱动芯片、前置信号处理器、数字信号处理器和接口，它们在微处理器统一管理下协调工作。微处理器是整个硬盘电路的控制中枢，现在大多数硬盘的微处理器、接口、数字信号处理器都已经集成到了一个芯片中。

1.1.2 硬盘的逻辑结构

1. 盘片

硬盘的盘片一般用铝合金作基片，高速旋转的硬盘也有用玻璃作基片的。玻璃基片更容易达到其要求的平面度和光洁度，并且有很高的硬度。磁头传动装置是使磁头部件作径向移动的部件，通常有两种类型的传动装置：一种是齿条传动的步进电机传动装置；另一种是音圈电机传动装置。前者是固定推算的传动定位器，后者则采用伺服反馈返回正确的位置。磁头传动装置以很小的等距离使磁头部件作径向移动，以变换磁道。

硬盘的每一个盘片都有两个盘面(Side)，即上、下盘面，也有极个别的硬盘其盘面数为单数。一般每个盘面都会利用上，即都可以装上磁头存储数据，成为有效盘片。按照盘面数量的多少，依次称为 0 面、1 面、2 面、……由于每个面都专有一个读写磁头，故也常称为 0 头 Head)、1 头等。按照硬盘容量和规格的不同，硬盘面数(或头数)也不一定相同，少的只有两面，多的可达数十面。

2. 磁道

磁盘上存放数据的同心圆轨道就是磁道(Track)，如图 1-11 所示。这些磁道是盘面上以特殊方式磁化了的区域，磁盘上的信息便是沿着这样的轨道存放的。相邻磁道之间并不是紧挨着的，这是因为磁化单元相隔太近时磁性会相互产生影响，同时也会给磁头的读写带来困难。磁道从外向内自 0 开始顺序编号。随着存储密度的提高，磁道宽度已降至 200 nm 以内。磁道宽度决定了硬盘的道密度(TPI，Tracks Per Inch)，道密度的提高得益于磁道宽度的不断缩小。目前，容量在 200 GB 以上的盘片，道密度为 145 kTPI(注意，是 kTPI 而不是 TPI)。早期 5.25 英寸的 20 MB 硬盘 Seagate ST225，其道密度才 588 TPI，而同样尺寸的 1.44 MB 软盘上也只有寥寥 80 个磁道，道密度为 135 TPI。

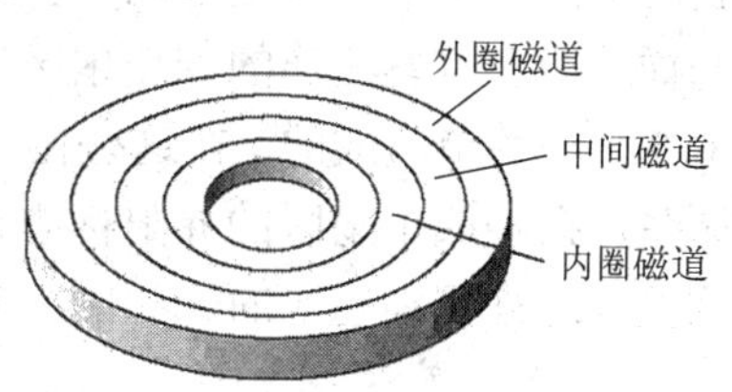

图 1-11 磁道

3. 柱面

硬盘通常由重叠的一组盘片构成，每个盘面都被划分为数目相等的磁道，并从外缘的“0”开始编号，具有相同编号的磁道形成一个假想的圆柱，称为磁盘的柱面(Cylinder)，如图 1-12 所示。磁盘的柱面数与一个盘面上的磁道数相等。由于每个盘面都有自己的磁头，因此，盘面数等于总的磁头数。数据的读写是按柱面进行的，即磁头在读写数据时首先在同一柱面内从“0”磁头开始，依次向下，在同一柱面的不同盘面即磁头上进行操作，只有在同一柱面所有的磁头全部读写完毕后才移动磁头到下一柱面，这是因为选取磁头只需通过电子切换即可，而选取柱面则必须通过机械切换。电子切换相当快，比机械切换快得多，所以数据的读写是按柱面来进行，而不是按盘面来进行的。

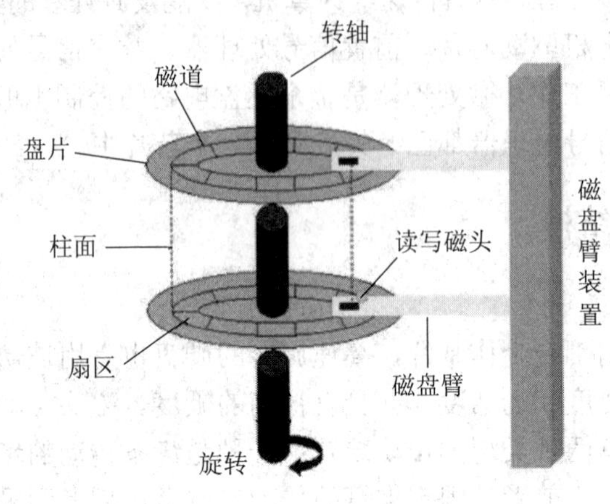

图 1-12　柱面

4. 扇区

磁盘上的每个磁道被等分成若干个弧段，这些弧段便是磁盘的扇区(Sector)。一个扇区一般存放 512 字节(Byte)的数据。扇区也需要编号，同一磁道中的扇区，分别称为 1 扇区、2 扇区、…… 计算机对硬盘的读写，出于效率的考虑，是以扇区为基本单位的。即使计算机只需要硬盘上存储的某个字节，也必须一次把这个字节所在的扇区中的 512 字节全部读入内存，再使用所需的那个字节。不过，在上文中我们也提到，盘面、磁道、扇区的划分表面上是看不到任何痕迹的，虽然磁头可以根据某个磁道的应有半径来对准这个磁道，但怎样才能在首尾相连的一圈扇区中找出所需要的某一扇区呢？原来，每个扇区并不仅仅是由 512 个字节组成的，在这些由计算机存取的数据的前、后两端，都另有一些特定的数据，这些数据构成了扇区的界限标志，标志中含有扇区的编号和其他信息，计算机就是凭借着这些标志来识别扇区的，如图 1-13 所示。

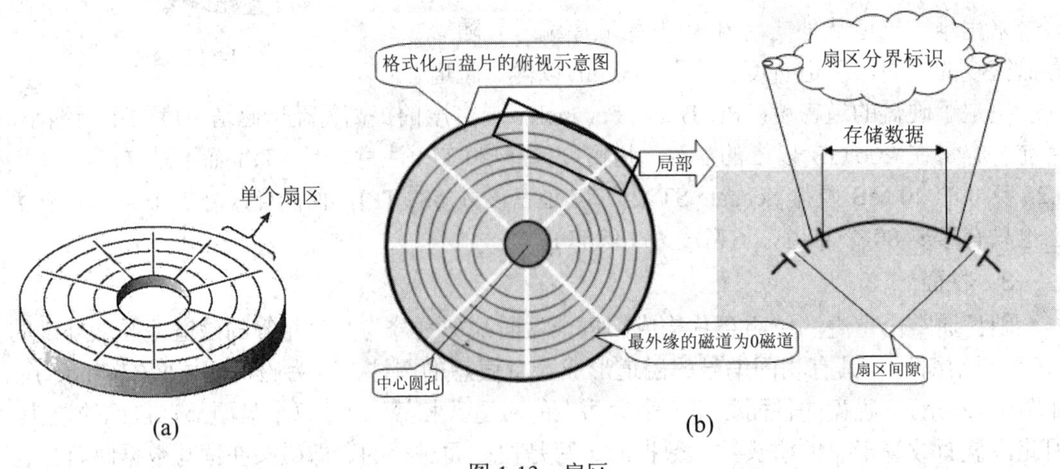

图 1-13　扇区

柱面数、磁头数和扇区数统称为 CHS(Cylinder/Head/Sector)参数。柱面数表示硬盘每一个盘片上的磁道数量，最大值为 1023(用 10 个二进制位来表示)。磁头数表示硬盘上总共的磁头数量，最大值为 255(用 8 个二进制位来表示)。扇区数表示每一条磁道上的扇区数量，最大值为 63(用 6 个二进制位来表示)。在 CHS 寻址方式中，柱面的取值范围是 0～(柱面数 -1)，磁头的取值范围是 0～(磁头数-1)，扇区的取值范围是 1～扇区数，所以 CHS 寻址方式的硬盘容量最大只能是 7.8 GB。早期的硬盘中，由于每个磁道的扇区数相等，所以外道的记录密度要远低于内道，因此浪费了很多磁盘空间。为了解决这一问题，进一步提高硬盘容量，厂家改用等密度结构生产硬盘，这样外圈磁道的扇区就比内圈磁道的多。采用这种结构后，硬盘不再具有实际的 CHS 寻址方式，改为线性寻址方式，即以扇区为单位进行寻址。

5. 交叉因子

给扇区编号的最简单方法是按 1、2、3、4、… 的顺序编号。如果扇区按顺序绕着磁道依次编号，那么由于硬盘控制器的处理速度较慢(原因是当硬盘控制器处理完一个扇区的数据，磁头准备要读出或写入下一扇区的数据时，该扇区已经通过了磁头)，硬盘控制器就只能等待磁盘再次转过来，才能使得需要的扇区处于磁头下面。

IBM 公司的一位工程师想出了一个巧妙的办法来解决这个问题，即对扇区不使用顺序编号，而是使用一个交叉因子(Interleave)进行编号。交叉因子用比值的方法来表示，如 3∶1 表示磁道上的第 1 个物理扇区为 1 号扇区，然后往下数 3 个物理扇区为 2 号扇区(也就是第 4 个物理扇区)，这个过程持续下去直到给每个扇区编上逻辑号为止。

在早期的硬盘管理工作中，设置交叉因子需要用户自己完成。现在的硬盘 BIOS 已经能够自己解决这个问题了，所以一般低级格式化程序不再提供交叉因子这一选项。

1.1.3 硬盘的基本参数

1. 容量

硬盘是个人计算机中重要的数据存储部件，其容量决定着个人计算机的数据存储能力，容量是硬盘最主要的参数。

硬盘的容量是由硬盘的磁头数、柱面数和每磁道扇区数决定的，因 PC 中每扇区容量为 512 字节，所以硬盘容量的具体计算公式为

$$\text{总容量(字节数)} = \text{磁头数} \times \text{柱面数} \times \text{每磁道扇区数} \times 512$$

2. 转速

转速是指硬盘盘片每分钟转动的圈数，单位为 r/m(revolutions per minute，转/分钟，通常写为 rpm)。转速越大，内部传输速率就越快，访问时间就越短。转速在很大程度上决定了硬盘的读写速度。

3. 平均寻道时间

平均寻道时间一般是指读取数据时的寻道时间，单位为 ms(毫秒)。它是指硬盘接到读取指令后，磁头移动到指定磁道上方所需时间的平均值。除了平均寻道时间外，还有道间寻道时间与全程寻道时间。

道间寻道时间(Track to Track 或 Cylinder Switch Time)：指磁头从当前磁道上方移至相邻磁道上方所需的时间。

全程寻道时间(Full Track 或 Full Stroke)：指磁头从最外圈磁道上方移至最内圈磁道上方，或从最内圈磁道上方移至最外圈磁道上方所需的时间，基本上比平均寻道时间多一倍。

平均寻道时间是最重要的参数，它与磁头的移动速度有关，与硬盘的转速无关。目前硬盘的平均寻道时间通常为 8～12 ms，而 SCSI 硬盘(采用 SCSI 接口的硬盘)的平均寻道时间都低于 8 ms。平均寻道时间越短，硬盘性能越好。

4．数据传输速率

数据传输速率是指硬盘读写数据的速度，单位为兆字节每秒(MB/s)。硬盘的数据传输速率包括外部数据传输速率和内部数据传输速率。

外部数据传输速率：也称接口传输速率，是指系统总线与硬盘缓冲区之间的数据传输速度。外部数据传输速率与硬盘的接口类型和硬盘缓存的大小有关。Ultra ATA/133 接口的硬盘，其理论上的外部数据传输速率为 133 MB/s。

内部数据传输速率：是指磁头与硬盘的高速缓存之间的数据传输速度。内部数据传输速率是影响硬盘整体性能的关键参数，一般取决于硬盘的转速和盘片数据磁区密度。这个参数通常以 MB/s 或 Mb/s 为单位，这两种单位之间的换算关系如下：

$$1\ \text{MB/s} = 8\ \text{Mb/s}$$

目前，硬盘的内部数据传输速率只能达到 30 MB/s 左右，由此可以看出，即使硬盘的外部数据传输速率很高，但难以提高的内部数据传输速率始终是制约硬盘数据传输速率的瓶颈。

5．缓冲区容量

缓冲区容量也称缓存容量，单位是 MB。与主板上的高速缓存一样，增加缓存的目的是解决系统前后级读写速度不匹配的问题，以提高硬盘的读写速度。目前，缓存容量普遍已达到 64 MB，高端的企业级硬盘容量则达到了 128 MB。

缓冲区的作用主要体现在预先读取、预写缓存、存放临时数据三个方面。

6．平均潜伏期

潜伏期是指磁头已处于要访问的磁道时，等待所要访问的扇区旋转至磁头下方的时间。平均潜伏期一般为盘片旋转一周所需的时间的一半。盘片转速越快，潜伏期越短。相同转速的硬盘，它们的平均潜伏期是相同的。如 7200 r/m 的硬盘，它的平均潜伏期为 4.17 ms。

7．平均访问时间

平均访问时间是指磁头从起始位置到达目标磁道位置，并且从目标磁道上找到要读写的数据扇区所需时间的平均值，即

$$\text{平均访问时间} = \text{平均寻道时间} + \text{平均潜伏期}$$

平均访问时间体现了硬盘的读写速度，它包括硬盘的寻道时间与等待时间。

1.2　格式化与分区

1.2.1　低级格式化

对 CMOS Setup 中的硬盘参数进行设置后，硬盘可能仍然不能使用。为什么呢？回头

想想前面介绍的硬盘的柱面、磁头和扇区，就不难理解这个问题了。从工厂下线的硬盘通常还是“生盘”，只有对其划分磁道和扇区后将其变成“熟盘”，用户才能在上面记录数据(现在大多数硬盘在出厂前就已进行了低级格式化，所以对于新盘这部分工作可以不做，但在以后的使用过程中可能需要再做)。

1．低级格式化的主要功能

硬盘低级格式化(Low Level Format)简称低格，也称硬盘物理格式化，它主要完成以下几项功能：

(1) 测试硬盘介质；

(2) 为硬盘划分磁道；

(3) 为硬盘的每个磁道按指定的交叉因子间隔安排扇区；

(4) 将扇区 ID 放置到每个磁道上，完成对扇区的设置；

(5) 对磁盘表面进行测试，对已损坏的磁道和扇区作“坏”标记；

(6) 给硬盘中的每个扇区写入某一 ASCII 码字符。

2．低级格式化的时机

硬盘是计算机系统的重要存储资源，使用时要重点保护，不到万不得已的时候不要轻易对硬盘进行低级格式化。因为对于使用中的硬盘，低级格式化前需要备份重要数据；即使不需要备份数据，在完成低级格式化后，进行分区、高级格式化、安装操作系统和应用软件等操作也需要耗费大量的时间。一般来说，遇到以下四种情况时，可以考虑进行低级格式化：

(1) 新购置硬盘或硬盘适配器后，最好对硬盘重新进行低级格式化。该过程可使硬盘和硬盘适配器良好匹配。

(2) 因长期使用出现坏扇区，致使在操作时常常出现“扇区未找到”的出错提示。这是由扇区 ID 丢失而引起的。扇区 ID 用于区分扇区，它们作为磁化的映像标记到磁盘上，但它们也会因为长时间的存放或使用而逐渐消失。低级格式化是微机用户刷新磁盘扇区 ID 的唯一办法，它无法通过 DOS 的高级格式化 Format 来完成。

(3) 合理地设置交叉因子，可改善硬盘的数据传输速率。用户要改变一个硬盘的交叉因子，在大多数情况下，也只能通过低级格式化来完成。

(4) 在硬盘经常出现各种各样莫名其妙的问题时，可以考虑进行低级格式化。

3．硬盘低级格式化的方法

对硬盘进行低级格式化有多种方法，早期可在 CMOS 中完成，或用专门的磁盘工具软件完成，也可在 DEBUG 中编写短小的程序来完成，现在主要用各硬盘厂商免费提供的专用工具来完成，如 DM，这里就不详细阐述了。

1.2.2 分区

1．分区的概念

硬盘的容量通常都比较大，现在 PC 的标准配置中，硬盘的容量都在 120 GB 以上。硬盘分区就是将一个硬盘分成多个独立的区域，相互之间保持一定的独立和联系。新硬盘只有分区和格式化后才能使用。硬盘好比一个柜子，分区就是将这个柜子划分成一个一个的抽屉，安装操作系统和软件就相当于在抽屉里放置物品。分区规定了硬盘的使用范围，不同用户对分区有不同的要求，不同容量的硬盘，分区也可能会有很大的差别。硬盘的分区，正如大柜子的使用，其中的隔板即组成逻辑分区(表现为一个个的逻辑盘符)，它有着不分区绝对无法比拟的好处。硬盘分区归纳起来主要有以下优点：

(1) 便于硬盘的规划、文件的管理。可以将不同类型、不同用途的文件，分别存放在硬盘分区后形成的逻辑盘中。对于多部门、多人员共用一台计算机的情况，也可以将不同部门、不同人员的文件，存放在不同的逻辑盘中，以利于分类管理，互不干扰，避免用户误操作(误执行格式化命令、删除命令等)而造成整个硬盘数据的丢失。

(2) 有利于病毒的防治和数据的安全。硬盘的多分区结构更有利于对病毒的预防和清除。对装有重要文件的逻辑盘，可以用工具软件设为只读，减少文件型病毒感染的概率。即使病毒造成系统瘫痪，由于某些病毒只攻击 C 盘，也可以保护其他逻辑盘的文件，从而把损失降到最低。

在计算机的使用中，系统盘(通常是 C 盘)因各种故障而导致系统瘫痪，这时往往要对 C 盘做格式化操作。如果 C 盘上只装有系统文件，而所有的用户数据文件都放在其他分区和逻辑盘上，这样即使格式化 C 盘也不会造成太大损失，最多是重新安装系统，数据文件却得到了保护。

(3) 可有效利用磁盘空间。DOS 以簇为单位为文件分配空间，而簇的大小与分区大小密切相关。划分不同大小的分区和逻辑盘，可减少磁盘空间的浪费。

(4) 提高系统运行效率。系统管理硬盘时，如果对应的是一个单一的大容量硬盘，无论是查找数据还是运行程序，其运行效率都没有分区后的效率高。

(5) 便于为不同的用户分配不同的权限。在多用户多任务操作系统下，可以为不同的用户指定不同的权限。文件放置在不同的逻辑盘上，比放置在同一逻辑盘的不同文件夹内效果更好。

(6) 安装多个操作系统时，可能需要使用不同类型的文件系统，这也只能在不同的分区上实现。

(7) 分区后逻辑盘容量比较小，有利于提高文件系统性能。

2．分区的规划

硬盘分区对于电脑的正常运行以及系统的维护有着极其重要的作用。合理的分区，可以使整理系统时变得更加轻松。如果分区不合理，在以后的使用中计算机将会出现很多问题，如速度下降、系统不稳定等。因此，对硬盘合理分区非常重要。当然，硬盘的分区并不是一成不变的，随着硬盘实际容量的不同和用户具体需求的不同，分区都会有差异。但是无论具体需求如何，硬盘分区一般都应坚持以下几个划分原则：

(1) 系统分区(即操作系统安装区域)不要过大，一般不能超过硬盘容量的 2/5，否则会降低机器的运行速度。

(2) 安装多个系统时，一定要把不同的系统安装在不同的分区中。

(3) 系统和软件安装在不同分区，对于想使用虚拟光驱的用户，一定要划分一个足够大的分区，以便在使用时能有足够的硬盘空间。

(4) 不同类型的文件一定要按照分区存放，否则一旦需要整理却无从下手。

(5) 一定要划出专门或特定的分区，做好文件与系统的备份。

1.2.3　高级格式化

硬盘分区完成后，就建立起了一个个相互“独立”的逻辑驱动器。这时如果从光驱启动系统进入 DOS 命令行环境，就可以看到 DOS 分区的逻辑盘符。这些逻辑盘符代表逻辑驱动器，比如“C:”、“D:”等。系统一般按 26 个英文字母的顺序来排列逻辑驱动器，“A:”、“B:”是属于软驱的。试试键入“C:”或“D:”，回车后会看到系统提示“DISK MEDIA ERROR”(磁盘介质错误)。为什么呢？因为这些逻辑磁盘只是一座座空城，要使用它们，还需要在上面搭建文件系统。这个过程就是逻辑驱动器的高级格式化。高级格式化一定是针对逻辑磁盘的，而不是针对物理磁盘或某个目录的。由于文件系统和逻辑磁盘相对应，因此也可以说高级格式化针对的是文件系统。高级格式化的作用是对分区内的扇区进行逻辑编号、建立文件分配表(FAT)、建立根目录及其文件目录表(FDT)和数据区。

1．Format 格式化硬盘分区

格式：

Format〈盘符〉[/S] [/Q][/U]

命令参数说明：

盘符——逻辑分区，不可缺省。

[/S]——将把 DOS 系统文件 IO.SYS、MSDOS.SYS 及 COMMAND.COM 复制到分区或软盘上，使该分区或软盘可以启动(若不选用该参数，则格式化后的硬盘只能读写信息，而不能作为启动盘)。

[/Q]——快速格式化。该参数并不会重新划分磁盘的磁道和扇区，只能将磁盘根目录、文件分配表以及引导扇区清空，因此格式化的速度较快。

[/U]——无条件格式化，即破坏原来磁盘上的所有数据。不选该参数，则为安全格式化，这时先建立一个镜像文件保存原来的 FAT 表和根目录，必要时可用 UNFORMAT 恢复原来的数据。

格式化开始后，Format 会提示：

WARNING:ALL DATA ON NON——REMOVABLE DISK DRIVE C:WILL BE LOST!

Proceed with format (Y/N)?

(警告：所有数据在 C 盘上，将会丢失！确实要继续格式化吗？)

输入“Y”后格式化开始，屏幕上会显示格式化进程。格式化结束时，Format 提示用户输入逻辑盘卷标名称，并显示格式化后的分区容量。

2．Windows 格式化硬盘分区

进入 Windows 2000/XP 的控制面板→管理工具→计算机管理→磁盘管理中，选取相应的分区，单击右键，选择“格式化”即可完成，还可以选择快速格式化、完全格式化等操作，如图 1-14 所示。

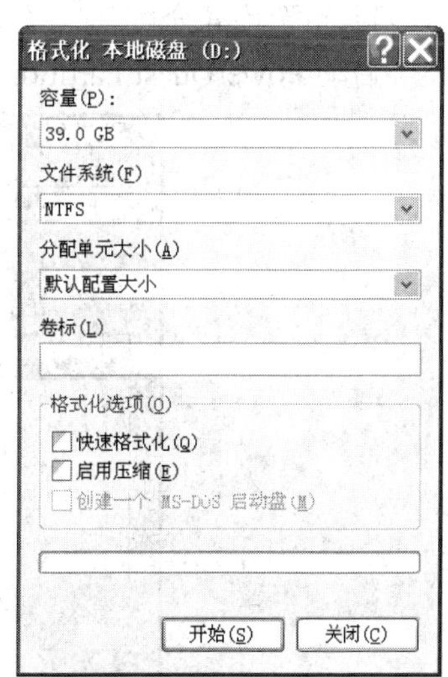

图 1-14　Windows 格式化分区

3. PartitionMagic 格式化硬盘分区

PartitionMagic 对硬盘分区进行图形化的显示，并用不同的颜色表示不同的文件(分区)格式。在相应的分区上单击右键，选择“Format”即可完成。在格式化对话框中会提示操作会破坏数据，可选择不同的文件格式，如图 1-15 所示。

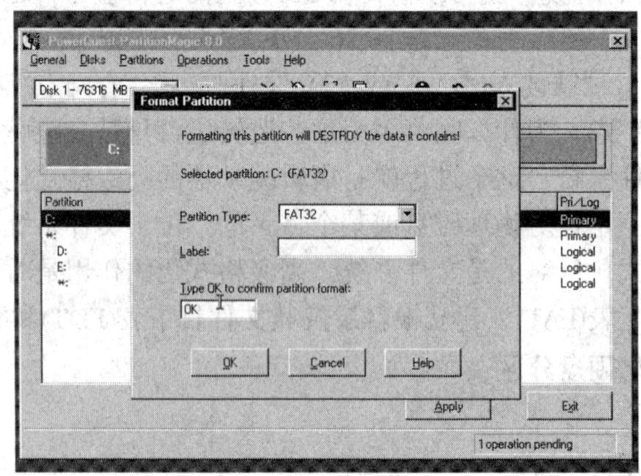

图 1-15　PartitionMagic 格式化分区

4. 其他格式化工具

各硬盘厂家提供的低级格式化工具，如 DM 等，既可以帮助突破硬盘容量限制，也可以完成低级格式化、分区和高级格式化。

1.2.4　常用分区软件

1. PartitionMagic

PowerQuest PartitionMagic 8.0(更高版本的使用方法与此类似)是一款硬盘分区工具软件，它能够处理容量超过 20 G 的大硬盘，支持的分区格式众多，对 FAT16/FAT32、NTFS、HPFS、Ext2 和 SWAP 等分区都能很好地支持。其主要功能介绍如下：

1) 删除已有分区

启动 PowerQuest PartitionMagic 8.0，进入主界面，如图 1-16 所示。

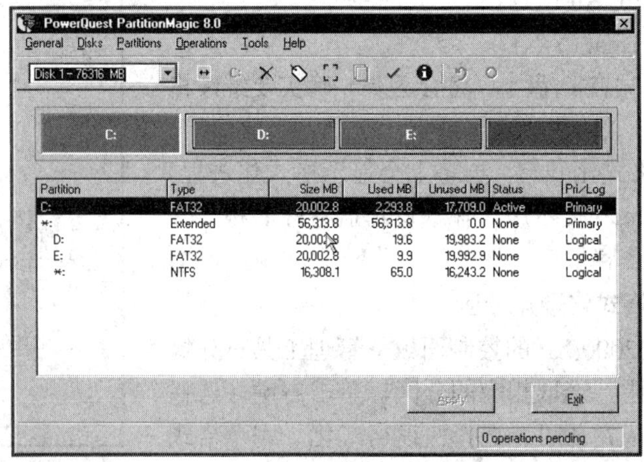

图 1-16　PowerQuest PartitionMagic 8.0 主界面

选择要删除的分区，点击鼠标右键，在弹出的菜单中选择“Delete”项，显示删除分区对话框，如图1-17所示。在其确认框里输入“OK”，再点击“OK”按钮，分区即被删除。

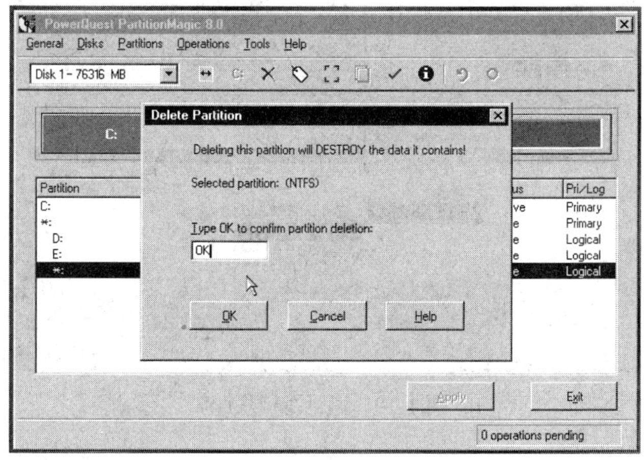

图1-17 删除分区对话框

2) 建立分区

用鼠标右键点选未分配的硬盘空间(Unallocated 部分)，在弹出的菜单中选择“Create Partition”，打开创建分区对话框，如图1-18所示。

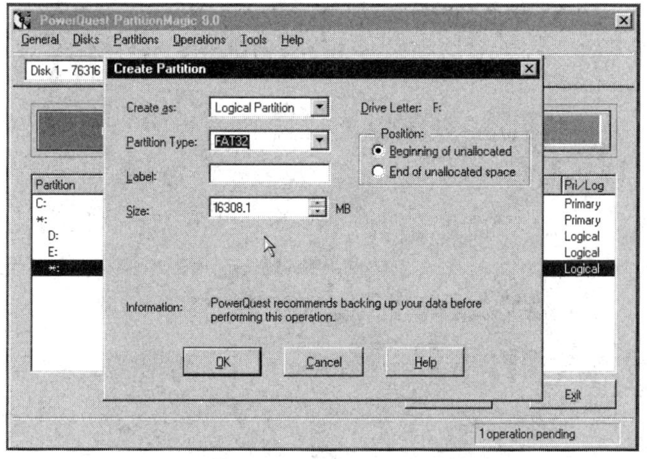

图1-18 创建分区对话框

在该对话框中，设定新建分区为主分区(Primary Partition)或逻辑分区(Logical Partition)，以及分区类型(Partition Type)、卷标(Label)、分区容量(Size)等参数后，点击“OK”按钮确定。一般情况下，第一个分区设为主分区，其余分区均设为逻辑分区。

3) 激活和隐藏分区

激活分区的作用是告诉引导程序从被激活的分区启动操作系统。有时候用户不希望某些分区的数据被访问，一个简单的方法就是隐藏该分区。用鼠标右键点选分区，在弹出的菜单中选择“Advanced”项，或者单击菜单栏中的“Operations”→“Advanced”项，如图1-19所示。

在“Advanced”子菜单中选择“Set Active...”项，表示激活该分区；选择“Hide Partition...”项，表示隐藏该分区。注意，只能保持一个分区作为激活分区。

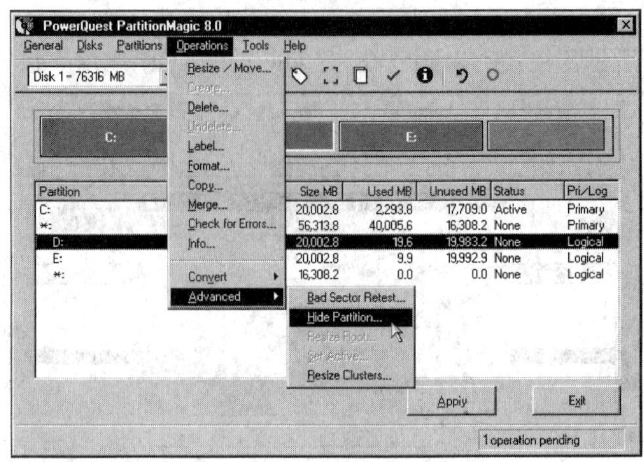

图 1-19　激活/隐藏分区

4) 分区合并

用户可以根据需要将两个分区合并，被合并的分区作为一个子目录嵌入另外一个分区。其方法为：点击选择一个分区，选择“Operations”→“Merge”菜单项，弹出分区合并对话框，如图 1-20 所示，在 Folder Name 框中填入目录名，然后单击“OK”按钮确认。本例将 D 分区作为一个子目录合并到 C 分区之中。

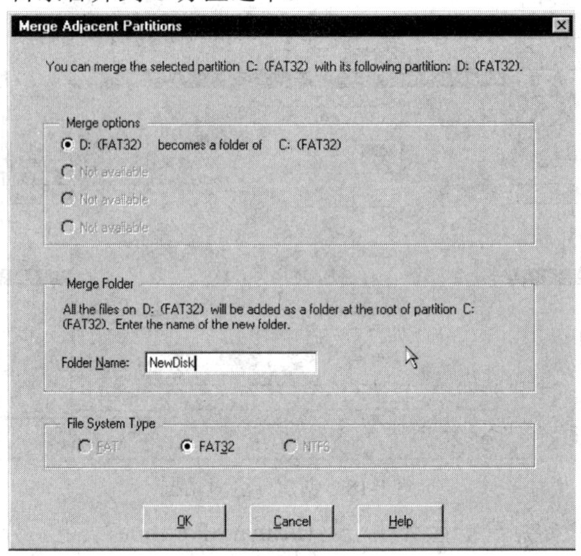

图 1-20　分区合并对话框

5) 调整分区容量

调整分区容量是 PQMagic(PowerQuest PartitionMagic)工具软件的一个很有特色的功能。用鼠标右键点选分区，在弹出的菜单中选择“Resize/Move”项，弹出调整分区容量对话框，如图 1-21 所示。

在该对话框中，用鼠标拖动分区边界上的滑块，或者重新输入分区的起始(Free Space Before)、结束(Free Space After)位置，以调整分区大小。

利用 PQMagic 对分区做出修改后，在退出前必须点击“Apply”按钮执行操作，否则分区还将保持原来的状态。

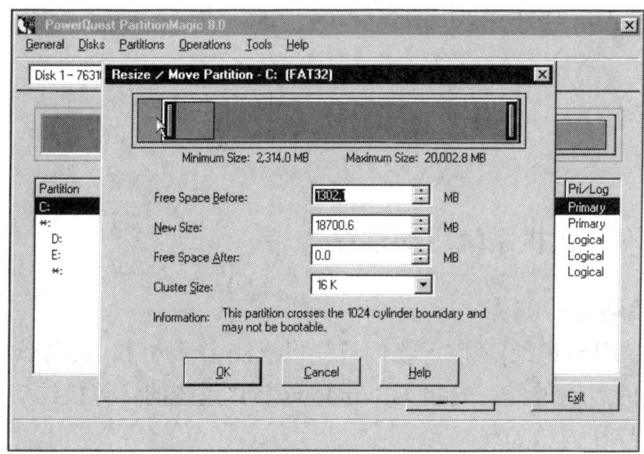

图 1-21　调整分区容量对话框

2. SFDisk

SFDisk 也是一个常用的分区维护软件，其功能与 PQMagic 类似，在此就不再赘述。SFDisk 主界面及其主要功能菜单分别如图 1-22、图 1-23 所示。

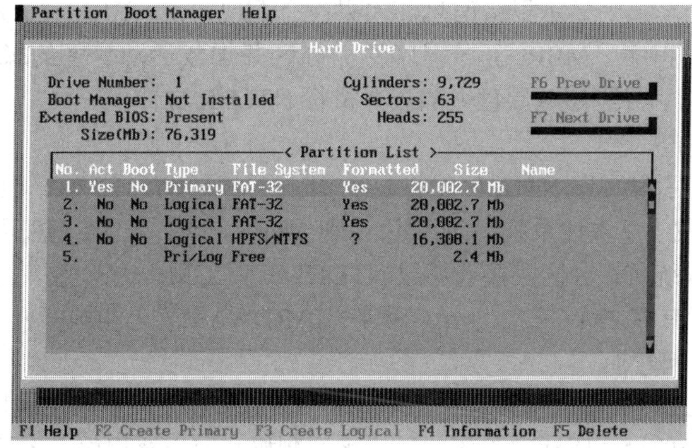

图 1-22　SFDisk 主界面

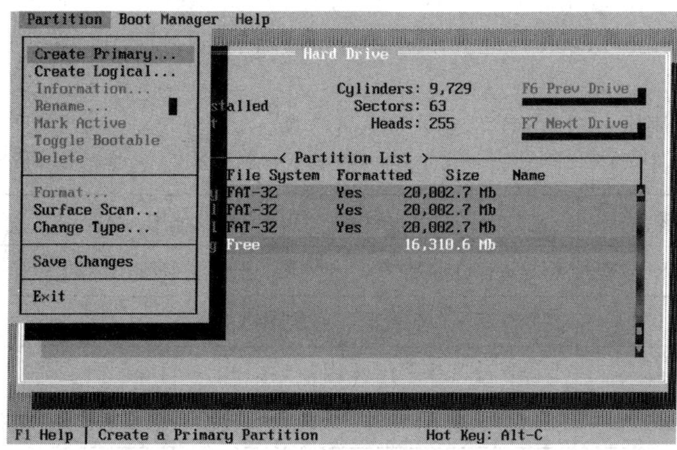

图 1-23　SFDisk 主要功能菜单

在分区操作结束后，要选择“Partition”→“Save Changes”菜单项保存对硬盘的修改。

1.3 MBR和分区表

1.3.1 MBR和X86微机系统启动过程

1. 微机系统启动过程

在讨论MBR(主引导记录)之前，我们首先以X86计算机和Windows XP操作系统为例了解一下微机系统的启动过程。安装了Windows XP系统的计算机的启动过程大致分为三个阶段：自检、引导和内核加载。

1) 自检阶段

计算机启动后，首先运行BIOS启动代码，运行自检程序(POST)，依次检测CPU、ROM、BIOS、系统时钟、DMA、64 KB RAM、中断、显卡、内存、I/O接口、硬软盘驱动器、键盘、即插即用设备、CMOS设备等，以检测硬件设备工作是否正常。当检测到错误后会发出蜂鸣报警声，屏幕上则显示报错信息。如果没有发现错误，BIOS加载硬盘主引导记录(MBR)并运行引导程序。MBR引导程序检测分区并加载活动分区的操作系统引导记录(DBR)。最后DBR引导程序从硬盘上加载并执行NTLDR文件。

2) 引导阶段

在这个阶段，引导程序NTLDR先将CPU工作方式转换为32位平面内存模式(识别全部系统内存)，加载小型文件系统驱动程序(识别NTFS、FAT分区)；然后开始解析boot.ini文件，确定操作系统所在分区；接着加载NTDETECT.COM程序，收集计算机硬件信息，并写入到注册表“HKEY_LOCAL_MACHINE\HARDWARE”子项中。

3) 内核加载阶段

本阶段，NTLDR先加载内核程序(NTOKRNL.EXE)和硬件抽象层模块(HAL.DLL)，然后选择并加载适当的设备驱动和服务，最后将控制权交给内核程序，系统引导结束。

2. MBR

MBR(Master Boot Record，主引导记录)位于硬盘的0柱面、0磁头、1扇区，内容如图1-24所示。

MBR为1个扇区、512字节，结构如表1-3所示。

表1-3 MBR的结构

偏　移	构成部分及作用
0～138	引导程序(139字节)，检测所有分区，识别出活动分区
139～217	提示信息区(79字节)，存放报错信息
218～445	保留区(228字节)，未用
446～509	分区信息表(64字节)，可存放4个分区的基本信息
510～511	结束标志(2字节)，固定为55 AA

```
Offset     0  1  2  3  4  5  6  7   8  9  A  B  C  D  E  F   访问 ▼
000000000  33 C0 8E D0 BC 00 7C FB  50 07 50 1F FC BE 1B 7C  3歆屑.|鷴.P.   .|
000000010  BF 1B 06 50 57 B9 E5 01  F3 A4 CB BD BE 07 B1 04  ?.PW瑰.蝺私??
000000020  38 6E 00 7C 09 75 13 83  C5 10 E2 F4 CD 18 8B F5  8n.|.u.觃.怍?嬞
000000030  83 C6 10 49 74 19 38 2C  74 F6 A0 B5 07 B4 07 8B  漶.It.8,t鲿??▌
000000040  F0 AC 3C 00 74 FC BB 07  00 B4 0E CD 10 EB F2 88  瓞<.t  ..??牏▌
000000050  4E 10 E8 46 00 73 2A FE  46 10 80 7E 04 0B 74 0B  N.鑶.s*櫸.€~..t.
000000060  80 7E 04 0C 74 05 A0 B6  07 75 D2 80 46 02 06 83  €~..t.轴.u襽F..▌
000000070  46 08 06 83 56 0A 00 E8  21 00 73 05 A0 B6 07 EB  F..儣..?.s.轴.▌
000000080  BC 81 3E FE 7D 55 AA 74  0B 80 7E 10 00 74 C8 A0  紒>蹟U猼.€~..t葼
000000090  B7 07 EB A9 8B FC 1E 57  8B F5 CB BF 05 00 8A 56  ?鐾孆.W嬞丝..婭
0000000A0  00 B4 08 CD 13 72 23 8A  C1 24 3F 98 8A DE 8A FC  .??r#婋$?槉迠▌
0000000B0  43 F7 E3 8B D1 86 D6 B1  06 D2 EE 42 F7 E2 39 56  C麍嬔嗆?翌B麑9V
0000000C0  0A 77 23 72 05 39 46 08  73 1C B8 01 02 BB 00 7C  .w#r.9F.s.?.?|
0000000D0  8B 4E 02 8B 56 00 CD 13  73 51 4F 74 4E 32 E4 8A  婲.媀.?sQOtN2鋳
0000000E0  56 00 CD 13 EB E4 8A 56  00 60 BB AA 55 B4 41 CD  V.?脘婟.`华U碅▌
0000000F0  13 72 36 81 FB 55 AA 75  30 F6 C1 01 74 2B 61 60  .r6伆U猽0隽.t+a`
000000100  6A 00 6A 00 FF 76 0A FF  76 08 6A 00 68 00 7C 6A  j.j.  v.  v.j.h.
000000110  01 6A 10 B4 42 8B F4 CD  13 61 61 73 0E 4F 74 0B  .j.碆嬼?aas.Ot.
000000120  32 E4 8A 56 00 CD 13 EB  D6 61 F9 C3 49 6E 76 61  2鋳V.?胫a  Inva
000000130  6C 69 64 20 70 61 72 74  69 74 69 6F 6E 20 74 61  lid partition ta
000000140  62 6C 65 00 45 72 72 6F  72 20 6C 6F 61 64 69 6E  ble.Error loadin
000000150  67 20 6F 70 65 72 61 74  69 6E 67 20 73 79 73 74  g operating syst
000000160  65 6D 00 4D 69 73 73 69  6E 67 20 6F 70 65 72 61  em.Missing opera
000000170  74 69 6E 67 20 73 79 73  74 65 6D 00 00 00 00 00  ting system.....
000000180  00 00 00 00 00 00 00 00  00 00 00 00 00 00 00 00  ................
000000190  00 00 00 00 00 00 00 00  00 00 00 00 00 00 00 00  ................
0000001A0  00 00 00 00 00 00 00 00  00 00 00 00 00 00 00 00  ................
0000001B0  00 00 00 00 00 2C 44 63  B0 EB B1 F0 00 00 80 01  .....,Dc半别..€.
0000001C0  01 00 07 FE FF FF 3F 00  00 00 FC 8A 38 01 00 00  ...?  ?...鼕8...
0000001D0  C1 FF 0F FE FF FF 3B 8B  38 01 86 06 70 03 00 00  ?.?  ;?.?p...
0000001E0  00 00 00 00 00 00 00 00  00 00 00 00 00 00 00 00  ................
0000001F0  00 00 00 00 00 00 00 00  00 00 00 00 00 00 55 AA  ..............U▌
```

图 1-24　MBR 数据

表 1-3 中列出的 MBR 各组成部分大小并不是一成不变的，由于 MBR 是由分区软件建立的，所以不同分区软件生成的 MBR 不尽相同，但前三部分占用 446 字节是固定的，后面接 64 字节的分区信息表和 2 字节的结束标志。MBR 的主要功能有两个：检测分区和存放分区信息。如前面所述，启动过程的自检阶段，MBR 引导程序将被载入内存并执行。引导程序根据分区信息表识别出硬盘的所有分区，通过检测 80 标志找到活动分区，再将引导控制权交给活动分区的操作系统的引导扇区，引导程序启动操作系统。分区信息表结构将在 1.3.3 节介绍。

3．虚拟 MBR

细心的读者可能已经注意到分区信息表只有 64 字节，共能存放 4 个分区的信息。然而，现在的硬盘容量通常都很大，分区数超过 4 个的情况很普遍，那么如何处理硬盘分区数多于 4 个的情况呢？虚拟 MBR 技术解决了这个问题。

所谓虚拟 MBR，指 MBR 将硬盘定义为两个分区，即主分区和扩展分区(通常是除主分区外剩余的所有硬盘空间)，然后在扩展分区上再定义主分区和扩展分区，直到所有分区定义完毕。利用虚拟 MBR 可以定义任意多个分区，这些分区形成一个分区链，MBR 引导程序每次启动时就沿着这个分区链完成所有分区的检测。由于虚拟 MBR 的主要作用是定义分区，所以它只包含分区信息表，不包含引导程序和提示信息，如图 1-25 所示。

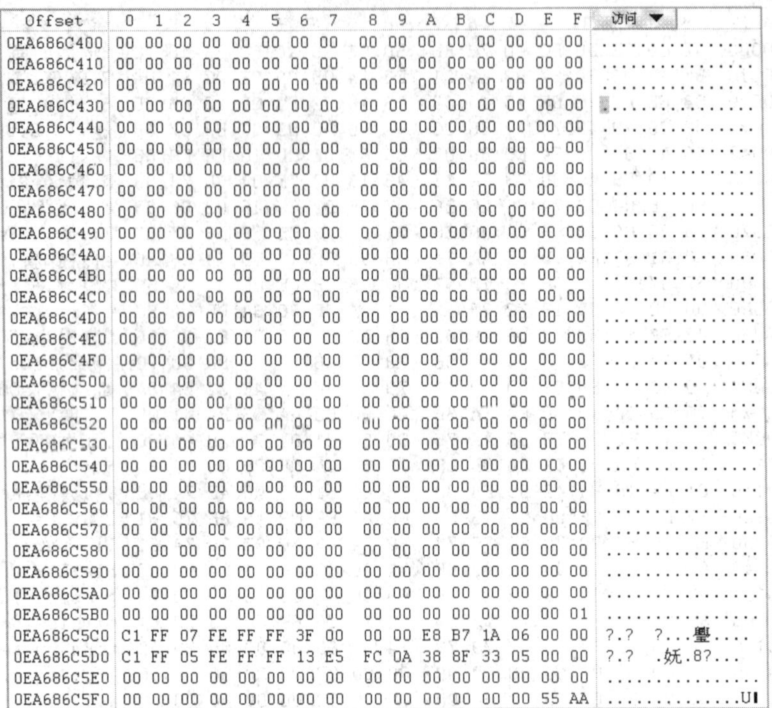

Offset	0	1	2	3	4	5	6	7	8	9	A	B	C	D	E	F	访问
0EA686C400	00	00	00	00	00	00	00	00	00	00	00	00	00	00	00	00	....
0EA686C410	00	00	00	00	00	00	00	00	00	00	00	00	00	00	00	00	....
0EA686C420	00	00	00	00	00	00	00	00	00	00	00	00	00	00	00	00	....
0EA686C430	00	00	00	00	00	00	00	00	00	00	00	00	00	00	00	00	....
0EA686C440	00	00	00	00	00	00	00	00	00	00	00	00	00	00	00	00	....
0EA686C450	00	00	00	00	00	00	00	00	00	00	00	00	00	00	00	00	....
0EA686C460	00	00	00	00	00	00	00	00	00	00	00	00	00	00	00	00	....
0EA686C470	00	00	00	00	00	00	00	00	00	00	00	00	00	00	00	00	....
0EA686C480	00	00	00	00	00	00	00	00	00	00	00	00	00	00	00	00	....
0EA686C490	00	00	00	00	00	00	00	00	00	00	00	00	00	00	00	00	....
0EA686C4A0	00	00	00	00	00	00	00	00	00	00	00	00	00	00	00	00	....
0EA686C4B0	00	00	00	00	00	00	00	00	00	00	00	00	00	00	00	00	....
0EA686C4C0	00	00	00	00	00	00	00	00	00	00	00	00	00	00	00	00	....
0EA686C4D0	00	00	00	00	00	00	00	00	00	00	00	00	00	00	00	00	....
0EA686C4E0	00	00	00	00	00	00	00	00	00	00	00	00	00	00	00	00	....
0EA686C4F0	00	00	00	00	00	00	00	00	00	00	00	00	00	00	00	00	....
0EA686C500	00	00	00	00	00	00	00	00	00	00	00	00	00	00	00	00	....
0EA686C510	00	00	00	00	00	00	00	00	00	00	00	00	00	00	00	00	....
0EA686C520	00	00	00	00	00	00	00	00	00	00	00	00	00	00	00	00	....
0EA686C530	00	00	00	00	00	00	00	00	00	00	00	00	00	00	00	00	....
0EA686C540	00	00	00	00	00	00	00	00	00	00	00	00	00	00	00	00	....
0EA686C550	00	00	00	00	00	00	00	00	00	00	00	00	00	00	00	00	....
0EA686C560	00	00	00	00	00	00	00	00	00	00	00	00	00	00	00	00	....
0EA686C570	00	00	00	00	00	00	00	00	00	00	00	00	00	00	00	00	....
0EA686C580	00	00	00	00	00	00	00	00	00	00	00	00	00	00	00	00	....
0EA686C590	00	00	00	00	00	00	00	00	00	00	00	00	00	00	00	00	....
0EA686C5A0	00	00	00	00	00	00	00	00	00	00	00	00	00	00	00	00	....
0EA686C5B0	00	00	00	00	00	00	00	00	00	00	00	00	00	00	00	01	....
0EA686C5C0	C1	FF	07	FE	FF	FF	3F	00	00	00	E8	B7	1A	06	00	00	?.? ?...璺....
0EA686C5D0	C1	FF	05	FE	FF	FF	13	E5	FC	0A	38	8F	33	05	00	00	?.? .妩.8?...
0EA686C5E0	00	00	00	00	00	00	00	00	00	00	00	00	00	00	00	00	....
0EA686C5F0	00	00	00	00	00	00	00	00	00	00	00	00	00	00	55	AA	..............U?

图 1-25　虚拟 MBR

1.3.2　DiskEdit 软件

DiskEdit 原本是诺顿(Norton)工具包中的一个磁盘编辑器软件，可以脱离诺顿集成环境单独使用。DiskEdit 软件的优点首先是功能强大，用于编辑磁盘扇区，可以直接修改硬盘上的数据；其次是软件本身比较小，无需安装，使用方便。但是 DiskEdit 软件由于开发较早，不能识别之后的 FAT32 文件系统，只能以物理盘方式访问硬盘，故给使用带来了稍许不便。总的来说，DiskEdit 是一款十分好用的磁盘编辑软件，是数据恢复的必备工具之一。

DiskEdit(以下简称 DE)在 DOS 环境下运行。运行 DE 后要做的第一步是选择驱动器，点击“Object”→“Drive”菜单项，弹出驱动器选择对话框，如图 1-26 所示。

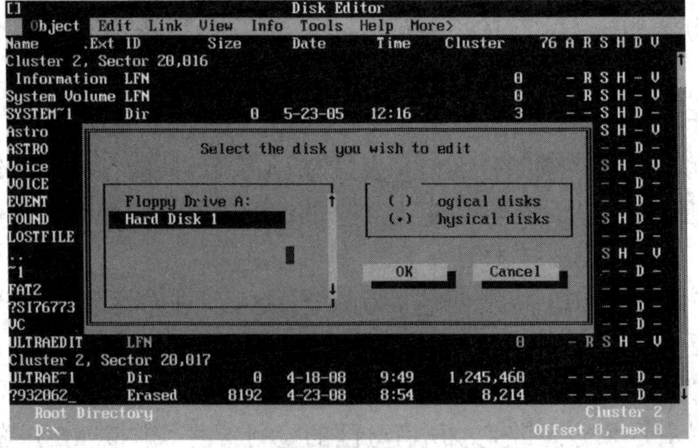

图 1-26　驱动器选择对话框

在该对话框右边的栏目中选择“physical disks”项，在左侧设备列表中选中硬盘，点击“OK”按钮进入，其主界面如图 1-27 所示。

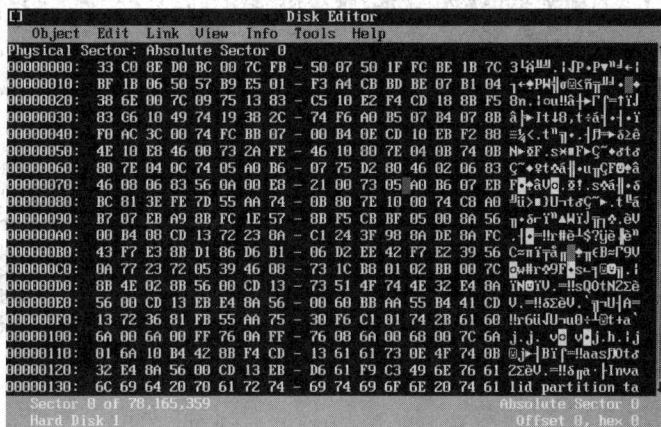

```
Disk Editor
Object  Edit  Link  View  Info  Tools  Help
Physical Sector: Absolute Sector 0
00000000:  33 C0 8E D0 BC 00 7C FB - 50 07 50 1F FC BE 1B 7C
00000010:  BF 1B 06 50 57 B9 E5 01 - F3 A4 CB BD BE 07 B1 04
00000020:  38 6E 00 7C 09 75 13 83 - C5 10 E2 F4 CD 18 8B F5
00000030:  83 C6 10 49 74 19 38 2C - 74 F6 A0 B5 07 B4 07 8B
00000040:  F0 AC 3C 00 74 FC BB 07 - 00 B4 0E CD 10 EB F2 88
00000050:  4E 10 E8 46 00 73 2A FE - 46 10 80 7E 04 0B 74 0B
00000060:  80 7E 04 0C 74 05 A0 B6 - 07 75 D2 80 46 02 06 83
00000070:  46 08 06 83 56 0A 00 E8 - 21 00 73 05 A0 B6 07 EB
00000080:  BC 81 3E FE 7D 55 AA 74 - 0B 80 7E 10 00 74 C8 A0
00000090:  B7 07 EB A9 8B FC 1E 57 - 8B F5 CB BF 05 00 8A 56
000000A0:  00 B4 08 CD 13 72 23 8A - C1 24 3F 98 8A DE 8A FC
000000B0:  43 F7 E3 8B D1 86 D6 B1 - 06 D2 EE 42 F7 E2 39 56
000000C0:  0A 77 23 72 05 39 46 08 - 73 1C B8 01 02 BB 00 7C
000000D0:  8B 4E 02 8B 56 00 CD 13 - 73 51 4F 74 4E 32 E4 8A
000000E0:  56 00 CD 13 EB E4 8A 56 - 00 60 BB AA 55 B4 41 CD
000000F0:  13 72 36 81 FB 55 AA 75 - 30 F6 C1 01 74 2B 61 60
00000100:  6A 00 6A 00 FF 76 0A FF - 76 08 6A 00 68 00 7C 6A
00000110:  01 6A 10 B4 42 8B F4 CD - 13 61 61 73 0E 4F 74 0B
00000120:  32 E4 8A 56 00 CD 13 EB - D6 61 F9 C3 49 6E 76 61
00000130:  6C 69 64 20 70 61 72 74 - 69 74 69 6F 6E 20 74 61   lid partition ta
Sector 0 of 78,165,359                          Absolute Sector 0
Hard Disk 1                                     Offset 0, hex 0
```

图 1-27　DiskEdit 主界面

如果不是如图 1-27 所示的界面，可选择“View”→“As Hex”菜单项，将显示模式置为十六进制。

DE 的主要功能如下：

(1) 选择物理扇区。DE 允许编辑部分物理扇区，而不是整个硬盘的所有扇区。点击“Object”→“Physical Sector”菜单项，弹出如图 1-28 所示的对话框。在该对话框中的第一栏“Starting Sector”处填入起始扇区，在“Number of Sectors”栏内填写要编辑的扇区数目，点击“OK”按钮确认，DE 将只能访问指定范围的扇区。

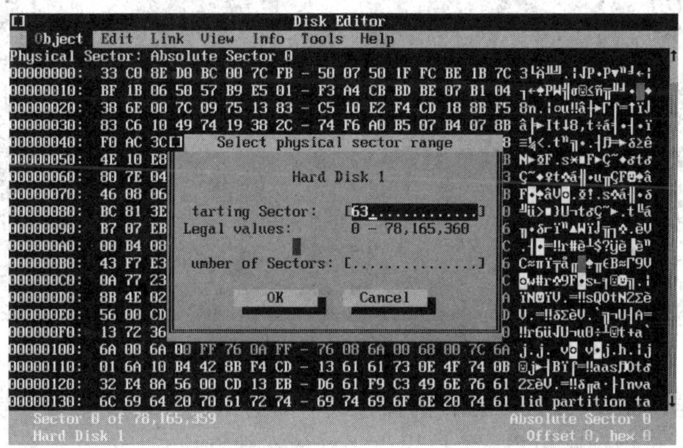

图 1-28　物理扇区编辑范围选择对话框

(2) 查找数据。选择“Tools”→“Find”菜单项，弹出如图 1-29 所示的对话框。用户可分别以 ASCII 码或十六进制方式输入需查询的数据。有些查询需要从每扇区特定位置开始搜索，这时可在特定偏移栏(Search at specified sector offset)中填入偏移量值。如果忽略搜索文本大小写，应勾选“Ignore Case”选项。最后点击“Find”按钮，DE 开始搜索并停在第一个搜索到的文本串处，按 Ctrl+G 组合键则继续查找。

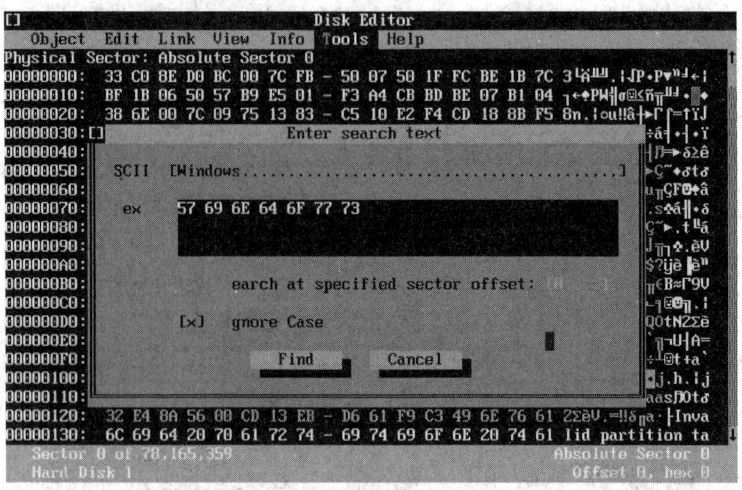

图 1-29　文本查找对话框

(3) 修改数据。DE 启动后默认为只读模式，用户只能查看数据而不能修改数据，所以要先点击“Tools”→“Configuration”菜单项，弹出如图 1-30 所示的配置对话框。在其中取消选中的“Read Only”选项，点击“OK”按钮确定，这时用户就可以直接修改扇区数据了。修改好后，点击“Edit”→“Write Changes”菜单项确认修改。

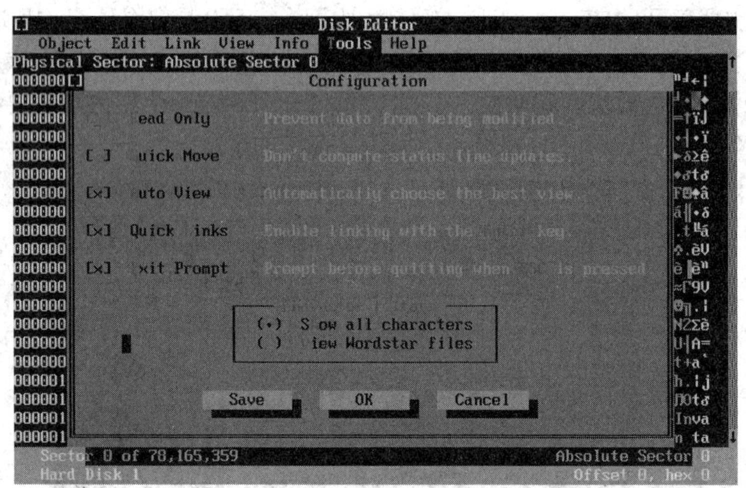

图 1-30　配置对话框

(4) 复制数据。DE 中复制数据有两种方式，即剪贴板方式和直接对拷方式。复制数据量较少的情况下，可用剪贴板方式。首先将光标放在数据块起始处，选择“Edit”→“Mark”菜单项(或按 Ctrl+B 组合键)，再用数字方向键选择要复制的数据块，然后选择“Edit”→“Copy”菜单项(或按 Ctrl+C 组合键)；将光标置于复制目标位置开始处，选择“Edit”→“Paste Over”菜单项(或按 Ctrl+V 组合键)，最后点击“Edit”→“Write Changes”菜单项确认保存。复制大量数据时，可先用物理扇区选择的方法选定要复制的全部扇区，然后点击“Tools”→“Write Object To”菜单项，在弹出的对话框中选中“to Physical sectors”项，接着输入复制的目标位置(柱面、磁头或扇区)，如图 1-31 所示，确认后即开始复制。

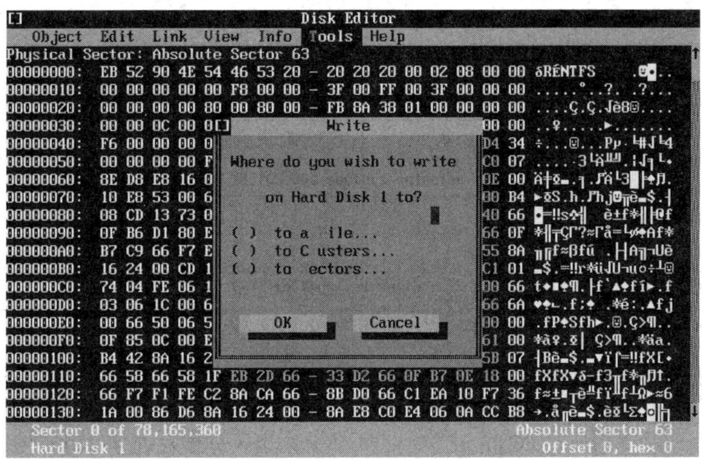

图 1-31　扇区复制对话框

1.3.3　分区表的数据结构

分区表位于 MBR 内，占 64 个字节，可以描述 4 个分区的信息，数据实例如图 1-32 所示，结构见表 1-4。

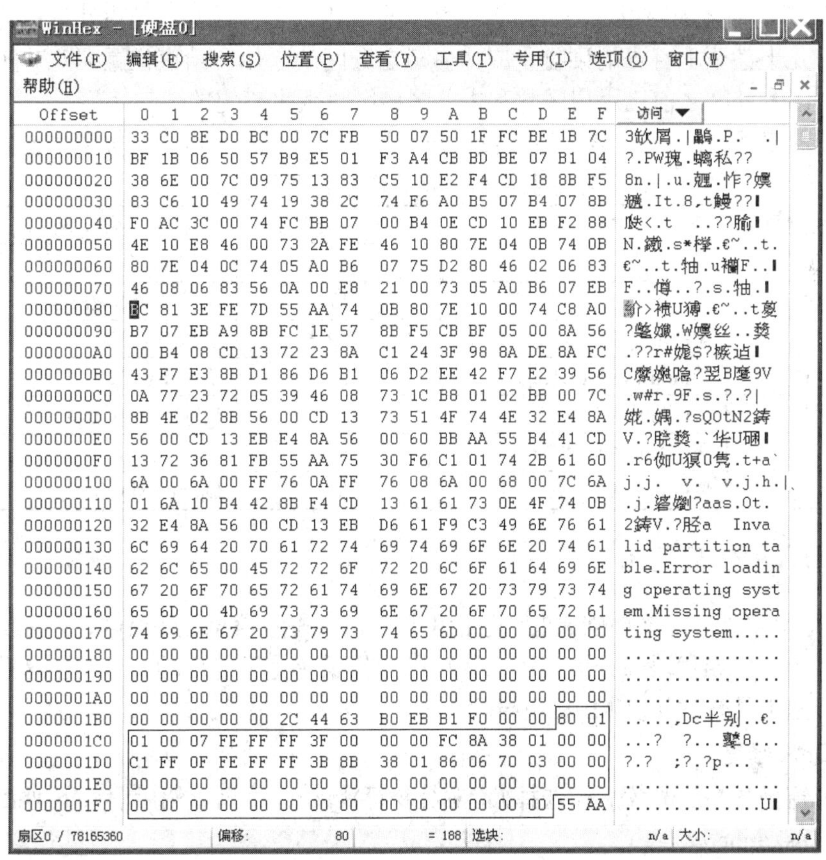

图 1-32　分区信息表实例

表 1-4 分区表结构

字 节	值	含 义
0	80	活动分区标志，00 为非活动分区
1	01	起始磁头号 01
2	01	起始扇区号 01
3	00	起始柱面号 00
4	07	NTFS 分区
5	FE	结束磁头号 254
6	FF	结束扇区号 63
7	FF	结束柱面号 1023
8～11	3F 00 00 00	本分区之前已用 63 个扇区
12～15	FC 8A 38 01	本分区扇区总数为 20 482 812

早期的小容量硬盘，其柱面号的识别有些复杂。起始和结束扇区字节的高 2 位存放柱面号数据。例如表 1-4 中结束扇区号数值为 FF，转化为二进制就是 11111111，高 2 位和低 6 位分别为 11 和 111111，转化为十六进制就是 3H 和 3FH。这样扇区数就是 63(3FH)，结束柱面号为 3FFH。实际上结束柱面号是由结束扇区号高 2 位和结束柱面字节 8 位共同构成的，总共 10 位数据。表 1-4 所示的结束柱面号为 1023(3FFH)。现在的硬盘容量早已超过 10 位柱面号所能描述的容量上限，所以分区信息表内的分区起始、结束数据已无意义。那么对于目前几十甚至上百吉的硬盘，应如何确定分区的起始和结束位置呢？其实就是靠分区信息表中的本分区之前已用扇区数和本分区扇区总数来确定的。

分区信息表(见表 1-4)的第 4 字节表示分区类型，其常用分区类型如表 1-5 所示。

表 1-5 常用分区类型

分区类型	含 义	分区类型	含 义
05	扩展分区	16	隐藏 FAT16
06	FAT16	17	隐藏 NTFS/HPFS
07	NTFS/HPFS	1B	隐藏 FAT32
0B	Windows 95 FAT32	1C	隐藏 FAT32
0C	Windows 95 FAT32	82	Linux swap 分区
0E	Windows 95 FAT16	83	Linux 分区
0F	Windows 95 扩展分区	A6	Open BSD

1.3.4 MBR 的修复技术

MBR 是由硬盘分区软件创建的，包括引导代码、提示信息、保留区、分区信息表和结束标志。其中，引导代码部分被破坏后计算机操作系统将不能启动。当发生这种情况时，可以借助一些工具软件修复 MBR 引导代码。

1. FDisk 修复

插入视窗操作系统光盘后，选择 DOS(命令行)启动计算机，然后输入下列命令：

FDisk/mbr

或者

Fdisk/cmbr <disk>

命令执行后，MBR 中被破坏的引导代码将被覆盖，新的引导代码可能与原先的代码不同，这与 FDisk 的版本有关。如果用户计算机有多个硬盘，应选用 cmbr 参数，以恢复指定硬盘的 MBR。

2. Fixmbr 修复

Fixmbr 是 Windows 2000/XP 恢复控制台环境下的命令。恢复控制台在 Windows 2000/XP 安装过程中启动，其命令格式如下：

Fixmbr [驱动器号][/A][/D][/P][/Z][/H]

参数说明：

驱动器号——有\Device\HardDisk0、\Device\HardDisk1、\Device\HardDisk2、\Device\HardDisk3 等类型。

/A——激活基本 DOS 分区。

/P——显示 DOS 分区结构。

/D——显示主引导记录。

/Z——清空主引导记录。

/H——帮助信息。

Fixmbr 命令后不跟参数时，新的主引导记录将写入第一个硬盘。

3. DiskGen 恢复

启动 DiskGen 后，选择“工具”→“重写主引导记录”菜单项即可。

1.3.5 DiskGen 软件与分区表修复技术

DiskGen(即 Disk Genius)之前的版本称为 Diskman，是一款全中文的硬盘分区工具软件。DiskGen 最大的特点是简单易用，是维护分区、恢复分区的得力助手。其主要功能如下：

1. 建立分区

在 DOS 环境下运行 Disk Genius V2.00，进入主界面后，选择“分区”→“新建分区”菜单项，弹出如图 1-33 所示的对话框。在该对话框中输入分区大小后确定分区类型(如果建立的是非 FAT32 分区，则要根据主界面上分区类型码来确定分区类型)。

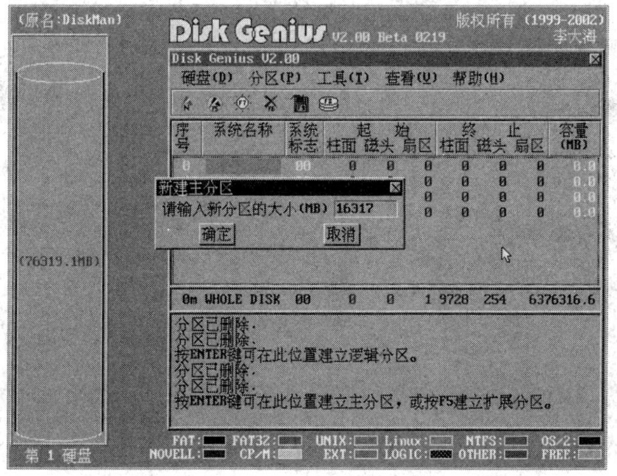

图 1-33 新建分区对话框

基本分区建立好后，可用“建扩展分区”命令建立扩展分区，在扩展分区上可再新建分区。DiskGen 分区菜单还包含有“删除分区”命令，用来删除指定分区。

2. 分区恢复

如果硬盘分区丢失，则 DiskGen 提供的分区重建功能可以帮助用户找回分区。点击“工具”→“重建分区”菜单项，弹出如图 1-34 所示的对话框。

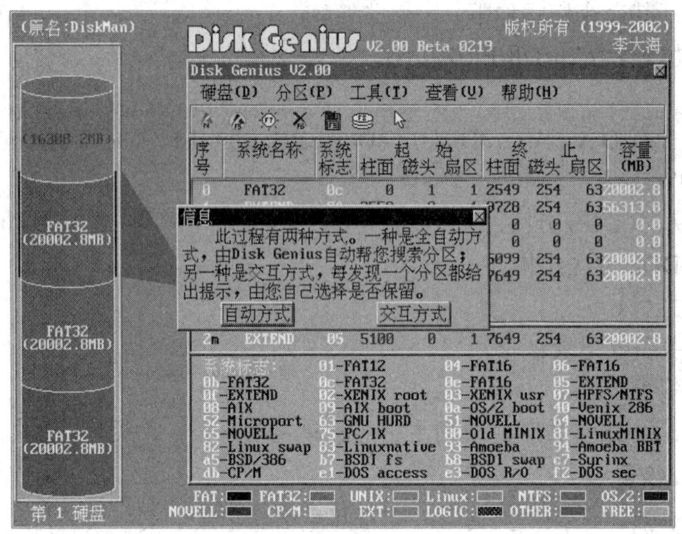

图 1-34　重建分区对话框

一般选择“交互方式”来恢复分区，这种方式下每找到一个分区就给出提示，由用户决定是否保留。

3. 参数修改

DiskGen 能修改分区参数，其方法为，先在主界面上选中分区，再点击“工具”→“参数修改”菜单项，弹出修改分区参数的对话框，如图 1-35 所示。

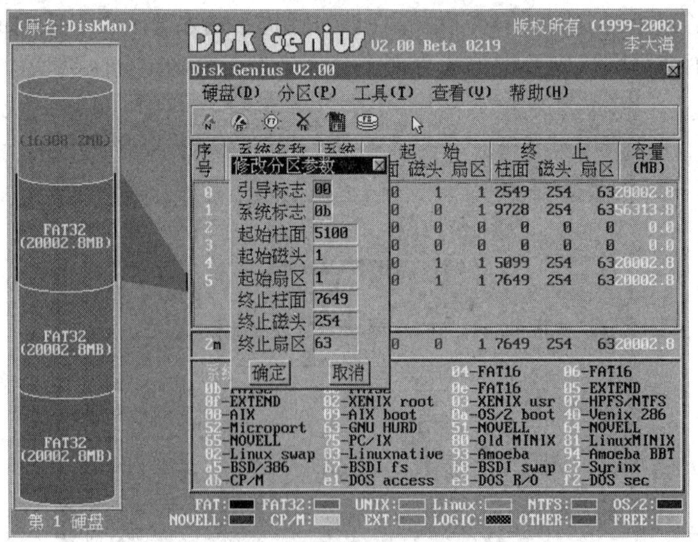

图 1-35　修改分区参数对话框

用户可以在该对话框中修改分区的相关参数，如引导标志、系统标志、柱面号、扇区号和磁头号等。修改分区起止参数时应注意，在确定有关数据已可靠备份后再修改。

使用 DiskGen 对硬盘操作结束后，还应执行“硬盘”→“存盘”命令，此时，修改才算真正完成了。

1.4　固 态 硬 盘

固态硬盘(Solid State Disk)是近年开始得到广泛应用的存储设备，由存储芯片阵列和控制单元组成，其内部结构如图 1-36 所示。固态硬盘在接口的规范和定义、功能及使用方法上与普通硬盘完全相同，在产品外形和尺寸上也与普通硬盘完全一致。被广泛应用于军事、车载、工控、视频监控、网络监控、网络终端、电力、医疗、航空、导航设备等领域。固态硬盘存储芯片分为闪存(Flash)和动态随机存取存储器(DRAM)两种。闪存是普遍使用的存储芯片类型，分为 SLC(单层单元)、MLC(多层单元)和 TLC(三层单元)。这三种芯片的复写次数分别是 10 万次、1 万次和 1 千次，价格相应地从高到低。DRAM 芯片应用范围较窄，读写速度快、寿命长，但需要独立电源保证数据安全。

图 1-36　固态硬盘的内部结构

固态硬盘的主要优点如下：

(1) 读写速度快。由于没有复杂的机械控制机构，持续读写速度可以达到 400 MB/s，随机访问存取时间小于 0.1 ms，比机械硬盘快 100 倍。

(2) 环境适应性更好。传统机械硬盘对震动较敏感，固态硬盘则在高速移动、翻转情况下均能正常使用。固态硬盘可工作在 −10℃～70℃范围内，机械硬盘则只能在 5℃～55℃范围内正常工作。

(3) 无噪音。固态硬盘工作时不产生机械动作，没有噪音。

(4) 轻便。在重量上，固态硬盘比同规格的机械硬盘更轻。

固态硬盘的缺点如下：

(1) 寿命。固态硬盘存储芯片有读写次数的限制，最便宜的 TLC 存储单元读写次数为 500～1000 次左右。现有的固态硬盘采用磨损平衡(Wear Leveling)算法延长其使用寿命，通常为 10～20 年。

(2) 功耗。固态硬盘在空闲状态下功耗很低，在负载状态时，因为要考虑磨损平衡，功耗较机械硬盘高。

(3) 价格。目前的闪存芯片价格较高，相同容量的情况下，固态硬盘价格是机械硬盘的十多倍。

固态硬盘损坏后需要专用工具来恢复数据，如果对固态硬盘执行过 ATA 命令的 TRIM 指令，则恢复数据的可能性就不大了。

思　考　题

1. 简述硬盘的内部结构及硬盘的工作原理。
2. 硬盘的逻辑结构以及硬盘为什么按柱面读写数据？
3. 简要描述计算机的启动过程。
4. 简要介绍主引导记录及其作用以及硬盘如何突破 4 个分区的限制。
5. 为什么要对硬盘进行分区？
6. 低级格式化和高级格式化的作用各是什么？

第 2 章　FAT 文件系统

2.1　DBR

2.1.1　DBR 的概念和组成

1．DBR 的概念

DBR(DOS Boot Record)即操作系统引导记录扇区，从字面可以得知，它的作用与引导操作系统有关。DBR 有两个重要功能，即引导系统和保存文件系统参数。DBR 本身是由高级格式化工具(如 Format)建立的，大小为 1 个扇区，占用 512 字节。

2．DBR 的组成

DBR 位于硬盘各分区的开始处，由 5 个部分组成，其结构如表 2-1 所示。

表 2-1　DBR 的结构

偏移量	长度/字节	组 成 部 分
00H	3	跳转指令
03H	8	DOS 版本号
0BH	79	BIOS 参数块
5AH	420	DOS 引导程序
FEH	2	结束标志

1) 跳转指令

跳转指令实际上只有两个字节，其作用是跳转到自举代码执行引导程序。跳转指令的第一个字节是跳转命令 JMP，后面是跳转偏移量，偏移量以跳转指令的下一字节开始计算，即以第三个字节 NOP(90)空指令为起始地址。

2) DOS 版本号

该部分有 8 个字节，且随不同 DOS 版本而有所变化。

3) BIOS 参数块

BIOS 参数块也称做 BPB(BIOS Parameter Block)，记录着分区重要的参数信息。BPB 的结构如表 2-2 所示。

表 2-2 中，保留扇区数是操作系统保留用作引导系统的扇区数，Windows 系统一般有 32 个保留扇区。系统隐含扇区数是指在 DBR 之前已分配的若干个扇区，用于存放 MBR 或虚拟 MBR，一般为 63 个。MBR 分区表有一个隐含扇区参数，它是指本分区之前已用的扇区数，和 DBR 系统隐含扇区是不同的。

表 2-2　BPB 的结构

偏移量	长度/字节	组 成 部 分
0BH	2	每扇区字节数
0DH	1	每簇扇区数
0EH	2	保留扇区数
10H	1	文件分配表数量
11H	2	未用
13H	2	扇区总数，用于小于 32 MB 的分区
15H	1	存储介质代号，F8 为硬盘
16H	2	每个文件分配表占用扇区数，用于小于 32 MB 的分区
18H	2	每磁道扇区数
1AH	2	逻辑磁头数
1CH	4	系统隐含扇区数
20H	4	扇区总数，表示大于 32 MB 的分区
24H	4	每个 FAT 表占用的扇区数
28H	2	标记
2AH	2	版本
2CH	4	根目录起始簇号
30H	2	BOOT 占用的扇区数
32H	2	备份引导扇区的位置
34H	7	保留
40H	1	BIOS 设备标识，从 80H 开始编号
41H	1	保留
42H	1	扩展引导标记
43H	4	序列号
47H	11	卷标
52H	8	文件系统名称

4) DOS 引导程序

该部分是 Boot 代码。当引导程序从 MBR 接收系统控制权后，该代码负责判断和装入操作系统引导文件。

5) 结束标志

DBR 的结束标志为“55 AA”，与 MBR 的相同。

操作系统管理分区文件所需的重要参数都存放在 BIOS 参数块里，如每扇区字节数、每簇扇区数、每磁道扇区数等。需要指出的是，这些参数的作用范围仅限于 DBR 所在的分区，因此各分区均用各自的 DBR 存放 BIOS 参数。

2.1.2　DBR 与 MBR 的比较

初学者经常将 MBR 与 DBR 混为一谈，究其原因是没有弄清楚它们的区别。这里我们将 DBR 和 MBR 放在一起做个比较，使读者对二者能有一个更深入的认识。

1．DBR 与 MBR 的相似点

1) 所占空间大小相同

DBR 与 MBR 占用相同大小的存储空间，均为 1 个扇区、512 字节。

2) 结束标志相同

DBR 与 MBR 的结束标志都是“55 AA”。

2．DBR 与 MBR 的不同点

1) 功能不同

MBR 的主要功能是存放硬盘分区信息和引导系统时检查分区。DBR 则存放的是分区文件系统参数，同时，设置为活动分区的 DBR 将从 MBR 引导程序接过引导控制权，以装载操作系统。可见，MBR 与 DBR 在系统启动过程中各有作用。

2) 作用范围和性质不同

MBR 和虚拟 MBR 控制着整个硬盘的所有分区信息，作用范围是全局性的，其性质是基础性的。DBR 则存放着有硬盘分区的文件系统参数，作用范围是局部性的，其性质属于应用性的。通常 MBR 或 1 个虚拟 MBR 可以定义 1～4 个不等的分区，而 1 个 DBR 只能定义 1 个分区。

3) 创建时间不同

MBR 由分区工具软件(FDisk、PartitionMagic、Windows 2000/XP 安装工具等)划分硬盘分区时建立，DBR 则由高级格式化软件(Format 等)格式化分区时创建。因此它们在时间上有先后之分，MBR 在前，DBR 在后。

2.1.3　WinHex 软件和 DBR 修复技术

1．WinHex 软件

WinHex 是 Windows 环境下的十六进制编辑软件，其物理磁盘编辑器可以编辑物理磁盘或逻辑磁盘的任何一扇区，是一款维护磁盘的工具软件。

1) WinHex 软件的安装

在 Windows 环境下运行 WinHex 的 Setup.exe，即显示安装界面，如图 2-1 所示。

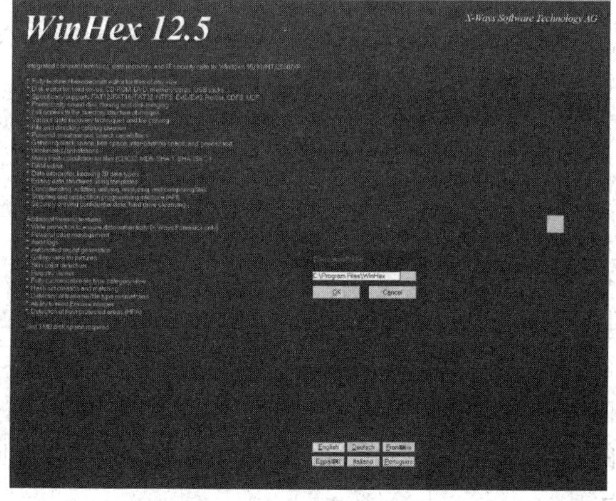

图 2-1　WinHex 安装界面

在该界面中选定安装目录，点击确定按钮，按照安装程序提示一步一步地操作即可完成该软件的安装。完成安装后可从操作系统程序菜单中选择 WinHex 软件，启动后的界面如图 2-2 所示。

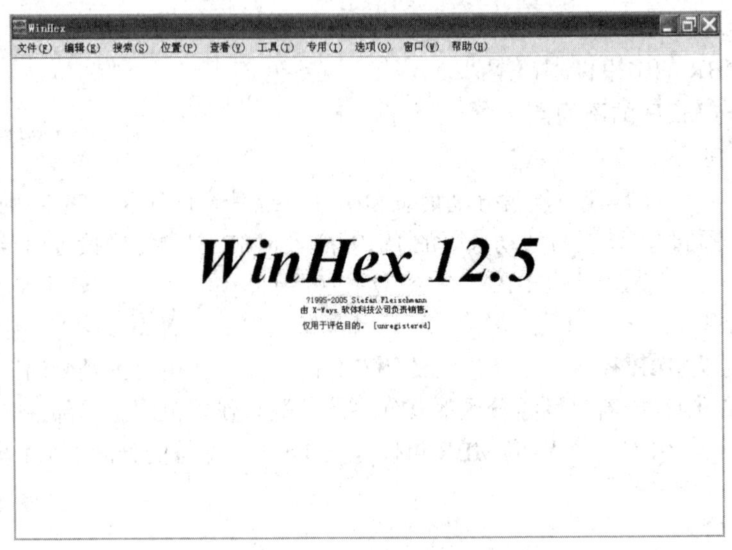

图 2-2　WinHex 工作界面

2) WinHex 软件的操作

(1) 磁盘编辑器的设定。点击“工具”→“磁盘编辑器”菜单项，弹出的窗口如图 2-3 所示。

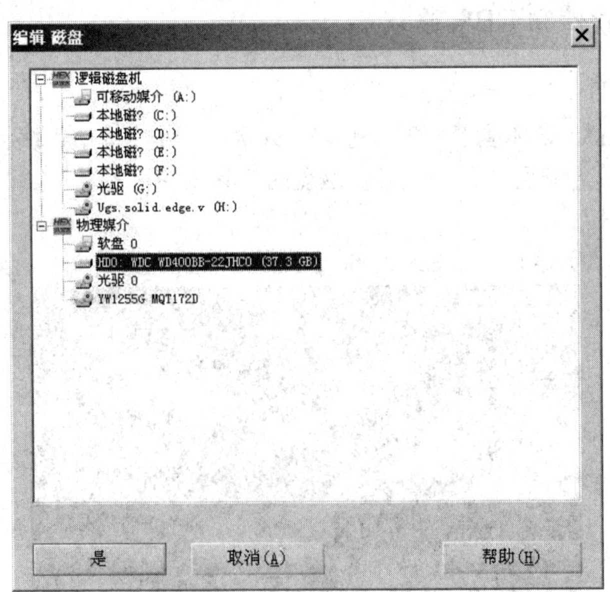

图 2-3　磁盘编辑器窗口

在磁盘编辑器窗口中可设定编辑硬盘的方式，WinHex 提供了两种选择，即逻辑分区和物理磁盘。在该窗口的上半部分可选择硬盘逻辑分区，在下半部分则可选择物理磁盘，单击确认后即可完成设定。

(2) 查找数据。点击“搜索”→“查找文本”菜单项，弹出“查找文本”窗口，如图 2-4 所示。

该窗口的“下列文本字串符将被搜索”下的文本框内可输入需查找的字符串，其下可设定查找的条件，包括区分大小写、Unicode 字符查找、通配符模糊查找、完全匹配等，还可以设定查找的范围(全部、向下、向上)、条件查找的偏移量位置、块内查找等。本次查找完成后，如果还想继续查找，只需按 F3 键。

也可点击“搜索”→“查找 16 进制数值”菜单项，弹出“查找 16 进制数值”窗口，如图 2-5 所示。

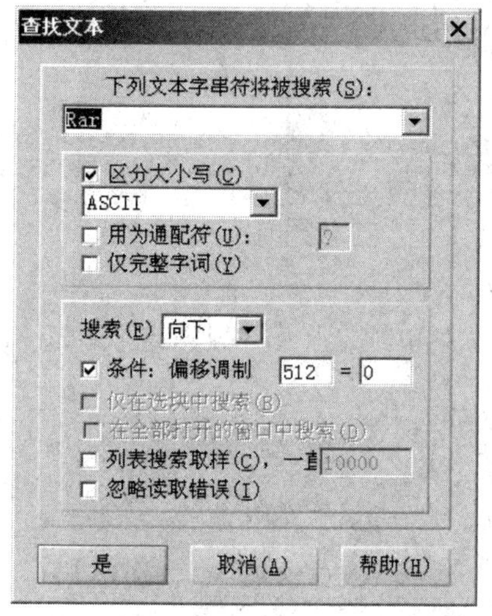

图 2-4　查找文本

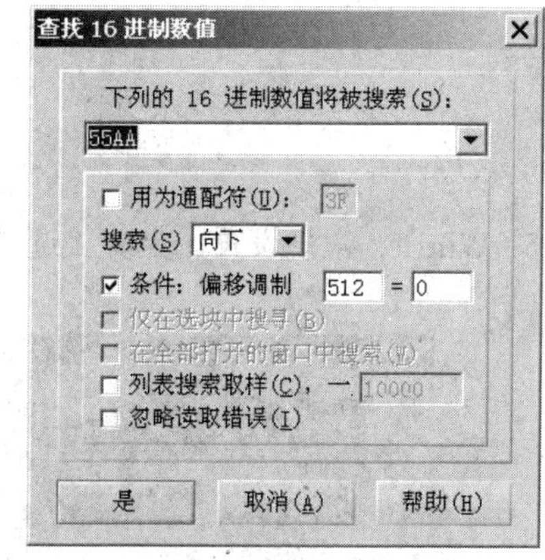

图 2-5　查找 16 进制数值

在该窗口文本框内可输入要查找的十六进制数值以及其他的查找条件。

(3) 跳转。点击“位置”→“转到偏移量”菜单项，弹出“转到偏移量”窗口，如图 2-6 所示。

在该窗口的“新位置”框内输入偏移量地址，再点击确定即可。注：输入的地址是十六进制还是十进制要根据 WinHex 设置而定。

或者，点击“位置”→“转到扇区”菜单项，弹出“转到扇区”窗口，如图 2-7 所示。

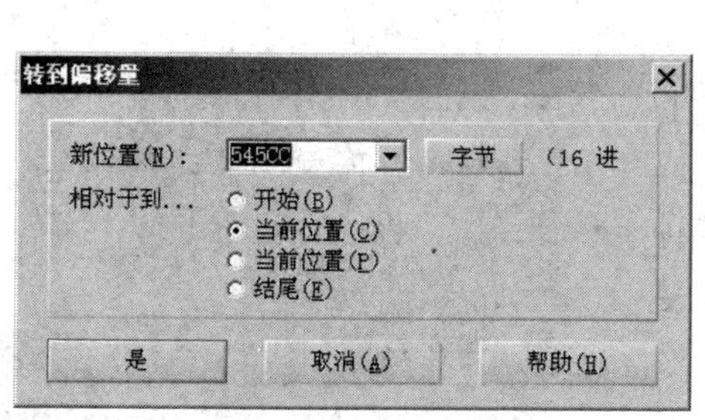

图 2-6　偏移量跳转

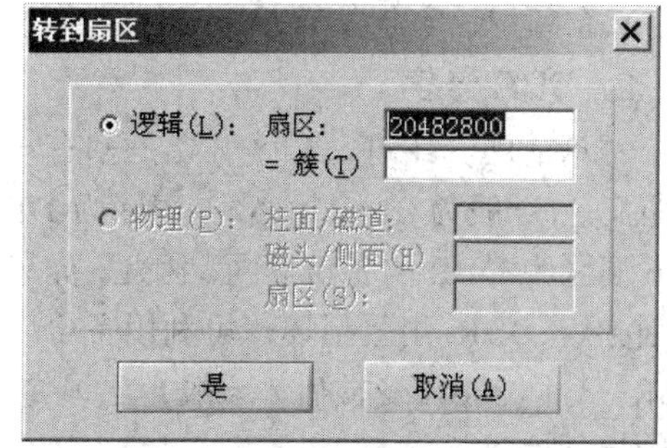

图 2-7　扇区跳转

在该窗口相应的跳转地址框内输入扇区号，再点击确定即可。注：输入的扇区号是十六进制还是十进制也需要根据 WinHex 设置而定。

根据偏移量跳转可以达到字节级的精确定位，而按照扇区跳转则可进行相对“粗放”的区域定位，两种方式各有应用场合。

(4) 设置查看方式。点击“查看”菜单，弹出的下拉菜单如图 2-8 所示。该菜单上有许多显示的设置选项和查看工具，用户可以仅显示文字或十六进制，也可以自定义显示信息，或者选择模板查看特定扇区信息等。

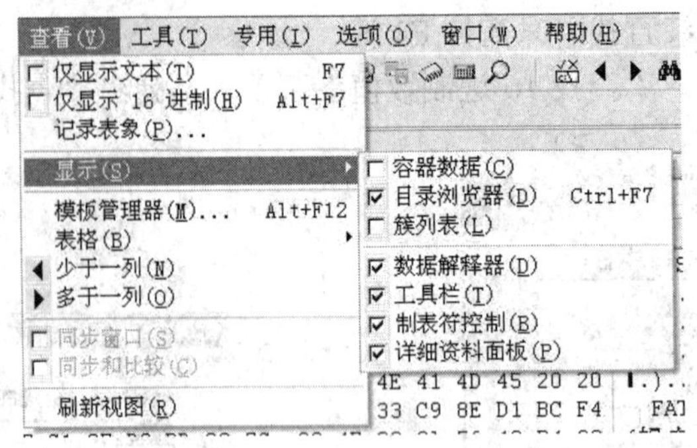

图 2-8　设置查看方式

(5) WinHex 常规设置。点击“选项”→“常规”菜单项，弹出“常规选项”窗口，如图 2-9 所示。

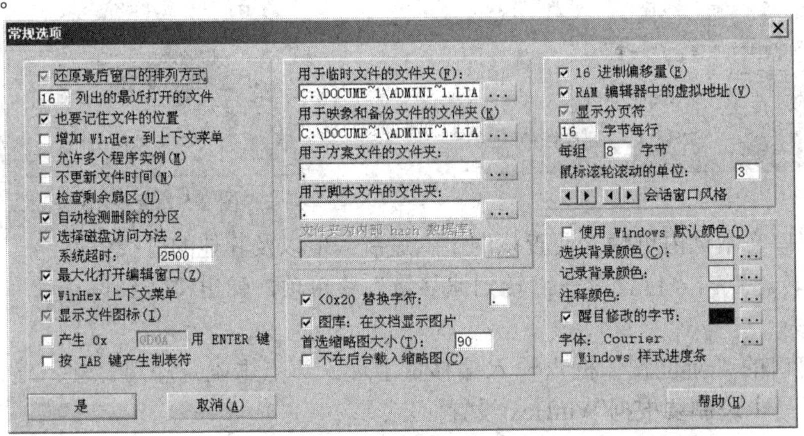

图 2-9　WinHex 的常规选项

该窗口中包含众多 WinHex 界面设置和操作风格选项，用户可以根据需要进行相应设定。

2．DBR 修复

本章前面介绍过，分区开始处都有一定数量的保留扇区(一般为 32 个)，第 1 扇区为 DBR 扇区，第 6 扇区为 DBR 的备份扇区。因此，如果由于某种原因导致 DBR 扇区损坏，可利用备份扇区来修复 DBR。分区 DBR 受损后，一般会出现如图 2-10 所示的提示信息。

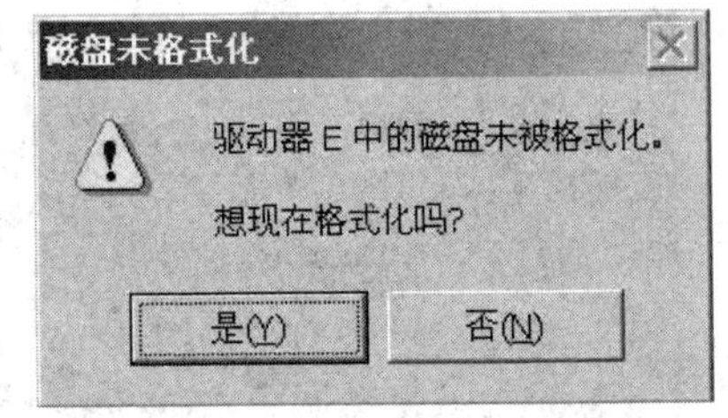

图 2-10　DBR 损坏后提示未格式化

下面对 DBR 进行修复：

(1) 启动 WinHex，选择并进入受损 DBR 所在的分区，如图 2-11 所示。当前所在位置就是已损坏的 DBR 扇区。

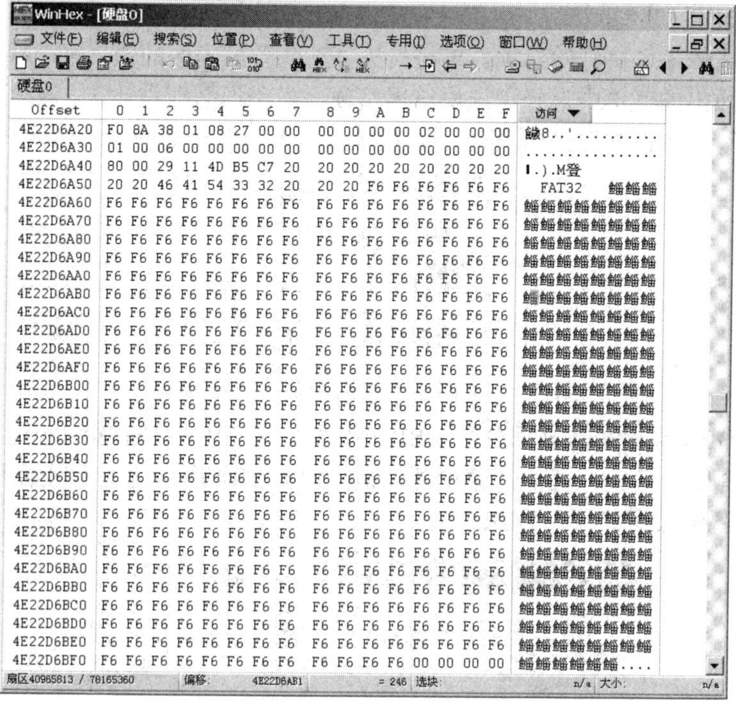

图 2-11 损坏的 DBR

(2) 向后跳转 6 扇区，定位至备份 DBR 扇区处，如图 2-12 所示。

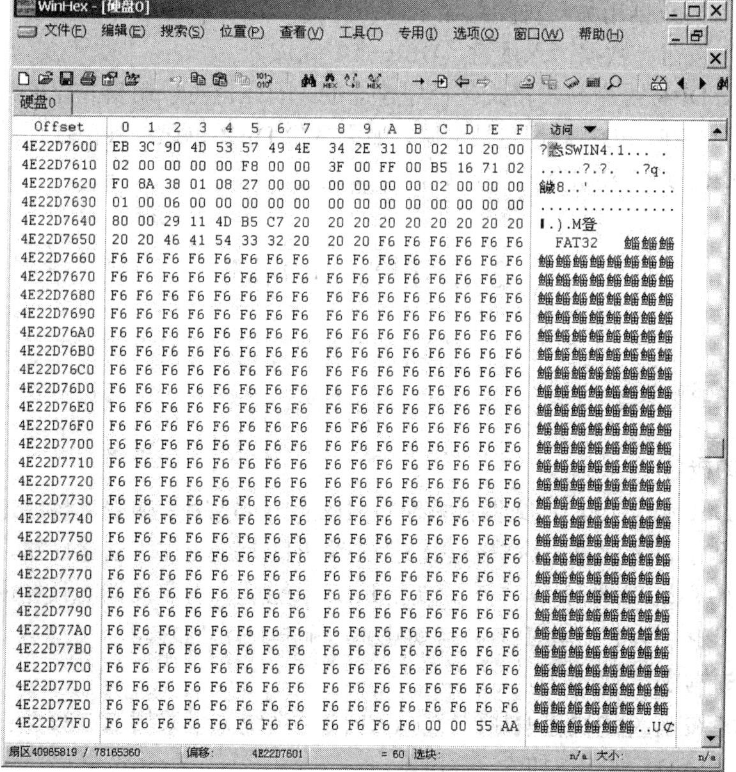

图 2-12 备份的 DBR 扇区

(3) 块选 DBR 扇区并复制。用鼠标右键点击备份扇区的第 1 字节(EB)，弹出如图 2-13 所示的菜单。选择“选块开始”项，再将光标移动到备份扇区的最后一个字节(AA)，点击鼠标右键，在弹出的菜单中选择“选块结尾”项，备份扇区即被块选。然后点击“编辑”→“复制区块”→“正常”菜单项。

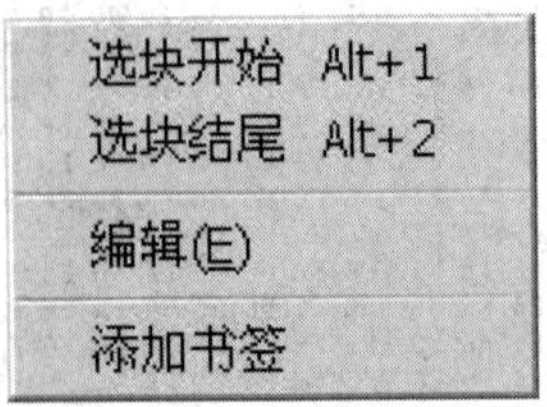

图 2-13　块选菜单

(4) 备份 DBR 扇区。跳转回分区 DBR 扇区处，将光标定位在第 1 个字节，点击“编辑”→“剪贴板数据”→“写入”菜单项，弹出如图 2-14 所示的提示对话框。　单　击“是”按钮，备份数据即写入 DBR 扇区。

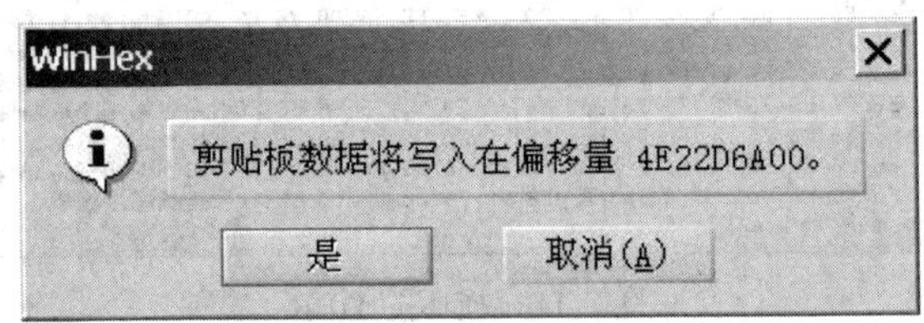

图 2-14　写入提示对话框

该 512 字节的数据用另一种颜色显示以示区别，表示未真正写入硬盘。单击工具栏上的“保存扇区”按钮，数据写入硬盘，DBR 修复完成。

此外，由于 DBR 是由高级格式化程序建立的，因此也可以用格式化的方法重建 DBR，但分区上原有的 FAT、FDT 数据将被清除。如果备份 DBR 也已经被破坏，则只能通过手工方法来修复 DBR，这需要进行一些计算，有兴趣者可参考有关书籍。

2.2　FDT 和 FAT

2.2.1　FDT 的概念与结构

1. FDT 的概念

FDT(File Directory Table，文件目录表)，由若干个 32 字节的表项构成，登记着分区上的目录、文件和子目录信息。这些信息包括文件和目录的名称、创建日期、属性、大小、从硬盘何处开始存放(首簇号)等，需要结合 FAT 才能最终确定文件的具体位置。对硬盘分区实施高级格式化时，格式化工具会自动建立一个根目录 FDT。

2. FDT 的构成

随着硬盘存储容量的快速增加，目前 FAT 文件系统大量采用 FAT32 形式，因此我们重点介绍 FAT32 的 FDT 结构，如表 2-3 所示。

表 2-3 FAT32 的 FDT 结构

偏移	长度/字节	含 义
00	8	文件名，若第 1 字节为 0，表示空表项，E5H 表示文件被删除；若为 2EH 或 2EH 2EH，表示子目录下的“.”或“..”目录项
08	3	文件扩展名
0B	1	文件属性
0C	1	文件名字节校验和
0D	3	文件建立时间。24 位二进制表示为 hhhhh mmmmmm sssss MMMMMMMM。其中，hhhhh 为小时，mmmmmm 为分钟，sssss 是以 2 秒为单位的秒数，最后 8 位是以 10 毫秒为单位的秒数
10	2	文件建立日期。16 位二进制表示为 yyyyyyy mmmm ddddd。其中，yyyyyyy 数值加上 1980 为年份，mmmm 表示月份，ddddd 为日期
12	2	文件最近的访问日期，格式同文件建立日期
14	2	起始簇号高 16 位
16	2	文件最近的修改时间。16 位二进制表示为 hhhhh mmmmmm sssss，定义同文件建立时间
18	2	文件最近修改日期，格式同文件建立日期
1A	2	起始簇号低 16 位
1C	4	32 位文件长度，以字节为单位。对于子目录项，此处总是置 0

第 0B 字节用二进制位定义文件属性，最高 2 位未用，如表 2-4 所示。

表 2-4 属性对照表

属 性 值	含 义
00000000	读写
00000001	只读
00000010	隐含
00000100	系统
00001000	卷标
00010000	子目录
00100000	档案
00001111	长文件名登记项

稍微复杂一点的是 FAT32 系统长文件名的表示。简单地说，长文件名由一个短文件名登记项(见表 2-3)和若干个长文件名登记项组成。长文件名登记项按倒序方式排列在短文件名登记项前，其结构如表 2-5 所示。

表 2-5 长文件名的登记项

偏移	长度/字节	含 义
0	1	顺序字节
1	10	长文件名，Unicode 格式
0B	1	属性字节，为 0FH
0C	1	保留，00H
0D	1	文件名校验和
0E	12	长文件名，Unicode 格式
1A	2	保留，0000H
1C	4	长文件名，Unicode 格式

每一个长文件名登记项有 26 个字节记录长文件名称，表示 13 个 Unicode 格式的文件名(每个文件名字符需要 2 个字节)。顺序字节低 5 位指明长文件名登记项序号，第 7 位置“1”表明本登记项是最后一个，如图 2-15 所示。

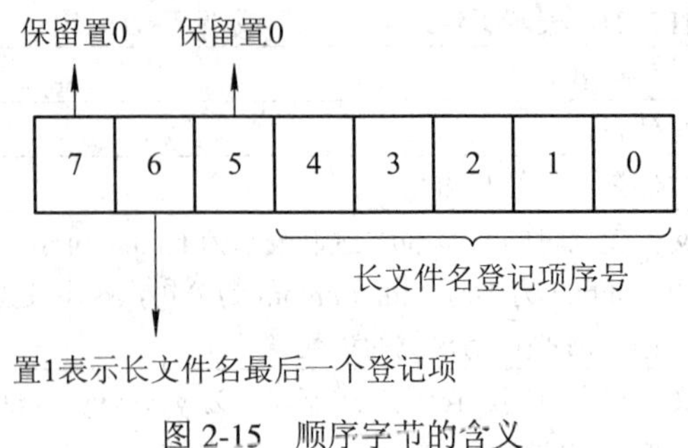

图 2-15　顺序字节的含义

2.2.2　FAT 的概念与结构

1．FAT 的概念

FAT(File Allocation Table，文件分配表)，实际上就是一张记录文件存储位置的表格，文件存储位置用簇号来表示。文件的首簇号存放在 FDT 登记项中，后续簇号存放于 FAT 中。FAT 本身由高级格式化程序建立。

2．FAT 的构成

FAT 在 DBR 之后存放，一个分区有两个 FAT，第 1 个是主表，第 2 个是备份表，两张表内容相同。FAT 的大小由分区大小、每簇扇区数等因素决定，它所占用的扇区数可以从 DBR 的 BPB 参数中查到。

分区格式化后，文件以簇为单位存放在数据区中。簇其实是人为指定的容量单位，相当于若干个扇区，一个簇可以定义为 8、16、32 或 64 个扇区。一个文件占用一个或多个簇的硬盘空间。在多个簇的情况下，这些簇号不一定连续，但可以通过簇链方式表示一个文件在硬盘上“不连续”存放的情况。关于簇链将在后面详细讲述。

FAT 表项的大小决定了分区容量的上限。例如 FAT16 分区，每一个表项 16 位，那么最多可管理 $2^{16}\times64\times512=2^{16}\times32K=2$ GB 的分区，因此 FAT16 分区最多可以使用 2 GB 的空间。同理，FAT32 分区最多可管理 $2^{32}\times64\times512=128$ TB 的分区，但这只是计算出的理论值，实际上由于受到硬盘访问的限制，目前的单个分区还不能管理如此大的空间。

FAT 文件系统以簇为单位为文件分配空间，每个簇在 FAT 表内占用一个登记项。FAT16 分区一个登记项的长度是 2 字节，FAT32 分区一个登记项的长度是 4 字节。

FAT 的功能主要有如下三个：

1) 记录磁盘类型

FAT 前 2 个簇为保留簇，不分配给文件使用。FAT 第 0 个字节表示磁介质类型，与 BPB 偏移量 15H(磁介质描述符)处的值相同，硬盘用 F8H 表示。

2) 记录文件占用的各簇簇号

以 FAT32 分区为例，一个文件创建好后，在 FAT 表里有一系列的表项值与其对应，一个 FAT 表项值表明文件占用的一个簇号并指明下一簇号的位置。文件的起始簇号存放在该文件 FDT 的第 20、21 字节和第 26、27 字节。具体来说就是 FAT 表项值表示一个簇号，其值乘以 4 就是下一表项位置，如此反复，从而构成一个簇链，簇链可用下式表示：

$$下一簇号=[当前簇号\times 4+FAT 表起始地址]_{取值}$$

例如，某文件的起始簇号为 000129C4H，则其 FAT 表项值如图 2-16 所示。

Offset	0	1	2	3	4	5	6	7	8	9	A	B	C	D	E	F
00004F310	C5	29	01	00	C6	29	01	00	C7	29	01	00	C8	29	01	00
00004F320	C9	29	01	00	CA	29	01	00	CB	29	01	00	CC	29	01	00
00004F330	CD	29	01	00	CE	29	01	00	CF	29	01	00	D0	29	01	00
00004F340	D1	29	01	00	D2	29	01	00	D3	29	01	00	FF	FF	FF	0F
00004F350	D5	29	01	00	D6	29	01	00	FF	FF	FF	0F	FF	FF	FF	0F
00004F360	FF	FF	FF	0F	FF	FF	FF	0F	FF	FF	FF	0F	FF	FF	FF	0F
00004F370	FF	FF	FF	0F	FF	FF	FF	0F	FF	FF	FF	0F	FF	FF	FF	0F
00004F380	FF	FF	FF	0F	FF	FF	FF	0F	FF	FF	FF	0F	FF	FF	FF	0F
00004F390	FF	FF	FF	0F	E8	29	01	00	E9	29	01	00	FF	FF	FF	0F
00004F3A0	1F	2A	01	00	ED	29	01	00	06	2A	01	00	FF	FF	FF	0F
00004F3B0	FF	FF	FF	0F	C2	2B	01	00	FF	FF	FF	0F	F7	29	01	00
00004F3C0	FF	FF	FF	0F	FF	FF	FF	0F	FF	FF	FF	0F	FF	FF	FF	0F
00004F3D0	FF	FF	FF	0F	FF	FF	FF	0F	FF	FF	FF	0F	F9	29	01	00
00004F3E0	FF	FF	FF	0F	FB	29	01	00	FF	FF	FF	0F	FD	29	01	00
00004F3F0	FF	FF	FF	0F	FF	29	01	00	FF	FF	FF	0F	0C	2A	01	00

图 2-16　某文件的 FAT 表项值

当前簇号 000129C4H×4=0004A710H，该值就是下一簇号的存放位置(相对于 FAT 内偏移量，本例 FAT 表起始地址是 00004C00H)。根据上述公式，第二簇号的存放位置应该从 0004A710H＋00004C00H=0004F310H 处查找。在图 2-16 中找到偏移量 0004F310H 的所在位置，从中读取的 4 字节值 000129C5H 就是文件的下一簇号。依此类推，第三簇号为 000129C6H，继续下去就可以找到文件的其他后续簇号，直到 0FFFFFFFH，表示文件簇链结束。

3) 记录可用簇和坏簇

FAT 中用 00000000H 表示空簇(未分配的硬盘空间)，用 FFFFFFF7H 表示坏簇，它们不能再分配给文件使用。FAT 从第 2 簇开始分配硬盘空间给文件使用。

2.2.3　FDT 与 FAT 的作用和意义

1. FDT 的作用

从 FDT 的结构分析知，它主要用于保存文件和目录的基本信息，包括长文件名登记项。其作用体现在下列几个方面：

1) 管理文件

当 FDT 第 1 字节的第 6 位置 1 时(参见表 2-4)，它代表一个文件名登记项，记录该文件的基本信息，包括文件名、扩展名、建立时间、建立日期、首簇号、文件长度等。

2) 管理目录

为了易于使用和管理，文件系统被设计成树形结构。所谓树形结构，就是文件系统只有一个总的入口，称为根目录，在根目录下有文件和子目录。子目录下用户可以创建更多的文件和下一层子目录，依此类推，形成一个类似于树木形状的结构系统。FDT 正是通过其第 11 字节的设定值(将第 5 位置 1)，使文件名登记项变身为子目录登记项。再配合第 20、21 和第 26、27 字节的首簇号，告知用户该目录的入口地址，完成从根目录到下一层子目录的遍历。同时，子目录下的 FDT 登记项中，有一个特殊的目录登记项，其文件名部分是 2E2EH，即“..”，第 11 字节属性值是 10H(目录)，首簇号值则指向上一层目录的入口地址。这样 FDT 目录登记项为文件系统提供了从子目录向根目录回溯的功能。因此，FDT 使文件系统具备了在根目录和子目录间双向访问的能力，如图 2-17 所示。

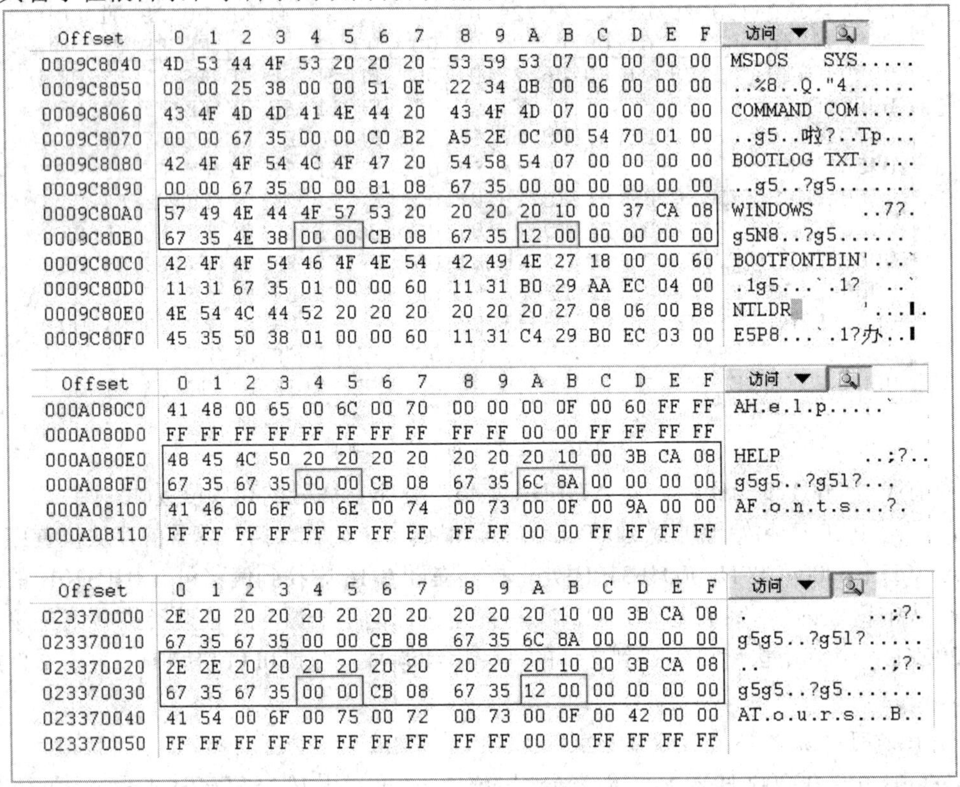

```
Offset     0  1  2  3  4  5  6  7   8  9  A  B  C  D  E  F   访问
0009C8040  4D 53 44 4F 53 20 20 20  53 59 53 07 00 00 00 00  MSDOS   SYS.....
0009C8050  00 00 25 38 00 00 51 0E  22 34 0B 00 06 00 00 00  ..%8..Q."4......
0009C8060  43 4F 4D 4D 41 4E 44 20  43 4F 4D 07 00 00 00 00  COMMAND COM.....
0009C8070  00 00 67 35 00 00 C0 B2  A5 2E 0C 00 54 70 01 00  ..g5..啦?..Tp...
0009C8080  42 4F 4F 54 4C 4F 47 20  54 58 54 07 00 00 00 00  BOOTLOG TXT.....
0009C8090  00 00 67 35 00 00 81 08  67 35 00 00 00 00 00 00  ..g5..?g5.......
0009C80A0  57 49 4E 44 4F 57 53 20  20 20 20 10 00 37 CA 08  WINDOWS    ..7?.
0009C80B0  67 35 4E 38 00 00 CB 08  67 35 12 00 00 00 00 00  g5N8..?g5......
0009C80C0  42 4F 4F 54 46 4F 4E 54  42 49 4E 27 18 00 00 60  BOOTFONTBIN'...`
0009C80D0  11 31 67 35 01 00 00 60  11 31 B0 29 AA EC 04 00  .1g5...`.1?  ..`
0009C80E0  4E 54 4C 44 52 20 20 20  20 20 20 27 08 06 00 B8  NTLDR      '....
0009C80F0  45 35 50 38 01 00 00 60  11 31 C4 29 B0 EC 03 00  E5P8...`.1?办...
```

```
Offset     0  1  2  3  4  5  6  7   8  9  A  B  C  D  E  F   访问
000A080C0  41 48 00 65 00 6C 00 70  00 00 00 0F 00 60 FF FF  AH.e.l.p.....`
000A080D0  FF FF FF FF FF FF FF FF  FF FF 00 00 FF FF FF FF
000A080E0  48 45 4C 50 20 20 20 20  20 20 20 10 00 3B CA 08  HELP       ..;?..
000A080F0  67 35 67 35 00 00 CB 08  67 35 6C 8A 00 00 00 00  g5g5..?g51?...
000A08100  41 46 00 6F 00 6E 00 74  00 73 00 0F 00 9A 00 00  AF.o.n.t.s...?.
000A08110  FF FF FF FF FF FF FF FF  FF FF 00 00 FF FF FF FF
```

```
Offset     0  1  2  3  4  5  6  7   8  9  A  B  C  D  E  F   访问
023370000  2E 20 20 20 20 20 20 20  20 20 20 10 00 3B CA 08  .          ..;?.
023370010  67 35 67 35 00 00 CB 08  67 35 6C 8A 00 00 00 00  g5g5..?g51?.....
023370020  2E 2E 20 20 20 20 20 20  20 20 20 10 00 3B CA 08  ..         ..;?.
023370030  67 35 67 35 00 00 CB 08  67 35 12 00 00 00 00 00  g5g5..?g5.......
023370040  41 54 00 6F 00 75 00 72  00 73 00 0F 00 42 00 00  AT.o.u.r.s...B..
023370050  FF FF FF FF FF FF FF FF  FF FF 00 00 FF FF FF FF
```

图 2-17　根目录和子目录间的双向访问

图 2-17 上半部分表示 Windows 目录起始簇号为 12H；中间部分是 Windows 下子目录 Help 的 FDT 登记项；下半部分是子目录 Help 中“..”的 FDT 登记项，起始簇号也为 12H，即指向其上层父目录 Windows。注意“.”登记项中簇号是 8A6CH，指向 Help 子目录本身。

3) 管理长文件名

FDT 登记项第 11 字节置为 0FH 时，表示该项为长文件名登记项。每一个长文件名登记项可以表示 13 个双字节内码形式的字符，这些登记项按倒序方式排列在文件的短文件登记项之前。

2．FAT 的作用

FAT 以簇号的方式记录文件占用空间的情况。一个簇号对应一块数据区空间，一个文件可以申请分配一个或多个簇号。簇号在 FAT 中可以连续存放，也可以非连续存放，这取决于数据空闲区域是否含有碎片(空闲区域和已占用区域相互交错)。FAT 巧妙地运用簇号与簇号存放在 FAT 的偏移地址之间的关系，解决了簇链的表示问题。FAT32 分区 FAT 地址关系为：下一簇号地址=当前簇号×4。FAT 和 FDT 联系的纽带就是 FDT 登记项中的首簇号。

3. FDT 与 FAT 的意义

由以上分析可知，文件和目录的管理是由 FDT、FAT 共同合作来完成的。FDT 存放文件、目录的基本信息，FAT 则管理存储空间的分配，二者通过 FDT 首簇号相关联。

2.2.4 文件删除的实质分析

一般的计算机用户认为，删除文件后，操作系统会清除文件的全部内容，包括数据区的数据。事实上，操作系统为了保持工作效率，在删除文件的过程中并不删除数据区的数据(因为相当费时)，而仅修改、清空 FAT、FDT 的相关登记项。Windows 操作系统提供了简单删除和完全删除两种删除模式，而其回收站能够还原已被“删除”的文件。

1. 简单删除文件的分析

以某硬盘 FAT32 分区上的文件 Sample-File.txt 为例，该文件被简单删除前，其 FDT 登记项如图 2-18 所示。

Offset	0	1	2	3	4	5	6	7	8	9	A	B	C	D	E	F	访问
0009C8C40	42	78	00	74	00	00	00	FF	FF	FF	FF	0F	00	0D	FF	FF	Bx.t... ..
0009C8C50	FF	FF	FF	FF	FF	FF	FF	FF	FF	FF	00	00	FF	FF	FF	FF	
0009C8C60	01	73	00	61	00	6D	00	70	00	6C	00	0F	00	0D	65	00	.s.a.m.p.l....e.
0009C8C70	2D	00	66	00	69	00	6C	00	65	00	00	00	2E	00	74	00	-.f.i.l.e.....t.
0009C8C80	53	41	4D	50	4C	45	7E	31	54	58	54	20	00	87	91	9D	SAMPLE~1TXT .嗐▌
0009C8C90	50	38	50	38	00	00	92	9D	50	38	20	32	91	04	00	00	P8P8..犟P8 2?..▌

图 2-18 文件 Sample-File.txt 被删除前的 FDT 登记项

将 Sample-File.txt 放入回收站，该文件的 FDT 登记项如图 2-19 所示。

Offset	0	1	2	3	4	5	6	7	8	9	A	B	C	D	E	F	访问
0009C8C40	E5	78	00	74	00	00	00	FF	FF	FF	FF	0F	00	0D	FF	FF	鐌.t... ..
0009C8C50	FF	FF	FF	FF	FF	FF	FF	FF	FF	FF	00	00	FF	FF	FF	FF	
0009C8C60	E5	73	00	61	00	6D	00	70	00	6C	00	0F	00	0D	65	00	鍐.a.m.p.l....e.
0009C8C70	2D	00	66	00	69	00	6C	00	65	00	00	00	2E	00	74	00	-.f.i.l.e.....t.
0009C8C80	E5	41	4D	50	4C	45	7E	31	54	58	54	20	00	87	91	9D	鎙MPLE~1TXT .嗐▌
0009C8C90	50	38	50	38	00	00	CD	A0	50	38	20	32	05	EE	01	00	P8P8..蛔P8 2.?.▌

图 2-19 简单删除后文件 Sample-File.txt 的 FDT 登记项

从图 2-19 知，简单删除文件后，其 FDT 登记项首字节被修改为 E5H，长文件名登记项首字节也同样被置为 E5H。E5H 是文件删除的标记。

文件 Sample-File.txt 被删除前的 FAT 登记项如图 2-20 所示。

Offset	0	1	2	3	4	5	6	7	8	9	A	B	C	D	E	F	访问
0000306D0	FF	FF	FF	0F	FF	FF	FF	0F	B7	AE	00	00	FF	FF	FF	0F	. .樊.
0000306E0	FF	FF	FF	0F	FF	FF	FF	0F	FF	FF	FF	0F	FF	FF	FF	0F	. .
0000306F0	FF	FF	FF	0F	FF	FF	FF	0F	FF	FF	FF	0F	C0	AE	00	00	. .
000030700	C1	AE	00	00	C2	AE	00	00	C8	AE	00	00	00	00	00	00	廉..庐..犬......
000030710	FF	FF	FF	0F	FF	FF	FF	0F	C7	AE	00	00	FF	FF	FF	0F	. .钱.
000030720	C9	AE	00	00	CA	AE	00	00	FF	FF	FF	0F	FF	FF	FF	0F	僧..十.. .

图 2-20 文件 Sample-File.txt 被删除前的 FAT 登记项

简单删除后，该文件的 FAT 登记项如图 2-21 所示。

Offset	0	1	2	3	4	5	6	7	8	9	A	B	C	D	E	F	访问
0000306D0	FF	FF	FF	0F	FF	FF	FF	0F	B7	AE	00	00	FF	FF	FF	0F	.　　.樊.
0000306E0	FF	FF	FF	0F	FF	FF	FF	0F	FF	FF	FF	0F	FF	FF	FF	0F	.　　.
0000306F0	FF	FF	FF	0F	FF	FF	FF	0F	FF	FF	FF	0F	C0	AE	00	00	.　　.
000030700	C1	AE	00	00	C2	AE	00	00	C8	AE	00	00	00	00	00	00	廉..庐..犬......
000030710	FF	FF	FF	0F	FF	FF	FF	0F	C7	AE	00	00	FF	FF	FF	0F	.　　.钱.
000030720	C9	AE	00	00	CA	AE	00	00	FF	FF	FF	0F	FF	FF	FF	0F	僧..十..　.

图 2-21　文件 Sample-File.txt 被删除后的 FAT 登记项

由上述对比可看出，简单删除前后的 FAT 相关表项没有变化。删除前存放的文件数据区内容如图 2-22 所示。

Offset	0	1	2	3	4	5	6	7	8	9	A	B	C	D	E	F	访问
00D240000	D2	B5	D3	E0	CC	EC	CE	C4	C6	F7	B2	C4	D1	B2	C0	F1	业余天文器材巡礼.
00D240010	D6	AE	20	20	20	53	74	65	6C	6C	61	72	76	75	65	0D	之　Stellarvue.
00D240020	0A	C1	BA	D3	EE	B6	F7	20	0D	0A	0D	0A	D2	BB	A1	A2	.梁宇恩 ....一、
00D240030	B9	D8	D3	DA	53	74	65	6C	6C	61	72	76	75	65	CD	FB	关于Stellarvue望
00D240040	D4	B6	BE	B5	B9	AB	CB	BE	0D	0A	09	53	74	65	6C	6C	远镜公司...Stell.
00D240050	61	72	76	75	65	CD	FB	D4	B6	BE	B5	B9	AB	CB	BE	B3	arvue望远镜公司▮
00D240060	C9	C1	A2	D3	DA	31	39	39	35	C4	EA	A3	AC	CE	BB	D3	闪(15)?995年，位▮.
00D240070	DA	C3	C0	B9	FA	BC	D3	C0	FB	B8	A3	C4	E1	D6	DD	A3	诿拦　永　D嶂荩
00D240080	AC	CA	C7	D2	BB	BC	D2	D0	A1	D0	CD	CC	EC	CE	C4	C6	且患倚︵吞烟钠
00D240090	F7	B2	C4	D6	C6	D4	EC	C9	CC	A3	AC	D3	C9	56	69	63	鞑闹圃焐踴　蒝ic
00D2400A0	20	4D	61	72	69	73	BE	AD	D3	AA	B9	DC	C0	ED	A1	A3	Maris经营管理。
00D2400B0	D4	E7	D4	DA	C9	CF	CA	C0	BC	CD	C1	F9	CA	AE	C4	EA	早在上世纪六十年
00D2400C0	B4	FA	D6	D0	C6	DA	A3	AC	56	69	63	20	4D	61	72	69	代中期，Vic Mari
00D2400D0	73	B6	D4	CC	EC	CE	C4	D1	A7	B7	A2	C9	FA	C1	CB	C5	s对天文学发生了▮
00D2400E0	A8	BA	F1	D0	CB	C8	A4	A3	AC	B5	AB	B8	B8	C7	D7	C2	è裥巳ぃ　盖茁.
00D2400F0	F2	B8	F8	CB	FB	B5	C4	B5	DA	D2	BB	D6	A7	36	C0	E5	蚋　牡谝恢?厘.
00D240100	C3	D7	D5	DB	C9	E4	BE	B5	BC	B8	BA	F5	D4	E1	CB	CD	米折射镜几乎葬送
00D240110	C1	CB	CB	FB	B6	D4	CC	EC	CE	C4	B5	C4	C8	C8	B0	AE	了他对天文的热爱
00D240120	A1	A3	D4	AD	C0	B4	C4	C7	D6	A7	D5	DB	C9	E4	BE	B5	。原来那支折射镜
00D240130	B9	E2	D1	A7	D6	CA	C1	BF	BA	DC	B2	EE	A3	AC	D6	A7	光学质量很差，支
00D240140	BC	DC	D2	B2	B2	BB	CE	C8	A3	AC	BE	AD	B9	FD	BC	B8	架也不稳，经过几
00D240150	B8	F6	CD	ED	C9	CF	B5	C4	A1	B0	B2	AB	B6	B7	A1	B1	个晚上的▮搏斗▮.±
00D240160	A3	AC	D0	A1	56	69	63	D6	D5	D3	DA	BE	F6	B6	A8	BD	，小Vic終于决定½

图 2-22　文件 Sample-File.txt 被删除前的数据区内容

简单删除后，该文件的数据区内容如图 2-23 所示。

Offset	0	1	2	3	4	5	6	7	8	9	A	B	C	D	E	F	访问
00D240000	D2	B5	D3	E0	CC	EC	CE	C4	C6	F7	B2	C4	D1	B2	C0	F1	业余天文器材巡礼.
00D240010	D6	AE	20	20	20	53	74	65	6C	6C	61	72	76	75	65	0D	之　Stellarvue.
00D240020	0A	C1	BA	D3	EE	B6	F7	20	0D	0A	0D	0A	D2	BB	A1	A2	.梁宇恩 ....一、
00D240030	B9	D8	D3	DA	53	74	65	6C	6C	61	72	76	75	65	CD	FB	关于Stellarvue望
00D240040	D4	B6	BE	B5	B9	AB	CB	BE	0D	0A	09	53	74	65	6C	6C	远镜公司...Stell.
00D240050	61	72	76	75	65	CD	FB	D4	B6	BE	B5	B9	AB	CB	BE	B3	arvue望远镜公司▮
00D240060	C9	C1	A2	D3	DA	31	39	39	35	C4	EA	A3	AC	CE	BB	D3	闪(15)?995年，位▮.
00D240070	DA	C3	C0	B9	FA	BC	D3	C0	FB	B8	A3	C4	E1	D6	DD	A3	诿拦　永　D嶂荩
00D240080	AC	CA	C7	D2	BB	BC	D2	D0	A1	D0	CD	CC	EC	CE	C4	C6	且患倚︵吞烟钠
00D240090	F7	B2	C4	D6	C6	D4	EC	C9	CC	A3	AC	D3	C9	56	69	63	鞑闹圃焐踴　蒝ic
00D2400A0	20	4D	61	72	69	73	BE	AD	D3	AA	B9	DC	C0	ED	A1	A3	Maris经营管理。
00D2400B0	D4	E7	D4	DA	C9	CF	CA	C0	BC	CD	C1	F9	CA	AE	C4	EA	早在上世纪六十年
00D2400C0	B4	FA	D6	D0	C6	DA	A3	AC	56	69	63	20	4D	61	72	69	代中期，Vic Mari
00D2400D0	73	B6	D4	CC	EC	CE	C4	D1	A7	B7	A2	C9	FA	C1	CB	C5	s对天文学发生了▮
00D2400E0	A8	BA	F1	D0	CB	C8	A4	A3	AC	B5	AB	B8	B8	C7	D7	C2	è裥巳ぃ　盖茁.
00D2400F0	F2	B8	F8	CB	FB	B5	C4	B5	DA	D2	BB	D6	A7	36	C0	E5	蚋　牡谝恢?厘.
00D240100	C3	D7	D5	DB	C9	E4	BE	B5	BC	B8	BA	F5	D4	E1	CB	CD	米折射镜几乎葬送
00D240110	C1	CB	CB	FB	B6	D4	CC	EC	CE	C4	B5	C4	C8	C8	B0	AE	了他对天文的热爱
00D240120	A1	A3	D4	AD	C0	B4	C4	C7	D6	A7	D5	DB	C9	E4	BE	B5	。原来那支折射镜
00D240130	B9	E2	D1	A7	D6	CA	C1	BF	BA	DC	B2	EE	A3	AC	D6	A7	光学质量很差，支
00D240140	BC	DC	D2	B2	B2	BB	CE	C8	A3	AC	BE	AD	B9	FD	BC	B8	架也不稳，经过几
00D240150	B8	F6	CD	ED	C9	CF	B5	C4	A1	B0	B2	AB	B6	B7	A1	B1	个晚上的▮搏斗▮.±
00D240160	A3	AC	D0	A1	56	69	63	D6	D5	D3	DA	BE	F6	B6	A8	BD	，小Vic終于决定½

图 2-23　文件 Sample-File.txt 被删除后的数据区内容

综上所述，简单删除文件后，仅把该文件相关的 FDT 登记项首字节修改为 E5H，其余都没有改变。

2. 完全删除文件的分析

此处还以文件 Sample-File.txt 为例，将该文件清空，表示完全删除该文件。完全删除该文件前的 FDT 登记项同图 2-18 所示，完全删除该文件后的 FDT 登记项同图 2-19 所示。

可见，完全删除文件后，该文件的 FDT 登记项首字节也被修改为 E5H 了，与简单删除的情况相同。

完全删除该文件前的 FAT 登记项如图 2-24 所示。

Offset	0	1	2	3	4	5	6	7	8	9	A	B	C	D	E	F	访问
0000306D0	FF	FF	FF	0F	FF	FF	FF	0F	B7	AE	00	00	FF	FF	FF	0F	. .樊.
0000306E0	FF	FF	FF	0F	FF	FF	FF	0F	FF	FF	FF	0F	FF	FF	FF	0F	. .
0000306F0	FF	FF	FF	0F	FF	FF	FF	0F	FF	FF	FF	0F	C0	AE	00	00	. .
000030700	C1	AE	00	00	C2	AE	00	00	C8	AE	00	00	00	00	00	00	廉..庐..犬......
000030710	FF	FF	FF	0F	FF	FF	FF	0F	C7	AE	00	00	FF	FF	FF	0F	. .钱.
000030720	C9	AE	00	00	CA	AE	00	00	FF	FF	FF	0F	FF	FF	FF	0F	僧..十.. .

图 2-24　文件 Sample-File.txt 被完全删除前的 FAT 登记项

完全删除该文件后的 FAT 登记项如图 2-25 所示。

Offset	0	1	2	3	4	5	6	7	8	9	A	B	C	D	E	F	访问
0000306D0	FF	FF	FF	0F	FF	FF	FF	0F	B7	AE	00	00	FF	FF	FF	0F	. .樊.
0000306E0	FF	FF	FF	0F	FF	FF	FF	0F	FF	FF	FF	0F	FF	FF	FF	0F	. .
0000306F0	FF	FF	FF	0F	FF	FF	FF	0F	FF	FF	FF	0F	00	00	00	00	. .
000030700	00	00	00	00	00	00	00	00	00	00	00	00	00	00	00	00	....
000030710	FF	FF	FF	0F	FF	FF	FF	0F	C7	AE	00	00	FF	FF	FF	0F	. .钱.
000030720	00	00	00	00	00	00	00	00	00	00	00	00	FF	FF	FF	0F	....

图 2-25　文件 Sample-File.txt 被完全删除后的 FAT 登记项

从图 2-25 可知，完全删除文件后，该文件在 FAT 中的登记项被清零，表示文件系统已经释放出该文件所占用的硬盘空间。

完全删除前后，存放文件的数据区内容均如图 2-26 所示，没有改变。

Offset	0	1	2	3	4	5	6	7	8	9	A	B	C	D	E	F	访问
00D240000	D2	B5	D3	E0	CC	EC	CE	C4	C6	F7	B2	C4	D1	B2	C0	F1	业余天文器材巡礼.
00D240010	D6	AE	20	20	20	53	74	65	6C	6C	61	72	76	75	65	0D	之　 Stellarvue.
00D240020	0A	C1	BA	D3	EE	B6	F7	20	0D	0A	0D	0A	D2	BB	A1	A2	.梁宇恩 ....一、
00D240030	B9	D8	D3	DA	53	74	65	6C	6C	61	72	76	75	65	CD	FB	关于Stellarvue望
00D240040	D4	B6	BE	B5	B9	AB	CB	BE	0D	0A	09	53	74	65	6C	6C	远镜公司...Stell.
00D240050	61	72	76	75	65	CD	FB	D4	B6	BE	B5	B9	AB	CB	BE	B3	arvue望远镜公司
00D240060	C9	C1	A2	D3	DA	31	39	39	35	C4	EA	A3	AC	CE	BB	D3	闪⒂?995年，位.
00D240070	DA	C3	C0	B9	FA	BC	D3	C0	FB	B8	A3	C4	E1	D6	DD	A3	诿拦　永　D嶂荩
00D240080	AC	CA	C7	D2	BB	BC	D2	D0	A1	D0	CD	CC	EC	CE	C4	C6	且惠倚︿吞煳钠
00D240090	F7	B2	C4	D6	C6	D4	EC	C9	CC	A3	AC	D3	C9	56	69	63	鞑闹圃熠蹋　蔯ic
00D2400A0	20	4D	61	72	69	73	BE	AD	D3	AA	B9	DC	C0	ED	A1	A3	Maris经营管理。
00D2400B0	D4	E7	D4	DA	C9	CF	CA	C0	BC	CD	C1	F9	CA	AE	C4	EA	早在上世纪六十年
00D2400C0	B4	FA	D6	D0	C6	DA	A3	AC	56	69	63	20	4D	61	72	69	代中期，Vic Mari
00D2400D0	73	B6	D4	CC	EC	CE	C4	D1	A7	B7	A2	C9	FA	C1	CB	C5	s对天文学发生了
00D2400E0	A8	BA	F1	D0	CB	C8	A4	A3	AC	B5	AB	B8	B8	C7	D7	C2	è袝巳ぃ　盖茁.
00D2400F0	F2	B8	F8	CB	FB	B5	C4	B5	DA	D2	BB	D6	A7	36	C0	E5	蚋　牡谝恢?厘.
00D240100	C3	D7	D5	DB	C9	E4	BE	B5	BC	B8	BA	F5	D4	E1	CB	CD	米折射镜几乎葬送
00D240110	C1	CB	CB	FB	B6	D4	CC	EC	CE	C4	B5	C4	C8	C8	B0	AE	了他对天文的热爱
00D240120	A1	A3	D4	AD	C0	B4	C4	C7	D6	A7	D5	DB	C9	E4	BE	B5	。原来那支折射镜
00D240130	B9	E2	D1	A7	D6	CA	C1	BF	BA	DC	B2	EE	A3	AC	D6	A7	光学质量很差，支
00D240140	BC	DC	D2	B2	B2	BB	CE	C8	A3	AC	BE	AD	B9	FD	BC	B8	架也不稳，经过几
00D240150	B8	F6	CD	ED	C9	CF	B5	C4	A1	B0	B2	AB	B6	B7	A1	B1	个晚上的搏斗.±
00D240160	A3	AC	D0	A1	56	69	63	D6	D5	D3	DA	BE	F6	B6	A8	BD	，小Vic终于决定½

图 2-26　文件 Sample-File.txt 被删除前后的数据区内容

由此可知，完全删除文件并没有在数据区将文件破坏，该删除操作只是修改了文件的 FDT 登记项首字节(标记删除)，清空了 FAT 与该文件相关的登记项(释放空间)，而真正存放数据的区域并没有被修改。

2.2.5　FAT 恢复

FAT 如果受到破坏，会造成大量数据文件丢失。一般情况下，如果 FAT2 还是完好的，则可以利用 DiskEdit 和 WinHex 手动恢复 FAT1。

1．用 DiskEdit 恢复 FAT

(1) 首先定位到受损 FAT 所在分区的 DBR 扇区，查明该分区 FAT 所占扇区数，如图 2-27 所示。

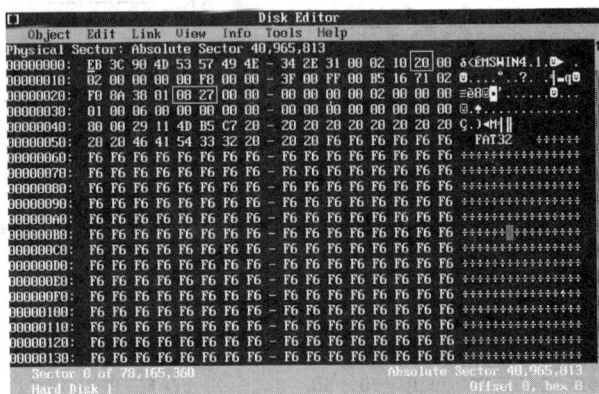

图 2-27　利用 DBR 确定 FAT 大小

(2) 根据 FAT 大小跳转到 FAT2 起始处。本例中 FAT 的大小为 2708H(9992)扇区，考虑到分区的保留扇区有 20H(32)个，故从 DBR 处向后跳转 10 024 扇区。DBR 所在扇区号为 40 965 813，所以应定位到第 40 975 837 扇区，选择显示整个 FAT2，如图 2-28 所示。

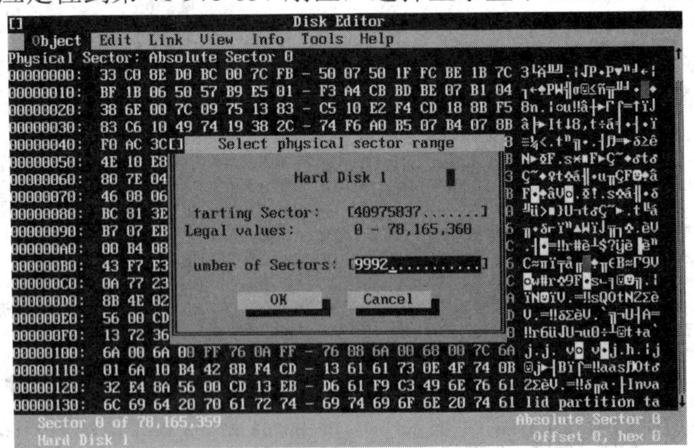

图 2-28　跳转到 FAT2

(3) 块选整个 FAT2 表。将光标置于 FAT2 第 1 个字节后，按 Ctrl+B 组合键，用鼠标拖动窗口右侧滚动条翻页至最后一扇区，然后按住 Shift 键的同时单击鼠标，用方向键使最后一扇区被完全选中。选择“Tools”→“Write Object to Physical Sectors”菜单项，弹出的对话框如图 2-29 所示。

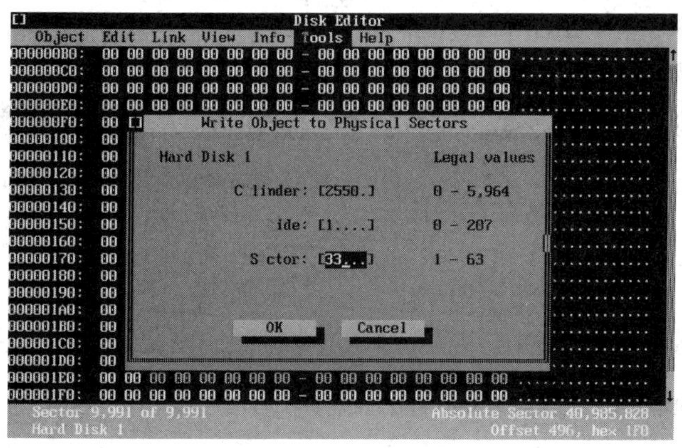

图 2-29　复制 FAT2 到 FAT1

(4) 由于有 9992 个扇区要复制，而剪贴板的空间有限，故本例采用复制到物理扇区的办法。图 2-29 所示对话框提示输入复制到的目标 CHS 地址，这需要进行简单的计算。FAT1 的起始地址为 40 965 845(40 965 813+32)，是一个 LBA 地址，将其转化为 CHS 地址即可。计算过程如下：

$$C=40\,965\,845 \text{ DIV } (255\times63) =2550$$

$$H=(40\,965\,845 \text{ DIV } 63) \text{ MOD } 255=1$$

$$S=40\,965\,845 \text{ MOD } 63 +1=33$$

其中 255 是磁头数，63 是每磁道扇区数，DIV 表示取整运算，MOD 表示求余数。

将得出的 CHS 参数填入图 2-29 所示对话框中，确定后即可完成扇区的复制。

2. 用 WinHex 恢复 FAT

用 WinHex 恢复 FAT 的原理与 DiskEdit 的相同。

(1) 以物理硬盘方式打开 WinHex 磁盘编辑器，首先查看分区 DBR，确定分区 FAT 的大小，如图 2-30 所示。

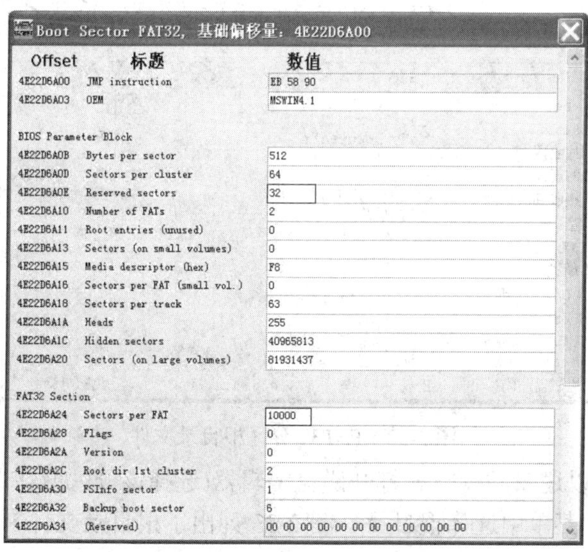
Boot Sector FAT32, 基础偏移量: 4E22D6A00

Offset	标题	数值
4E22D6A00	JMP instruction	EB 58 90
4E22D6A03	OEM	MSWIN4.1
	BIOS Parameter Block	
4E22D6A0B	Bytes per sector	512
4E22D6A0D	Sectors per cluster	64
4E22D6A0E	Reserved sectors	32
4E22D6A10	Number of FATs	2
4E22D6A11	Root entries (unused)	0
4E22D6A13	Sectors (on small volumes)	0
4E22D6A15	Media descriptor (hex)	F8
4E22D6A16	Sectors per FAT (small vol.)	0
4E22D6A18	Sectors per track	63
4E22D6A1A	Heads	255
4E22D6A1C	Hidden sectors	40965813
4E22D6A20	Sectors (on large volumes)	81931437
	FAT32 Section	
4E22D6A24	Sectors per FAT	10000
4E22D6A28	Flags	0
4E22D6A2A	Version	0
4E22D6A2C	Root dir 1st cluster	2
4E22D6A30	FSInfo sector	1
4E22D6A32	Backup boot sector	6
4E22D6A34	(Reserved)	00 00 00 00 00 00 00 00 00 00 00 00

图 2-30　利用 DBR 确定 FAT 的大小

(2) 点击图 2-30 中右边的下拉按钮，点选分区下拉菜单，单击“克隆扇区(as 来源)”菜单项，弹出复制扇区的对话框，如图 2-31 所示。

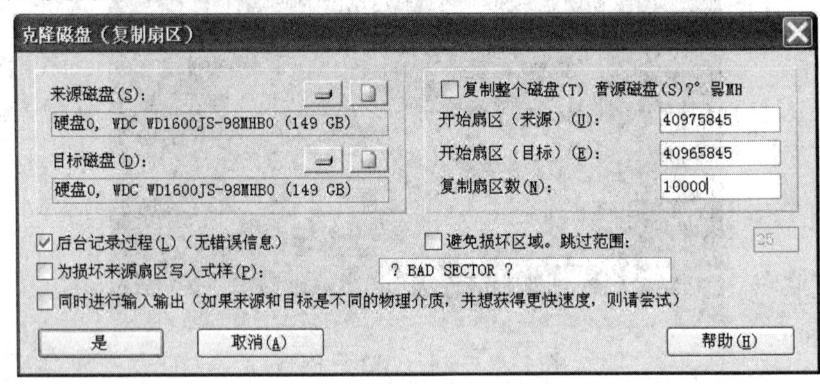

图 2-31　复制 FAT2 到 FAT1

(3) 由该分区的 DBR 参数可知，FAT 的大小为 10 000 扇区，FAT1 和 FAT2 的起始位置分别为 40 965 845 和 40 975 845，填入参数并确定后即完成 FAT 的复制。

2.3　文件、目录和长文件名

2.3.1　根目录文件管理

这里举例说明 FAT32 分区是如何管理根目录下的文件的。某 FAT32 分区根目录下有若干个文件和子目录，如图 2-32 所示。

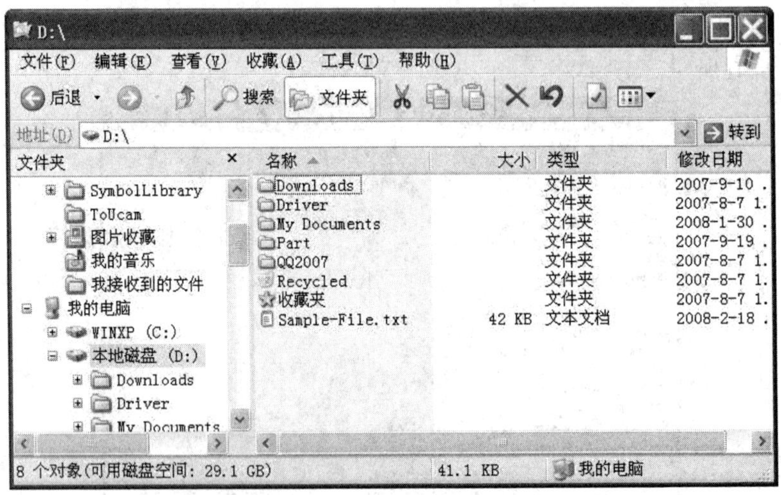

图 2-32　FAT32 分区根目录文件

运行 WinHex，以逻辑硬盘方式打开磁盘编辑器(选择该分区所在逻辑磁盘)，点击“访问”按钮，在其下拉菜单中选择根目录。图 2-33 列出了根目录文件 Sample-File.txt 的 FDT 登记项。

```
Offset      0  1  2  3  4  5  6  7   8  9  A  B  C  D  E  F   访问 ▼
0009C8AE0  E5 B0 65 FA 5E 20 00 87  65 2C 67 0F 00 D2 87 65  瀕e鵜 .嗼,g..蹶e
0009C8AF0  63 68 2E 00 74 00 78 00  74 00 00 00 00 00 FF FF  ch..t.x.t.....
0009C8B00  E5 C2 BD A8 CE C4 7E 31  54 58 54 20 00 15 EC 55  迓建文~1TXT ..鞌
0009C8B10  52 38 52 38 00 00 ED 55  52 38 00 00 00 00 00 00  R8R8..韀R8.......
0009C8B20  42 78 00 74 00 00 00 FF  FF FF FF 0F 00 0D FF FF  Bx.t...         ..
0009C8B30  FF FF FF FF FF FF FF FF  FF FF 00 00 FF FF FF FF
0009C8B40  01 53 00 61 00 6D 00 70  00 6C 00 0F 00 0D 65 00  .S.a.m.p.l....e.
0009C8B50  2D 00 46 00 69 00 6C 00  65 00 00 00 2E 00 74 00  -.F.i.l.e.....t.
0009C8B60  53 41 4D 50 4C 45 7E 31  54 58 54 20 00 15 EC 55  SAMPLE~1TXT ..鞌
0009C8B70  52 38 52 38 03 00 0C 56  52 38 FA 23 B5 A4 00 00  R8R8...VR8?丹...
```

图 2-33　根目录文件的 FDT 登记项

从图 2-33 中可以找到相应的 FDT 登记项，分解出建立日期、创建时间和文件大小等数据项，如表 2-6 所示。

表 2-6　文件 Sample-File.txt 的 FDT 分析

数 据 项	数　值
文件建立日期	3852H(2008-02-18)
文件建立时间	55EC15H(10:47:24)
文件大小	0000A4B5H(42165)
起始簇号高 16 位	0003H
起始簇号低 16 位	23FAH

参考表 2-3 进行分析。文件的建立日期数值为 3852H，转化为二进制是 0011 1000 0101 0010。前 7 位二进制 0011100 表示年份，转化成十进制为 28，年份还需加上 1980，得出的年份值为 28+1980=2008；中间 4 位二进制 0010 表示月份，转化成十进制为 2；最后 5 位二进制 10010 表示日期，用十进制表示就是 18。因此该文件的建立日期即为 2008 年 2 月 18 日，与图 2-33 文件列表中的数据一致。

文件的建立时间数值为 55EC15H，转化为二进制是 0101 0101 1110 1100 0001 1001。前 5 位二进制 01010 表示小时，为 10；接着的 6 位二进制 101111(十进制为 47)代表分钟；下面的 5 位二进制 01100(十进制为 12)为秒数，是 2 秒的倍数，这里真实的秒数为 12×2=24；最后 8 位是以 10 毫秒为单位的秒数。该文件的建立时间即 10 时 47 分 24 秒。

文件大小为 FDT 登记项的最后 4 字节，读取多字节数据前应注意低位在前、高位在后，读出数值为 0000A4B5H，转化为十进制就是 42165。

FAT32 文件首簇号共 4 个字节，分别放置在 FDT 登记项的第 20、21、26、27 字节。Sample-File.txt 首簇号高 16 位是 0003H，低 16 位是 23FAH，首簇号是 000323FAH，转化成十进制为 205818。在 WinHex 中点击“访问”按钮，选择 FAT1 菜单，定位到 FAT1 起始扇区。Sample-File.txt 的下一簇号存放地址 = FAT1 起址 + 首簇号 × 4，计算得 4000H + 323FAH × 4 = CCFE8H，如图 2-34 所示。在地址 CCFE8H 中存放的下一簇号为 000323FBH。

```
Offset      0  1  2  3  4  5  6  7   8  9  A  B  C  D  E  F   访问 ▼
0000CCFE0  00 00 00 00 00 00 00 00  FB 23 03 00 FF FF FF 0F  ........?..
0000CCFF0  FD 23 03 00 FE 23 03 00  FF 23 03 00 00 24 03 00  ?..?..  #...$..
```

图 2-34　文件 Sample-File.txt 的 FAT 登记项

依次计算可以得知，本例的 Sample-File.txt 占用 1 个簇，加上首簇共 2 个簇。FAT 表用 0FFFFFFFH 表示簇链结束。在 WinHex 中点击“位置”→“转到扇区”菜单项，在弹出的对话框中输入首簇号 205818，如图 2-35 所示。

确定后跳转到 Sample-File.txt 的数据区，如图 2-36 所示。

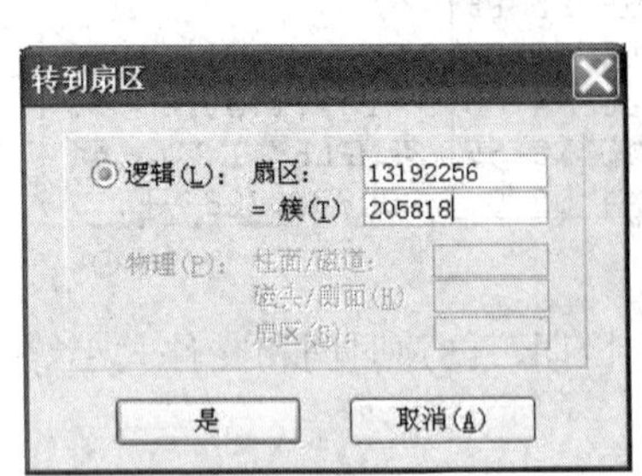

图 2-35 输入首簇号

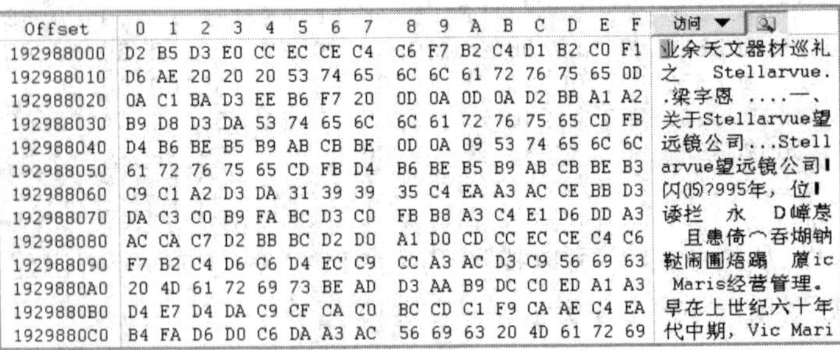

Offset	0	1	2	3	4	5	6	7	8	9	A	B	C	D	E	F	访问
192988000	D2	B5	D3	E0	CC	EC	CE	C4	C6	F7	B2	C4	D1	B2	C0	F1	业余天文器材巡礼
192988010	D6	AE	20	20	20	53	74	65	6C	6C	61	72	76	75	65	0D	之 Stellarvue.
192988020	0A	C1	BA	D3	EE	B6	F7	20	0D	0A	0D	0A	D2	BB	A1	A2	.梁宇恩 ....一、
192988030	B9	D8	D3	DA	53	74	65	6C	6C	61	72	76	75	65	CD	FB	关于Stellarvue望
192988040	D4	B6	BE	B5	B9	AB	CB	BE	0D	0A	09	53	74	65	6C	6C	远镜公司...Stell
192988050	61	72	76	75	65	CD	FB	D4	B6	BE	B5	B9	AB	CB	BE	B3	arvue望远镜公司
192988060	C9	C1	A2	D3	DA	31	39	39	35	C4	EA	A3	AC	CE	BB	D3	闪⒂?995年，位
192988070	DA	C3	C0	B9	FA	BC	D3	C0	FB	B8	A3	C4	E1	D6	DD	A3	谤拦 永 D嶂蒺
192988080	AC	CA	C7	D2	BB	BC	D2	D0	A1	D0	CD	CC	EC	CE	C4	C6	且患倚⌒吞煳钠
192988090	F7	B2	C4	D6	C6	D4	EC	C9	CC	A3	AC	D3	C9	56	69	63	鞑闹圃熔躅 蔗ic
1929880A0	20	4D	61	72	69	73	BE	AD	D3	AA	B9	DC	C0	ED	A1	A3	Maris经营管理。
1929880B0	D4	E7	D4	DA	C9	CF	CA	C0	BC	CD	C1	F9	CA	AE	C4	EA	早在上世纪六十年
1929880C0	B4	FA	D6	D0	C6	DA	A3	AC	56	69	63	20	4D	61	72	69	代中期，Vic Mari

图 2-36 Sample-File.txt 的数据区

综上所述，文件 Sample-File.txt 本身存放在数据区，FDT 登记项记录文件的基本情况(名称、属性、大小、首簇号、建立日期等)，FAT 登记项记录文件在数据区占用空间的情况。因此，FAT32 对文件的管理是通过 FDT、FAT、DATA 三部分协同完成的。

2.3.2 子目录管理

观察图 2-37 子目录 Part 的 FDT 登记项，发现该登记项的第 11 字节值为 10H，查表 2-4 得知 00010000(10H)表示子目录，同时表示文件大小的最后 4 个字节被置零，这是子目录 FDT 登记项的两个特点。采用上节的方法读出子目录首簇号 00000D93H(十进制为 3475)，点击 WinHex 的“位置”→“转到扇区”菜单项，输入十进制首簇号，跳转到子目录下文件的 FDT 登记项，如图 2-38 所示。

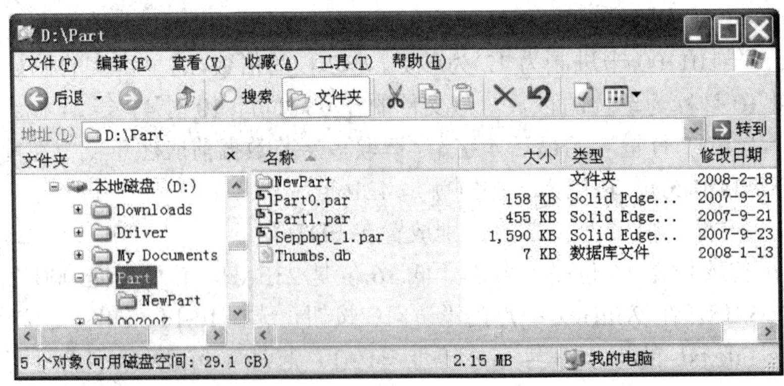

Offset	0	1	2	3	4	5	6	7	8	9	A	B	C	D	E	F	访问
0009C8560	41	50	00	61	00	72	00	74	00	00	00	0F	00	66	FF	FF	AP.a.r.t.....f
0009C8570	FF	FF	FF	FF	FF	FF	FF	FF	FF	FF	00	00	FF	FF	FF	FF	
0009C8580	50	41	52	54	20	20	20	20	20	20	20	10	00	A5	02	B3	PART ..?
0009C8590	33	37	35	37	00	00	03	B3	33	37	93	0D	00	00	00	00	3757...?7?....

图 2-37 子目录 Part

```
Offset      0  1  2  3  4  5  6  7   8  9  A  B  C  D  E  F
007650140  41 50 00 61 00 72 00 74  00 30 00 0F 00 34 2E 00  AP.a.r.t.0...4..
007650150  70 00 61 00 72 00 00 00  FF FF 00 00 FF FF FF FF  p.a.r...    ..
007650160  50 41 52 54 30 20 20 20  50 41 52 20 00 27 06 B3  PART0   PAR .'.▌
007650170  33 37 2D 38 00 00 CC A0  35 37 B5 15 00 78 02 00  37-8..蘅57?.x..
007650180  E5 50 00 61 00 72 00 74  00 31 00 0F 00 40 2E 00  錚.a.r.t.1...@..
007650190  70 00 61 00 72 00 00 00  FF FF 00 00 FF FF FF FF  p.a.r...    ..
0076501A0  E5 41 52 54 31 20 20 20  50 41 52 20 00 C3 CF A1  鍘RT1   PAR .孟▌
0076501B0  35 37 35 37 00 00 E3 A8  35 37 75 15 00 2C 07 00  5757..悒57u..,..
0076501C0  E5 50 00 61 00 72 00 74  00 31 00 0F 00 40 2E 00  錚.a.r.t.1...@..
0076501D0  70 00 61 00 72 00 00 00  FF FF 00 00 FF FF FF FF  p.a.r...    ..
0076501E0  E5 41 52 54 31 20 20 20  50 41 52 20 00 C3 CF A1  鍘RT1   PAR .孟▌
0076501F0  35 37 35 37 00 00 30 A9  35 37 84 15 00 E8 0A 00  5757..0?7?.?.
007650200  E5 50 00 61 00 72 00 74  00 31 00 0F 00 40 2E 00  錚.a.r.t.1...@..
007650210  70 00 61 00 72 00 00 00  FF FF 00 00 FF FF FF FF  p.a.r...    ..
007650220  E5 41 52 54 31 20 20 20  50 41 52 20 00 C3 CF A1  鍘RT1   PAR .孟▌
007650230  35 37 35 37 00 00 D3 A9  35 37 63 26 00 16 0D 00  5757..萤57c&....
007650240  E5 50 00 61 00 72 00 74  00 31 00 0F 00 40 2E 00  錚.a.r.t.1...@..
007650250  70 00 61 00 72 00 00 00  FF FF 00 00 FF FF FF FF  p.a.r...    ..
007650260  E5 41 52 54 31 20 20 20  50 41 52 20 00 C3 CF A1  鍘RT1   PAR .孟▌
007650270  35 37 35 37 00 00 A4 AB  35 37 AF 26 00 72 0E 00  5757..か57?.r..
007650280  E5 50 00 61 00 72 00 74  00 31 00 0F 00 40 2E 00  錚.a.r.t.1...@..
007650290  70 00 61 00 72 00 00 00  FF FF 00 00 FF FF FF FF  p.a.r...    ..
0076502A0  E5 41 52 54 31 20 20 20  50 41 52 20 00 C3 CF A1  鍘RT1   PAR .孟▌
0076502B0  35 37 35 37 00 00 BC AB  35 37 FE 26 00 54 0E 00  5757..极57?.T..
0076502C0  41 50 00 61 00 72 00 74  00 31 00 0F 00 40 2E 00  AP.a.r.t.1...@..
0076502D0  70 00 61 00 72 00 00 00  FF FF 00 00 FF FF FF FF  p.a.r...    ..
0076502E0  50 41 52 54 31 20 20 20  50 41 52 20 00 C3 CF A1  PART1   PAR .孟▌
0076502F0  35 37 2D 38 00 00 BC AB  35 37 4D 27 00 1A 07 00  57-8..极57M'....
```

图 2-38　子目录下文件的 FDT 登记项

从图 2-38 可以查看到 Part 子目录下的 Part0.par、Part1.par 文件登记项和图 2-37 所示的一致(由于篇幅所限，其他文件不再显示)。由于该目录有被删除的文件，所以留下很多置 E5H 的登记项。如果一个簇放不下子目录文件登记项，那么在 FAT 上会有一个簇链，用于分配若干个簇存放子目录文件登记项。

图 2-39 中，Part 子目录文件登记项中有名为 NewPart 的目录登记项，表明子目录 Part 下还有子目录。FAT32 就是通过目录的一层层嵌套完成子目录管理的。

```
Offset      0  1  2  3  4  5  6  7   8  9  A  B  C  D  E  F
007650500  41 53 00 65 00 70 00 70  00 62 00 0F 00 6E 70 00  AS.e.p.p.b...np.
007650510  74 00 5F 00 31 00 2E 00  70 00 00 00 61 00 72 00  t._.1...p...a.r.
007650520  53 45 50 50 42 50 7E 31  50 41 52 20 00 B2 57 83  SEPPBP~1PAR .膜▌
007650530  37 37 2D 38 00 00 CC 99  37 37 4B 29 00 D8 18 00  77-8..虤77K).?.▌
007650540  41 54 00 68 00 75 00 6D  00 62 00 0F 00 A4 73 00  AT.h.u.m.b...  .
007650550  2E 00 64 00 62 00 00 00  FF FF 00 00 FF FF FF FF  ..d.b...    ..
007650560  54 48 55 4D 42 53 20 20  44 42 20 26 00 A2 66 59  THUMBS  DB &.  Y
007650570  2D 38 2D 38 00 00 67 59  2D 38 0C 1E 00 1A 00 00  -8-8..gY-8......
007650580  41 4E 00 65 00 77 00 50  00 61 00 0F 00 45 72 00  AN.e.w.P.a...Er.
007650590  74 00 00 00 FF FF FF FF  FF FF 00 00 FF FF FF FF  t...            .
0076505A0  4E 45 57 50 41 52 54 20  20 20 20 10 00 06 A9 75  NEWPART     ...!.
0076505B0  52 38 52 38 03 00 AA 75  52 38 66 23 00 00 00 00  R8R8..猽R8f#....
```

图 2-39　包含子目录的文件 FDT 登记项

2.3.3　长文件名管理

长文件名的文本文件 Sample-XPWindowSV2-Microsoft.txt 的 FDT 登记项如图 2-40 所示。

Offset	0	1	2	3	4	5	6	7	8	9	A	B	C	D	E	F	访问
007650600	43	66	00	74	00	2E	00	74	00	78	00	0F	00	0D	74	00	Cf.t...t.x....t.
007650610	00	00	FF	FF	FF	FF	FF	FF	FF	FF	00	00	FF	FF	FF	FF	..
007650620	02	6F	00	77	00	53	00	56	00	32	00	0F	00	0D	2D	00	.o.w.S.V.2....-.
007650630	4D	00	69	00	63	00	72	00	6F	00	00	00	73	00	6F	00	M.i.c.r.o...s.o.
007650640	01	53	00	61	00	6D	00	70	00	6C	00	0F	00	0D	65	00	.S.a.m.p.l....e.
007650650	2D	00	58	00	50	00	57	00	69	00	00	00	6E	00	64	00	-.X.P.W.i...n.d.
007650660	53	41	4D	50	4C	45	7E	31	54	58	54	20	00	67	3D	78	SAMPLE~1TXT .g=x
007650670	52	38	52	38	03	00	5B	69	6E	32	69	23	66	09	00	00	R8R8..[in2i#f...

图 2-40　长文件名的 FDT 登记项

由于文件名超过 8 个字符，单个 FDT 登记项容纳不下全部文件名，所以 FAT32 文件系统用多个 FDT 登记项来记录长文件名。观察图 2-40 并结合 2.2.1 节的内容知，FAT32 文件系统做了这样的安排：长文件名由若干个 FDT 长文件名登记项(见表 2-5)和一个短文件 FDT 登记项构成。本例中，短文件 FDT 登记项的 32 个字节位于文件 Sample-XPWindowSV2-Microsoft.txt 后面，如图 2-40 所示。短文件 FDT 登记项记录文件名前 6 个字符，再加上~1，其余内容和文件 FDT 一样。长文件名登记项位于前面，由若干个(本例为 3 个)32 字节构成，每个长文件名登记项记录 13 个双字节内码形式的文件名，登记项首字节表示序号，而且长文件名登记项按倒序排列，即第一项在后面，最后一项在最前面。这里要指出，长文件名登记项的首字节包含了序号和终结标志两部分内容。由图 2-15 可知，当首字节第 7 位置 1 时，表示本登记项为最后一个。如本例中，长文件名登记项最后一项首字节为 43H，转化为二进制就是 01000011，第 7 位置 1，前 5 位序号部分值为 3，表示长文件名登记项最后一项序号为 3，并在最后一项置终结标记。

FAT32 创建长文件名时，形成的短文件名按下面三个原则生成：

(1) 取长文件名前 6 个字符加上“~1”形成短文件名，扩展名不变。

(2) 如果文件名已经存在，则“~”后的数字自动增加。

(3) 如果遇到非法字符，则以“-”替代。

FAT32 使用长文件名时应注意下列事项：

(1) 长文件名要占用多个 FDT 登记项，过多的创建、删除操作会产生大量磁盘碎片。

(2) 根目录下尽量少用长文件名，以免降低文件系统效率。

2.3.4 FAT32 分区区域关系

一个 FAT32 分区中，各区域组织的关系如图 2-41 所示。

保留扇区 (包括 DBR)	FAT1	FAT2	DATA 区 (包含 FDT)	剩余扇区

图 2-41　FAT32 的区域组织关系

FAT32 分区最开始部分是保留扇区，通常为 32 扇区，DBR 及其备份就位于保留扇区。接下来是 FAT1 和备份的 FAT2，它们占用的扇区数在 DBR 参数中已预先定义。然后是数据(DATA)区，FAT32 将 FDT 也作为数据区一起管理。最后是剩余扇区部分，由于数据区按簇分配硬盘空间给文件，位于数据区的最后几个扇区通常并不能恰好凑成一个簇，无法分配给文件使用，因此就作为剩余扇区而不使用。

图 2-42 所示为某分区的 DBR 数据。

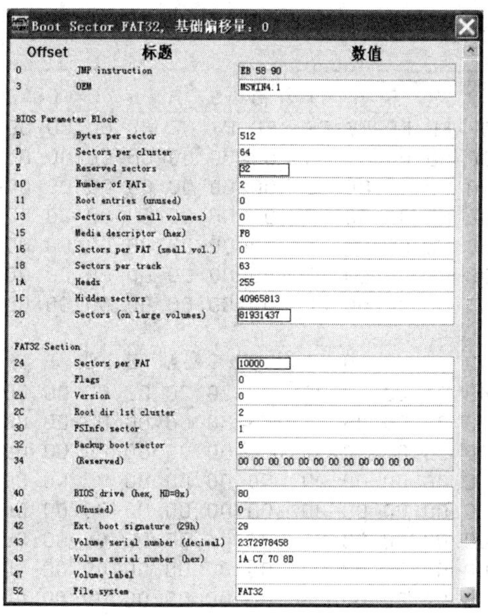

Boot Sector FAT32，基础偏移量：0

Offset	标题	数值
0	JMP instruction	EB 58 90
3	OEM	MSWIN4.1
BIOS Parameter Block		
B	Bytes per sector	512
D	Sectors per cluster	64
E	Reserved sectors	32
10	Number of FATs	2
11	Root entries (unused)	0
13	Sectors (on small volumes)	0
15	Media descriptor (hex)	F8
16	Sectors per FAT (small vol.)	0
18	Sectors per track	63
1A	Heads	255
1C	Hidden sectors	40965813
20	Sectors (on large volumes)	81931437
FAT32 Section		
24	Sectors per FAT	10000
28	Flags	0
2A	Version	0
2C	Root dir 1st cluster	2
30	FSInfo sector	1
32	Backup boot sector	6
34	(Reserved)	00 00 00 00 00 00 00 00 00 00 00 00
40	BIOS drive (hex, HD=8x)	80
41	(Unused)	0
42	Ext. boot signature (29h)	29
43	Volume serial number (decimal)	2372978458
43	Volume serial number (hex)	1A C7 70 8D
47	Volume label	
52	File system	FAT32

图 2-42　某分区的 DBR 数据

根据 DBR 参数和图 2-41 所示的区域关系，可以得到如下关系：

分区扇区总数=保留扇区+FAT1+FAT2+DATA 区+剩余扇区

代入本例数据得：

DATA 区+剩余扇区=分区扇区总数−保留扇区−FAT1−FAT2

=81 931 437−32−10 000−10 000

=81 911 405

剩余扇区= 81 911 405 MOD 64 =45

其中，MOD 表示求余数运算，64 为该分区的每簇扇区数。

2.3.5　格式化对 FAT32 区域的影响

1．快速格式化

快速格式化前 FAT32 分区的 FAT 和 FDT 如图 2-43 所示。

```
Offset     0  1  2  3  4  5  6  7   8  9  A  B  C  D  E  F   访问
00004C00  F8 FF FF 0F FF FF FF FF  85 10 00 00 04 00 00 00  ? .       ?....
00004C10  05 00 00 00 06 00 00 00  07 00 00 00 08 00 00 00  ................
00004C20  09 00 00 00 0A 00 00 00  0B 00 00 00 0C 00 00 00  ................
00004C30  0D 00 00 00 0E 00 00 00  0F 00 00 00 10 00 00 00  ................
00004C40  11 00 00 00 12 00 00 00  13 00 00 00 14 00 00 00  ................
00004C50  15 00 00 00 16 00 00 00  17 00 00 00 18 00 00 00  ................
00004C60  19 00 00 00 1A 00 00 00  1B 00 00 00 1C 00 00 00  ................
00004C70  1D 00 00 00 1E 00 00 00  1F 00 00 00 20 00 00 00  ................

Offset     0  1  2  3  4  5  6  7   8  9  A  B  C  D  E  F   访问
000FD000  44 49 53 4B 31 20 20 20  20 20 20 08 00 00 00 00  DISK1      .....
000FD010  00 00 00 00 00 00 05 4A  53 38 00 00 00 00 00 00  ......JS8......
000FD020  41 A1 8B 97 7B 3A 67 C4  7E C5 88 0F 00 6B 54 7B  A  椪:g儁舱..kT{
000FD030  A9 8F 68 88 2E 00 78 00  6C 00 00 00 73 00 00 00  ?h?.x.l...s....
000FD040  BC C6 CB E3 BB FA 7E 31  58 4C 53 20 00 03 A7 4A  计算机~1XLS ..
000FD050  53 38 53 38 00 00 13 46  5F 33 03 00 00 B6 00 00  S8S8...F_3...?..
000FD060  41 81 68 87 5B 69 60 FC  7E 08 54 0F 00 86 68 88  A亙嘣i`雦.T..唄
000FD070  2E 00 64 00 6F 00 63 00  00 00 00 00 FF FF FF FF  ..d.o.c.....
```

图 2-43　快速格式化前 FAT32 分区的 FAT 和 FDT

对分区实施快速格式化操作后，FAT 和 FDT 如图 2-44 所示。

```
Offset     0  1  2  3  4  5  6  7   8  9  A  B  C  D  E  F
00004C00  F8 FF FF 0F FF FF FF FF  FF FF FF 0F 00 00 00 00  ?  .
00004C10  00 00 00 00 00 00 00 00  00 00 00 00 00 00 00 00  ................
00004C20  00 00 00 00 00 00 00 00  00 00 00 00 00 00 00 00  ................
00004C30  00 00 00 00 00 00 00 00  00 00 00 00 00 00 00 00  ................
00004C40  00 00 00 00 00 00 00 00  00 00 00 00 00 00 00 00  ................
00004C50  00 00 00 00 00 00 00 00  00 00 00 00 00 00 00 00  ................
00004C60  00 00 00 00 00 00 00 00  00 00 00 00 00 00 00 00  ................

Offset     0  1  2  3  4  5  6  7   8  9  A  B  C  D  E  F
000FD000  44 49 53 4B 31 20 20 20  20 20 20 08 00 00 00 00  DISK1      .....
000FD010  00 00 00 00 00 00 05 4A  53 38 00 00 00 00 00 00  .......JS8......
000FD020  00 00 00 00 00 00 00 00  00 00 00 00 00 00 00 00  ................
000FD030  00 00 00 00 00 00 00 00  00 00 00 00 00 00 00 00  ................
000FD040  00 00 00 00 00 00 00 00  00 00 00 00 00 00 00 00  ................
000FD050  00 00 00 00 00 00 00 00  00 00 00 00 00 00 00 00  ................
000FD060  00 00 00 00 00 00 00 00  00 00 00 00 00 00 00 00  ................
000FD070  00 00 00 00 00 00 00 00  00 00 00 00 00 00 00 00  ................
```

图 2-44　快速格式化后 FAT32 分区的 FAT 和 FDT

对比图 2-43 和图 2-44 可知，快速格式化分区后，FAT 和 FDT 均被清空，表示分区空间已被全部释放，并且重新建立了 DBR。有兴趣的读者可以进一步对比一下数据区的变化，实际上和文件删除一样，快速格式化不清空数据区数据。

2．完全格式化

完全格式化的效果同快速格式化，这里不再赘述。

思　考　题

1．说明 DBR 的构成和主要功能。
2．如何修复受损的 DBR？
3．说明 FDT 的构成和作用。
4．简述 FAT 的主要功能。
5．FAT 簇链的工作原理是什么？
6．简述 FAT 和 FDT 是如何管理文件和目录的。
7．FAT32 如何管理长文件名？
8．分析删除文件和目录对硬盘数据区域组织结构的影响。
9．分析高级格式化对硬盘数据区域组织结构的影响。
10．简述 FAT32 分区区域的关系。

第3章　NTFS 文件系统

Windows NT 文件系统(即 NTFS)提供了 FAT 文件系统所没有的性能、可靠性和兼容性。NTFS 设计上能够快速实现标准的文件操作，例如读写和查询，它甚至实现了在超大容量硬盘上的文件系统恢复操作。

用 NTFS 文件系统格式化一个卷(分区)后，就生成几个系统文件和主文件表 (Master File Table，MFT)，MFT 包含了 NTFS 卷上所有文件和文件夹的信息。

NTFS 卷开头包含的信息是分区引导记录，始于 0 扇区，最大长度为 16 个扇区。NTFS 卷的第一个文件是 MFT。

格式化后，NTFS 卷的布局如图 3-1 所示。

图 3-1　已格式化的 NTFS 卷

3.1　NTFS 基础知识

NTFS 文件系统包含了公司环境中的文件服务器和高端个人计算机所要求的安全特性。NTFS 文件系统同样支持数据访问控制和对关键性数据很重要的所有者权限。不仅一个 Windows NT 机器上共享的文件夹可以赋予特定的许可，NTFS 卷的文件和文件夹也可以赋予各种许可，而不论它们是否是共享的。NTFS 是 Windows NT 上唯一可以对单个文件赋予权限的文件系统。

NTFS 文件系统有一个简单而又强大的设计思想。简言之，卷上的所有东西都是一个文件，所有东西都是文件的一个属性，有数据属性、安全属性、文件名属性等。NTFS 卷上分配的每个扇区属于某个文件，甚至文件系统元数据(即描述文件系统自身的信息)也是一个文件的部分。

从 Windows 2000 开始采用的 NTFS 5.0 文件系统有如下特性：

1．加密技术

加密文件系统(EFS)提供了核心的用于在 NTFS 卷上保存加密文件的文件加密技术。EFS 保证了文件的安全，使之免受入侵者对已保存的敏感数据进行未授权的物理访问(如通过便携式电脑或外部磁盘窃取信息)。

2．磁盘配额

Windows 2000 中对 NTFS 卷支持磁盘配额，用户可以通过磁盘配额监视和限制磁盘空间的使用。

3. 重解析点

重解析点(Reparse Points)是 NTFS 中新的用于文件或文件夹的文件系统对象。一个包含重解析点的文件或文件夹拥有此前的文件系统所没有的附加行为。重解析点用于 Windows 2000 中新的存储特性的很多方面，包括卷挂载点。

4. 卷挂载点

卷挂载点(Volume Mount Points)是 NTFS 的新特点。基于重解析点，卷挂载点允许管理员将对一个本地卷的根的访问移植成对另一个本地卷的某个文件夹的访问。

5. 稀疏文件

稀疏文件(Sparse Files)允许程序生成很大的文件，但在必要的时候会消耗磁盘空间。

6. 分布式链接跟踪

NTFS 提供了一项链接跟踪(Link Tracking)服务，即分布式链接跟踪(Distributed Link Tracking)，用于维护文件快捷方式的完整性，类似于复合文档中的 OLE 链接。

3.1.1 NTFS 的 DBR

表 3-1 描述了采用 NTFS 格式化的卷的引导扇区。当格式化一个 NTFS 卷时，格式化程序分配开始的 16 个扇区给引导扇区和自举代码。

表 3-1 NTFS 的引导扇区

字节偏移	字段长度	字 段 名
0x00	3 字节	Jump 指令
0x03	8 字节	OEM ID
0x0B	25 字节	BPB
0x24	48 字节	扩展的 BPB
0x54	426 字节	自举代码
0x01FE	字	引导扇区结束标记

在 NTFS 卷上，BPB 后面的数据字段构成扩展 BPB。启动过程中，这些字段中的数据可以使 NTLDR(NT loader 程序)找到主文件表(MFT)。在 NTFS 卷上，MFT 不会放在特定的预定义扇区上(和 FAT16 或 FAT32 不一样)，因此，如果 MFT 通常的位置有坏扇区，它可以移动。但是，如果数据遭到破坏，MFT 无法定位，则 Windows NT/2000 就认为该卷未格式化。

例如，演示运行 Windows 2000 时一个 NTFS 卷格式化后的引导扇区。打印输出分为三节：字节 0x00～0x0A 是 jump 指令和 OEM ID(粗体显示)；字节 0x0B～0x53 是 BPB 和扩展 BPB；剩余的代码是自举代码和扇区结束标记(粗体显示)。

物理扇区为：0 柱 1 面 1 扇

```
00000000:  EB 52 90 4E 54 46 53 20 -20 20 20 00 02 08 00 00   .R.NTFS .......
00000010:  00 00 00 00 00 F8 00 00 -3F 00 FF 00 3F 00 00 00   ........?...?...
00000020:  00 00 00 00 80 00 80 00 -4A F5 7F 00 00 00 00 00   ........J.......
00000030:  04 00 00 00 00 00 00 00 -54 FF 07 00 00 00 00 00   ........T.......
```

```
00000040:  F6 00 00 00 01 00 00 00 -14 A5 1B 74 C9 1B 74 1C   ...........t..t.
00000050:  00 00 00 00 FA 33 C0 8E -D0 BC 00 7C FB B8 C0 07   .....3.....|....
00000060:  8E D8 E8 16 00 B8 00 0D -8E C0 33 DB C6 06 0E 00   ..........3.....
00000070:  10 E8 53 00 68 00 0D 68 -6A 02 CB 8A 16 24 00 B4   ..S.h..hj....$..
00000080:  08 CD 13 73 05 B9 FF FF -8A F1 66 0F B6 C6 40 66   ...s......f...@f
00000090:  0F B6 D1 80 E2 3F F7 E2 -86 CD C0 ED 06 41 66 0F   .....?.......Af.
000000A0:  B7 C9 66 F7 E1 66 A3 20 -00 C3 B4 41 BB AA 55 8A   ..f..f....A..U.
000000B0:  16 24 00 CD 13 72 0F 81 -FB 55 AA 75 09 F6 C1 01   .$...r...U.u....
000000C0:  74 04 FE 06 14 00 C3 66 -60 1E 06 66 A1 10 00 66   t......f`..f...f
000000D0:  03 06 1C 00 66 3B 06 20 -00 0F 82 3A 00 1E 66 6A   ....f;....:..fj
000000E0:  00 66 50 06 53 66 68 10 -00 01 00 80 3E 14 00 00   .fP.Sfh.....>...
000000F0:  0F 85 0C 00 E8 B3 FF 80 -3E 14 00 00 0F 84 61 00   ........>.....a.
00000100:  B4 42 8A 16 24 00 16 1F -8B F4 CD 13 66 58 5B 07   .B..$......fX[..
00000110:  66 58 66 58 1F EB 2D 66 -33 D2 66 0F B7 0E 18 00   fXfX.-f3.f......
00000120:  66 F7 F1 FE C2 8A CA 66 -8B D0 66 C1 EA 10 F7 36   f......f..f....6
00000130:  1A 00 86 D6 8A 16 24 00 -8A E8 C0 E4 06 0A CC B8   ......$.........
00000140:  01 02 CD 13 0F 82 19 00 -8C C0 05 20 00 8E C0 66   ...............f
00000150:  FF 06 10 00 FF 0E 0E 00 -0F 85 6F FF 07 1F 66 61   ..........o...fa
00000160:  C3 A0 F8 01 E8 09 00 A0 -FB 01 E8 03 00 FB EB FE   ................
00000170:  B4 01 8B F0 AC 3C 00 74 -09 B4 0E BB 07 00 CD 10   .....<.t........
00000180:  EB F2 C3 0D 0A 41 20 64 -69 73 6B 20 72 65 61 64   .....A disk read
00000190:  20 65 72 72 6F 72 20 6F -63 63 75 72 72 65 64 00    error occurred.
000001A0:  0D 0A 4E 54 4C 44 52 20 -69 73 20 6D 69 73 73 69   ..NTLDR is missi
000001B0:  6E 67 00 0D 0A 4E 54 4C -44 52 20 69 73 20 63 6F   ng...NTLDR is co
000001C0:  6D 70 72 65 73 73 65 64 -00 0D 0A 50 72 65 73 73   mpressed...Press
000001D0:  20 43 74 72 6C 2B 41 6C -74 2B 44 65 6C 20 74 6F    Ctrl+Alt+Del to
000001E0:  20 72 65 73 74 61 72 74 -0D 0A 00 00 00 00 00 00    restart........
000001F0:  00 00 00 00 00 00 00 00 -83 A0 B3 C9 00 00 55 AA   ..............U.
```

表 3-2 描述了该例中 NTFS 卷上 BPB 和扩展 BPB 的字段。字段和它们在 FAT16、FAT32 卷上一样，开始于 0x0B、0x0D、0x15、0x18、0x1A 和 0x1C。示例值对应该例中的数据。

表 3-2 NTFS 卷上 BPB 和扩展 BPB 的字段

字节偏移	字段长度	示 例 值	字 段 名
0x0B	WORD	0x0002	每扇区字节数
0x0D	BYTE	0x08	每簇扇区数
0x0E	WORD	0x0000	保留扇区
0x10	3 BYTE	0x000000	总是 0
0x13	WORD	0x0000	NTFS 未使用
0x15	BYTE	0xF8	介质描述
0x16	WORD	0x0000	总是 0
0x18	WORD	0x3F00	每磁道扇区数
0x1A	WORD	0xFF00	磁头数
0x1C	DWORD	0x3F000000	隐含扇区

续表

字节偏移	字段长度	示 例 值	字 段 名
0x20	DWORD	0x00000000	NTFS 未使用
0x24	DWORD	0x80008000	NTFS 未使用
0x28	LONGLONG	0x4AF57F0000000000	扇区总数
0x30	LONGLONG	0x0400000000000000	$MFT 的起始逻辑簇号
0x38	LONGLONG	0x54FF070000000000	$MFTMirr 的起始逻辑簇号
0x40	DWORD	0xF6000000	每个文件记录段的簇数
0x44	DWORD	0x01000000	每个索引块的簇数
0x48	LONGLONG	0x14A51B74C91B741C	卷序列号
0x50	DWORD	0x00000000	校验和

由于一般的系统常依赖引导扇区来访问一个卷，因此应经常性地运行 Chkdsk 这样的磁盘扫描工具，以保护引导扇区，就如同无法访问一个卷就备份所有的数据文件以免数据丢失一样。

3.1.2　NTFS 主文件表

NTFS 卷上的每个文件表达成一个称为主文件表(MFT)的特殊文件的一个记录。NTFS 保留了开头的 16 个记录用于保存特殊的信息。MFT 中的第 1 个记录是 MFT 的自我描述，紧跟其后的第 2 个记录是 MFT 镜像文件。如果第 1 个 MFT 记录被破坏了，则 NTFS 就读出第 2 个记录找到 MFT 镜像文件，镜像文件的第 1 个记录和 MFT 的第 1 个记录完全相同。MFT 和 MFT 镜像文件的位置记录在引导扇区中，引导扇区的一个副本放在逻辑磁盘的中间或末尾。

MFT 的第 3 个记录是日志文件，用于文件恢复。MFT 的第 17 个及之后的记录用于卷上的每个文件和目录(NTFS 视目录也为文件)。

图 3-2 是 MFT 结构的简单演示。

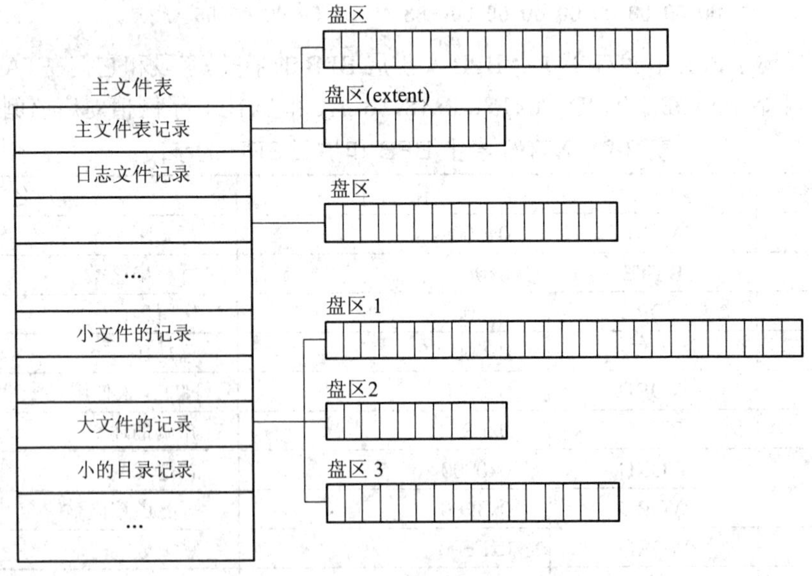

图 3-2　MFT 的结构

主文件表给每个文件记录都分配一定的空间，文件的属性写入 MFT 中已分配的空间。像图 3-3 中那样的小文件或小目录(典型的是 1500 字节或更少)，可以整个地包含在主文件表的记录里。

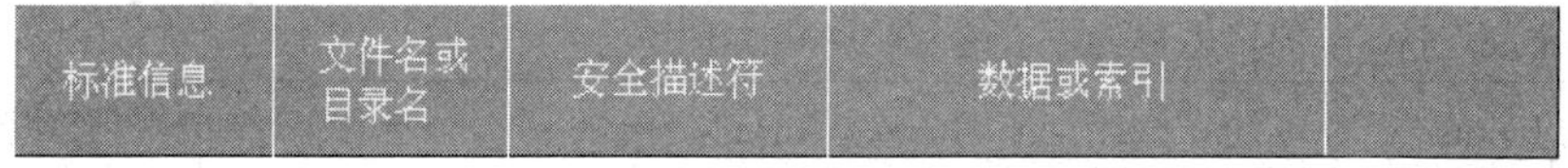

图 3-3 小文件或小目录的 MFT 记录

这样的设计使得文件访问速度非常快。例如，在 FAT 文件系统中，用一个文件分配表来列出一个文件的文件名和磁盘位置。FAT 目录项(目录入口)包含了指向文件分配表的一个索引。当要查看一个文件时，FAT 首先读取文件分配表，保证文件存在。然后 FAT 通过遍历该文件的簇链来获取这个文件。对于 NTFS，和查找文件一样快，文件可以直接被使用。

目录记录在主文件表中的存放和文件记录几乎一样。目录包含着索引信息而非数据。小的目录记录整个驻留在 MFT 结构中；大的目录记录则组织成 B+树，树中有些指向外部簇的指针记录，用于保存无法容纳在 MFT 结构中的目录入口。

3.1.3 NTFS 文件类型

1. NTFS 文件属性

NTFS 文件系统视每个文件(或文件夹)为一个文件属性的集合。集合中的元素，如文件名、安全信息以及数据，都是文件的属性。每个属性用一个属性类型码(或属性名)相互区分。

当一个文件的属性可以放入 MFT 文件记录时，称之为常驻属性。如文件名和时间戳那样总包括在 MFT 文件记录里的信息。当一个文件所拥有的信息太多，以至于 MFT 容不下时，一些属性就成为非常驻的。非常驻属性分配在该卷磁盘空间的其他地方，使用一个或更多的簇。NTFS 创建“属性列表”属性来描述所有属性记录的位置，该列表是可扩展的，这意味着将来可定义其他的文件属性。

表 3-3 列出了 NTFS 文件系统目前定义的所有文件属性。

表 3-3 NTFS 定义的文件属性

属 性 类 型	描 述
Standard Information (标准信息)	包括基本文件属性(如只读、存档)，时间标记(如文件的创建时间和最近一次修改的时间)，有多少目录指向本文件(即硬链接数)
Attribute List (属性列表)	当一个文件的属性太多，需要使用多个 MFT 文件记录时，该列表列出所有其他属性的类型和位置
File Name (文件名)	同时被长文件名和短文件名使用的一个可重复的属性。长文件名最多可达 255 个 Unicode 字符；短文件名是 8.3 格式大小写不敏感的名字。额外的名字或 POSIX 式的硬链接可以作为额外的文件名属性包含在内
Security Descriptor (安全描述符)	描述谁拥有此文件和谁能访问它
Data(数据)	包含文件数据。NTFS 允许每个文件有多个数据属性。典型的每个文件有一个未命名的数据属性。一个文件也可以有一个或多个命名的数据属性，每个使用一种特定的语法
Object ID(对象 ID)	一个卷内唯一的文件标识符。被分布式链接跟踪服务使用。不是所有的文件有对象 ID

续表

属性类型	描述
Logged Tool Stream (EFS 加密属性)	类似一个数据流，所有的操作均像NTFS的元数据改变时那样被登记到NTFS的日志文件中。该属性被EFS使用
Reparse Points (重解析点)	被卷挂载点使用，也被 Installable File System(IFS)过滤驱动用来标记特定文件，表示这些文件对于驱动是特殊的
Index Root(索引根)	用来实现文件夹和其他索引
Index Allocation (索引分配)	用来实现文件夹和其他索引
Bitmap(位图)	用来实现文件夹和其他索引
Volume Information (卷信息)	仅用于$Volume 系统文件，包含卷的版本
Volume Name (卷名)	仅用于$Volume 系统文件，包含卷标

2. NTFS 系统文件

NTFS 包括几个系统文件，从 NTFS 卷来看，它们都是隐藏的。文件系统用系统文件来存放元数据并实现文件系统。系统文件是用 Format 实用程序放在卷上的，如表 3-4 所示。

表 3-4　记录在主文件表中的元数据

系统文件	文件名	MFT 记录	作用
主文件表	$Mft	0	为 NTFS 卷上的每个文件和文件夹包含一个基本的文件记录。如果为一个文件或文件夹分配的信息太大，不能放入单个记录内，那么额外的文件记录也会分配
主文件表 2	$MftMirr	1	MFT 起始 4 个记录的复制镜像。这个文件保证在单个扇区出错时仍能访问 MFT
日志文件	$LogFile	2	包含了用于 NTFS 可恢复性的事务步骤列表。日志文件大小依赖于卷的大小并且最大为 4 MB。它被 Windows NT/2000 用来在系统出现故障时保持数据持续性
卷	$Volume	3	包含有关卷的信息，如卷标和卷版本
属性定义	$AttrDef	4	属性名、编号和描述的表格
根文件名索引	$	5	根文件夹
簇位图	$Bitmap	6	用来表示卷中哪些簇被使用
引导扇区	$Boot	7	包含用来挂载卷的 BPB，如果卷是可引导的，还包括额外的自举导入代码
坏簇文件	$BadClus	8	包含卷上坏簇的信息
安全文件	$Secure	9	包含卷内所有文件的唯一安全描述符
大写表	$Upcase	10	用于将小写字母转换成相应的 Unicode 大写字母
NTFS 扩展文件	$Extend	11	用于各种可选的扩展，如配额、重解析点数据和对象 ID
		12～15	留给将来使用

3. NTFS 特性

1) NTFS 多数据流

NTFS 支持多数据流，它标志着在文件之上的一种新型数据。每个数据流可以打开一个句柄。从而一个数据流是一个唯一的文件属性集合。流不但有公共的权限，而且可以有单独的机会锁、文件锁和大小。

该特性允许把数据当作单个的单元来管理。下面是一个替换流的例子：

myfile.dat:stream2

或者存在一个文件库，其中的文件定义成替换流，如下例所示：

```
library: file1
       : file2
       : file3
```

一个文件可以同时和一个以上的应用程序关联，如 Microsoft Word 和 Microsoft WordPad。例如，一个如下所示的文件关联文件结构，而不是多个文件：

```
program: source_file
       : doc_file
       : object_file
       : executable_file
```

为创建一个替换数据流，可以在命令提示符下输入如下命令：

```
echo text>program:source_file
more<program:source_file
```

提示：当复制一个 NTFS 文件到 FAT 卷时，FAT 不能支持的数据流和其他属性就丢失了。

2) NTFS 压缩文件

Windows NT/2000 支持对单个文件、文件夹和整个 NTFS 卷的压缩。NTFS 卷上的压缩文件可以被任何基于 Windows 的应用程序读或写，而不需要先用另外的程序来解压。

读文件时解压自动进行，文件关闭或保存时又会被压缩。当在 Windows Explorer 中查看压缩文件和文件夹时，有一个带 C 的属性。

只有 NTFS 能够读取压缩形式的数据。当一个应用程序如 Microsoft Word，或像 copy 那样的操作系统命令要求访问文件时，压缩过滤驱动先解压缩该文件。例如，如果从另外一台 Windows NT/2000 机器上拷贝一个压缩文件到你的硬盘上的一个压缩文件夹内，读文件时它被解压，拷贝、保存时它再次被压缩。

NTFS 的压缩算法近似于 Windows 98 使用的应用程序 DriveSpace 3，但后者局限于压缩整个主分区或逻辑分区。NTFS 允许压缩整个卷，卷内的一个或多个文件夹，甚至 NTFS 卷文件夹内的一个或多个文件。

NTFS 的压缩算法设计成支持的簇大小最多为 4 KB。当一个 NTFS 卷的簇大小超过 4 KB 时，NTFS 的压缩功能不可用。

每个 NTFS 数据流包含着用于指示流的任何部分是否被压缩的信息。在为那个流保存的信息中，单个的压缩缓冲通过它们之后的“洞”互相区分。如果存在一个洞，NTFS 自动解压缩之前的缓冲来填充洞。

NTFS 提供对压缩文件的实时访问，打开时解压缩，关闭时则压缩。当写入一个压缩文件时，系统保留未压缩时文件大小的磁盘空间，当每个单独的压缩缓冲区被压缩后，系统将回收未使用的空间。

3) 加密文件系统

加密文件系统(EFS)提供用于在 NTFS 卷上保存加密文件的核心文件加密技术。EFS 保证了文件的安全，使之免受入侵者对已保存的敏感数据进行未授权的物理访问(如通过便携式电脑或外部磁盘窃取)。

用户使用加密的文件和文件夹就和使用其他文件和文件夹一样。加密过程对加密该文件的用户来说是透明的，当用户访问该文件或文件夹时，系统自动进行解密；当保存文件时，加密再次进行。没有权限访问加密的文件或文件夹的用户试图打开、拷贝、移动或重命名加密的文件或文件夹时，会收到一条“拒绝访问”消息。确切的消息文本会随着试图访问该文件的应用程序而不同，因为它不和文件的用户权限相关，而是 EFS 利用用户私钥加密文件的能力。

相比于第三方加密应用程序，EFS 有如下优势：

(1) 对用户和应用程序来说，它是透明的。不存在用户忘记加密文件而使数据处于未受保护状态的危险。文件或文件夹一旦标记为加密的，它在后台被加密，无需和用户交互。用户不必记住解密文件的密码。

(2) 强大的密钥安全性。和那些靠用户输入密码的方法不同的是，EFS 生成可以抵御基于字典攻击的密钥。

(3) 所有的加密/解密处理在核心模式执行，不存在密钥保留于页面文件的危险，因为页面文件中的密钥可能被解析出来。

(4) EFS 提供了对商业环境有价值的数据恢复机制，甚至在加密数据的雇员离开了公司时，给该组织复原数据的机会。

用户可以通过 Windows Explorer 或一个叫做 cipher.exe 的命令行工具来使用 EFS 特性。要用 Windows Explorer 加密文件时，右击文件名打开文件属性窗口，点击“高级”按钮打开高级属性对话框，在该对话框中进行设置，即可把文件标记为加密的。

在保存新的设置前，Windows 会提示用户只加密文件还是整个文件夹。它预示着：文件自身被完美保护的同时，打开文件的应用程序会在文档上工作时生成该文件的一个临时拷贝。以 Microsoft Word 为例，当用户打开加密文档时，EFS 透明地为 Word 解密，然后在工作时，Word 生成隐藏的临时文件，以便程序退出时自动保存编辑或者删除处理过的文档。该隐藏文件违背了安全原则，因为它直接包含了用户数据(未加密的形式)。加密整个文件夹而不是只加密文件可解决这个问题。

EFS 组合了对称密钥加密法和公钥加密技术来保护文件。文件数据用对称算法(DESX)加密。对称算法的密钥称为文件加密密钥(FEK)，FEK 本身用公钥私钥算法(RSA)加密并随文件保存。非对称算法与对称算法的不同在于加密速度的快慢。非对称算法在加密大量数据时要耗费大量的时间；对称算法则要快约 1000 倍，从而更适合加密大量的数据。

NTFS 加密流程如图 3-4 所示。

首先，NTFS 在相同的驱动器的系统卷信息文件夹(System Volume Information)内生成一个叫做 Efs0.log 的日志文件作为加密文件，然后 EFS 访问 CryptoAPI 环境。CryptoAPI 环境利用 Microsoft Base Cryptographic Provider 1.0 作为密钥提供者。密钥生成环境打开后，EFS 生成文件加密密钥(FEK)。

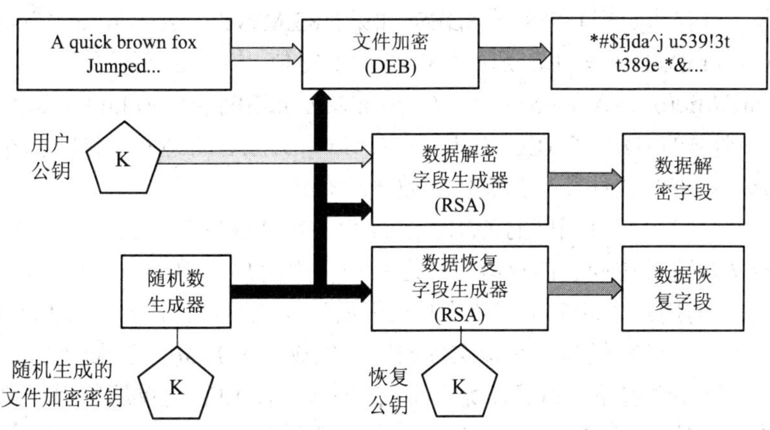

图 3-4　NTFS 加密流程示意图

其次，获取公钥/私钥对，如果它当前不存在(EFS 首次调用的情形)，EFS 生成新的一对。EFS 用 1024 位的 RSA 算法来加密 FEK。

最后，EFS 为当前用户生成数据解密域(DDF)，其中存放了 FEK 并用公钥加密它。如果系统策略中定义了恢复代理，EFS 还生成数据恢复域(DRF)，其中存放了恢复代理的公钥加密的 FEK。每个定义的恢复代理有独立的 DRA。注意，不包括在域中的 Windows XP 没有定义恢复代理，因此这一步可省略。

当文件被加密时，在相同的文件夹内生成一个叫 Efs0.tmp 的临时文件。原始文件的内容(明文)拷贝到临时文件中，之后用加密的数据覆盖原始文件。默认情况下，EFS 用 128 位密钥的 DESX 算法加密文件数据，但 Windows 也可配置成使用强度更大的 168 位密钥的 3DES 算法。这种情形时，在 LSA 策略中必须开启 FIPS 适应算法的应用(默认禁用)，如图 3-5 所示。

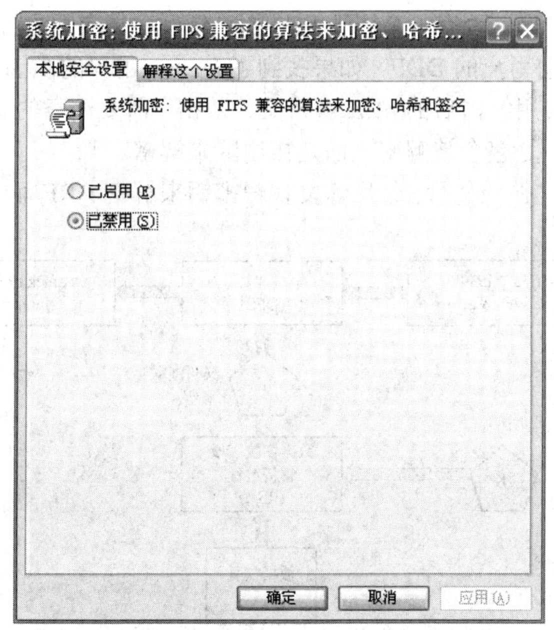

图 3-5　NTFS 系统加密

EFS 使用注册表决定用 DESX 或 3DES。如果 HKLM\SYSTEM\CurrentControlSet\Control\LSA\FipsAlgorithmPolicy = 1，那么 3DES 将被使用；如果不是，那么 EFS 检测 HKLM\Software\Microsoft\Windows NT\CurrentVersion\EFS\AlgorithmID(这个值可能不存在)，若存在，则它的 ID 是 CALG_3DES 或 CALG_DESX，否则，将使用 DESX。

加密完成后，临时文件和日志文件将被删除。

文件加密后，只有拥有相应的 DDF 或 DRF 的用户能够访问它。该机制独立于常规安全，这意味着文件除了访问它的权限外，还必须有用用户公钥加密的 FEK。只有能够用他的私钥解密 FEK 的用户才能够访问该文件。因而访问该文件的用户可以加密它，从而防止拥有者访问该文件。最初只为加密该文件的用户生成一个 DDF，后来他可以添加额外的用户形成密钥圈。这种情况下，为了让另一个用户来访问，EFS 简单地用用户私钥解密 FEK，并用目标用户的公钥加密 FEK，因此生成了一个新的 DDF，和第一个一起存放。

解密过程和加密过程相反，如图 3-6 所示。

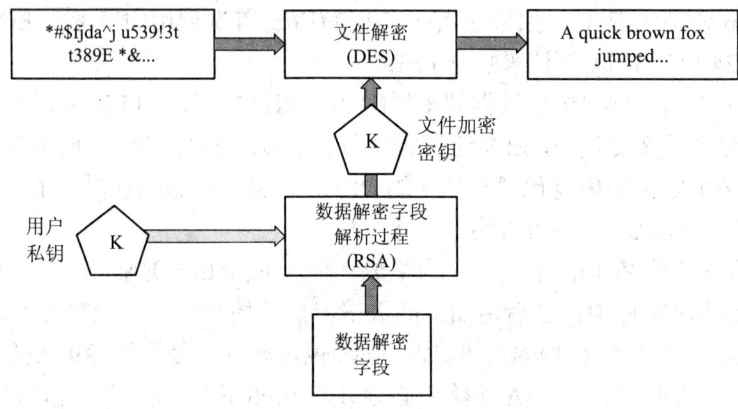

图 3-6　NTFS 解密流程示意图

首先，系统检测用户是否有一个用于 EFS 的私钥。如果有，它就读取 EFS 属性并遍历 DDF 密钥圈来查找当前用户的 DDF。如果找到了 DDF，用户的私钥就用于解密从 DDF 中解析出来的 FEK，EFS 用解密后的 FEK 解密文件数据。需要注意的是，当上层模块要求特定的扇区时，文件决不是整个被解密，而是按扇区来解密。

恢复过程近似于解密，除了它使用恢复代理密钥来解密 DRF 而非 DDF 中的 FEK 外，如图 3-7 所示。

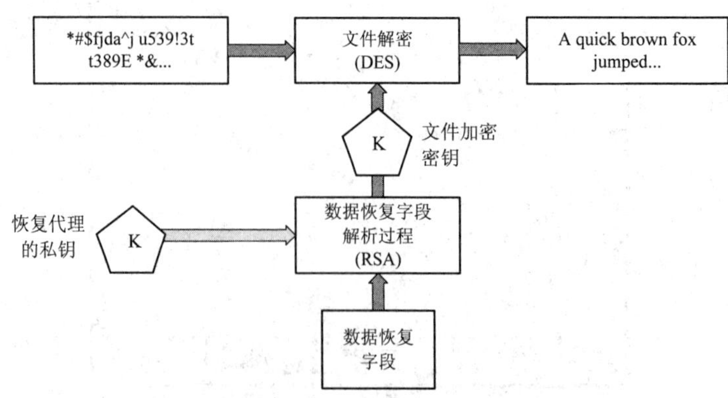

图 3-7　NTFS 恢复流程示意图

DRA 策略在 Windows 2000 和 Windows XP 中的实现方法不同。Windows 2000 中默认在机器上，不包括在域中，本地的 Administrator 作为 Encrypted Data Recovery Agent(加密数据恢复代理)添加到 Public Key Policy。所以，当用户加密文件时，DDF 和 DRF 域都生成了。如果最后的 DRA 被删除，则整个 EFS 功能就丧失了，从而不可能再加密文件，如图 3-8 所示。

图 3-8　无效的加密恢复策略

Windows XP 中的情况则不同，既然多数独立工作的本地用户除了自己外没必要使其他人也能够解密文件，就没有数据恢复代理的必要，所以 Public Key Policy 中不包括 DRA，EFS 不需要 DRA 就能起作用。这种情况下，为加密的文件只生成 DDF 域。

当 NTFS 加密文件时，它给文件设置标志“加密的”(0x4000)，同时生成$EFS 属性来存放 DDF 和 DRF，如图 3-9 所示。在 NTFS 中，该属性的属性 ID=0x100，并且可以相当长，占用 0.5 K 到几 K 不等的空间，这取决于 DDF 和 DRF 的数量。

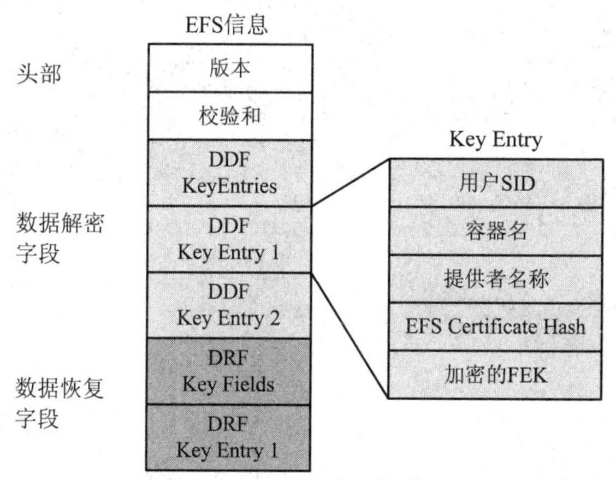

图 3-9　$EFS 属性

$EFS 属性更详尽的例子如图 3-10 所示。

数据区 1：$EFS 属性尺寸。

数据区 2：计算机 SID 和用户号。它用来确定 EFS 存放证书的文件夹。为了获取文件夹名称，EFS 做如下处理：

5A56B378 1C365429 A851FF09 D040000　存放在 $EFS 中的数据

78B3565A 2954361C 09FF51A8 000004D0　保留

2025018970-693384732-167727528-1232　转换成十进制

S-1-5-21-2025018970-693384732-167727528-1232　添加了 SID 前缀后

```
00000000  C8 03 00 00 00 00 00 00  01 00 00 00 00 00 00 00  И...............
00000010  D7 4C 90 99 3D 90 68 42  B4 FA DF CF E1 9E B1 D9  ЧLђ™=ђhBґъЯПбћ±Щ
00000020  93 A5 51 37 83 A7 77 13  81 F7 63 AD AB 7C A9 AB  "ҐQ7ѓ§w.Ѓчc-«|©«
00000030  00 00 00 00 00 00 00 00  00 00 00 00 00 00 00 00  ................
00000040  54 00 00 00 54 02 00 00  00 00 00 00 00 00 00 00  T...T...........
00000050  00 00 00 00 01 00 00 00  FC 01 00 00 14 00 00 00  ........ь.......
00000060  80 00 00 00 7C 01 00 00  00 00 00 00 68 01 00 00  Ђ...|.......h...
00000070  1C 00 00 00 03 00 00 00  30 01 00 00 38 00 00 00  ........0...8...
00000080  00 00 00 00 00 00 00 00  01 05 00 00 00 00 00 05  ................
00000090  15 00 00 00 5A 56 B3 78  1C 36 54 29 A8 51 FF 09  ....ZVix.6T)ЁQя.
000000A0  D0 04 00 00 14 00 00 00  14 00 00 00 28 00 00 00  Р...........(...
000000B0  72 00 00 00 C8 00 00 00  F7 C4 91 89 AD 29 24 D7  r...И...чД'‰-)$Ч
000000C0  78 6E 6E 9B EE CC 64 D5  14 6D 71 55 36 00 35 00  xnn›oMdX.mqU6.5.
000000D0  39 00 37 00 64 00 31 00  64 00 62 00 2D 00 31 00  9.7.d.1.d.b.-.1.
000000E0  63 00 32 00 63 00 2D 00  34 00 31 00 36 00 31 00  c.2.c.-.4.1.6.1.
000000F0  2D 00 62 00 32 00 37 00  66 00 2D 00 32 00 65 00  -.b.2.7.f.-.2.e.
00000100  66 00 31 00 38 00 36 00  65 00 39 00 36 00 64 00  f.1.8.6.e.9.6.d.
00000110  65 00 63 00 00 00 4D 00  69 00 63 00 72 00 6F 00  e.c...M.i.c.r.o.
00000120  73 00 6F 00 66 00 74 00  20 00 42 00 61 00 73 00  s.o.f.t. .B.a.s.
00000130  65 00 20 00 43 00 72 00  79 00 70 00 74 00 6F 00  e. .C.r.y.p.t.o.
00000140  67 00 72 00 61 00 70 00  68 00 69 00 63 00 20 00  g.r.a.p.h.i.c. .
00000150  50 00 72 00 6F 00 76 00  69 00 64 00 65 00 72 00  P.r.o.v.i.d.e.r.
00000160  20 00 76 00 31 00 2E 00  30 00 00 00 4F 00 55 00   .v.1...0...O.U.
00000170  3D 00 45 00 46 00 53 00  20 00 46 00 69 00 6C 00  =.E.F.S. .F.i.l.
00000180  65 00 20 00 45 00 6E 00  63 00 72 00 79 00 70 00  e. .E.n.c.r.y.p.
00000190  74 00 69 00 6F 00 6E 00  20 00 43 00 65 00 72 00  t.i.o.n. .C.e.r.
000001A0  74 00 69 00 66 00 69 00  63 00 61 00 74 00 65 00  t.i.f.i.c.a.t.e.
000001B0  2C 00 20 00 4C 00 3D 00  45 00 46 00 53 00 2C 00  ,. .L.=.E.F.S.,.
000001C0  20 00 43 00 4E 00 3D 00  6F 00 6C 00 65 00 67 00   .C.N.=.o.l.e.g.
000001D0  61 00 00 00 EB 11 78 3E  0E 4B 72 0A 65 80 08 24  a...л.x>.Kr.eЂ.$
000001E0  86 08 C4 43 73 C3 5D 1A  6F 77 76 8D 7C DC F5 C1  †.ДCsГ].owvЌ|ЬхБ
000001F0  44 25 55 4C C5 15 84 39  32 BD B0 50 63 4A 0E C3  D%ULE.„92S°PcJ.Г
00000200  32 BC C4 A3 28 6D 29 D3  C6 71 DA AA 56 8E 5F 02  2jДJ(m)УЖqЪЄVЋ_.
00000210  AE 66 D7 22 17 D0 D1 AD  5C EF D1 A2 83 19 0A 3E  ®fЧ".PC-\пCўѓ..>
00000220  4E 9A 3E 7C 74 66 E5 AD  C5 D1 26 41 04 E7 1E BD  Nљ>|tfe-EC&A.з.S
00000230  6C C0 5C 39 C2 F6 32 28  A5 25 4A AD 42 BF 10 5F  lA\9Bц2(Ґ%J-Bї._
00000240  70 5C 9D 6E 34 09 25 25  1B 53 4D D8 2E F2 38 2D  p\ќn4.%%.SMШ.т8-
00000250  7F 49 28 52 01 00 00 00  6C 01 00 00 14 00 00 00  □I(R....l.......
00000260  80 00 00 00 EC 00 00 00  00 00 00 00 D8 00 00 00  Ђ...м.......Ш...
00000270  1C 00 00 00 03 00 00 00  A0 00 00 00 38 00 00 00  ........ ...8...
00000280  00 00 00 00 00 00 00 00  01 05 00 00 00 00 00 05  ................
00000290  15 00 00 00 5A 56 B3 78  1C 36 54 29 A8 51 FF 09  ....ZVix.6T)ЁQя.
000002A0  F4 01 00 00 14 00 00 00  14 00 00 00 00 00 00 00  ф...............
000002B0  00 00 00 00 28 00 00 00  27 97 98 17 B7 11 9A B9  ....(...'—□.·.љ№
000002C0  AA 47 24 8A D9 E6 A1 0E  63 75 9F 7A 4F 00 55 00  ЄG$ЉЩжЎ.cuџzO.U.
000002D0  3D 00 45 00 46 00 53 00  20 00 46 00 69 00 6C 00  =.E.F.S. .F.i.l.
000002E0  65 00 20 00 45 00 6E 00  63 00 72 00 79 00 70 00  e. .E.n.c.r.y.p.
000002F0  74 00 69 00 6F 00 6E 00  20 00 43 00 65 00 72 00  t.i.o.n. .C.e.r.
00000300  74 00 69 00 66 00 69 00  63 00 61 00 74 00 65 00  t.i.f.i.c.a.t.e.
00000310  2C 00 20 00 4C 00 3D 00  45 00 46 00 53 00 2C 00  ,. .L.=.E.F.S.,.
00000320  20 00 43 00 4E 00 3D 00  41 00 64 00 6D 00 69 00   .C.N.=.A.d.m.i.
00000330  6E 00 69 00 73 00 74 00  72 00 61 00 74 00 6F 00  n.i.s.t.r.a.t.o.
00000340  72 00 00 00 35 3E 48 20  B6 E2 32 07 EA 77 C2 DD  r...5>H ¶в2.кwBЭ
00000350  19 98 E9 FE 98 98 57 2F  85 A2 96 B7 79 EF 99 DC  .□йю□□W/…ў–·yп™Ь
00000360  7E 97 17 83 20 DF B2 B6  C0 D1 26 17 CB 71 0F 26  ~—.ѓ ЯІ¶AC&.Лq.&
00000370  AC 2D 11 71 71 7B 34 5D  3E 33 2E 5F B6 71 77 84  ¬-.qq{4]>3._¶qw„
00000380  14 B7 D7 56 C9 08 75 48  2B 71 1A 70 ED 39 24 66  .·ЧVЙ.uH+q.pн9$f
00000390  32 11 E4 0E 0E 8A FF E1  05 B7 4E 38 A7 E2 3D 7F  2.д..Љяб.·N8§в=□
000003A0  8E 24 55 0C 1A AC 25 96  2F B4 27 CB 6C 23 EF E5  Ћ$U..¬%–/ґ'Лl#пе
000003B0  C0 95 D3 95 FA F8 0F 9D  D2 72 7D 85 BC AE B4 B1  A•У•ъш.ќTr}…j®ґ±
000003C0  65 B5 70 09 00 00 00 00                           eµp.....
```

图 3-10 $EFS 实例

最终，文件夹是：

%UserProfile%\ApplicationData\Microsoft\Crypto\RSA\S-1-5-21-2025018970-693384732-167727528-1232\

数据区 3：公钥指纹(Public Key Thumbprint)。

数据区 4：私钥 GUID(也用作容器名)。当 EFS 从 CryptoAPI 提供者中获取上下文时会用到这个名字。如果$EFS 属性中只有一个 DDF，容器名可以从$EFS(这个域)计算出来，但更多的用户(更多的 DDF 和 DRF)加入到文件时，不会都为它们保存 PK GUID，而必须从基于公钥指纹的证书存储区中获取。

数据区 5：密钥提供者名称为 Microsoft Base Cryptographic Provider v.1.0。

数据区 6：当前 DDF 或 DRF 所属的用户名。

数据区 7：加密的 FEK。通常 FEK 的长度为 128 bit(DESX 情形)，但因为它用 1024 bit 的 RSA 密钥加密，所以它加密后的长度为 1024 位。

临时文件没有擦除。当 EFS 加密文件时，它将自身内容拷贝到相同文件夹内名为 Efs0.tmp 的隐藏的临时文件中，这个文件作为加密用文件。然后，它分块加密明文，并将加密了的数据写入原始文件。处理完成后，临时文件即被删除。但是，EFS 只简单地将其标记为删除，而没有真正擦除它的内容。这就造成很容易通过 Active@Undelete 那样的底层数据恢复软件来访问未受保护的数据。解决办法是擦除空闲的磁盘空间。通常，即使明文有一些覆盖，微小的磁性痕迹仍可被侦测，从而留下用特殊的设备读取已擦除数据的机会。要减小这种可能性，可使用像 Active@Eraser 或 ZDelete.NET 那样的提供复杂的数据擦除算法的商业软件。

加密的文件夹内的文件名不受保护。事实上，加密文件夹内容意味着自动对文件夹内的所有文件进行加密，但并未对目录数据本身加密。因为文件名本身可能包含了敏感信息，这就可能成为安全漏洞。解决方法是加密 .zip 压缩档而非文件(Windows XP 几乎视压缩档为文件夹)，从而，只有一个文件需要加密并且压缩数据本身就较难破解。

EFS 的安全性依赖于保存在本地机器上的公钥/私钥对。Windows 通过保护存储服务(Protected Storage Service)加密所有的私钥来保护它们。保护存储用从 512 位的主密钥(Master Key)派生的会话密钥(Session Key)加密所有的私钥，并将它们存放于%User Profile%\Application Data\Microsoft\Crypto\RSA\User SID。主密钥(Master Key)用主密钥加密密钥(Master Key Encryption Key)加密，后者通过使用基于口令的密钥派生功能(Password Based Key Derivation Function)从用户口令派生，并存放于%User Profile%\Application Data\Microsoft\Protect\User SID。尽管 Windows 尽力保护密钥，但由于所有的信息都保存在本地机器上，给了能够访问硬盘的攻击者一个机会，他可以计算出密钥，并用密钥解密受保护的数据。全面的安全防护可通过用系统密钥(System Key)加密私钥而明显加强。syskey.exe 实用程序可以用来把系统密钥保存到一张软盘上并从计算机上取走，这种情形下，用户必须在计算机启动时插入一张带有系统密钥的软盘。不过这个办法应慎用，因为一旦钥匙软盘丢失，就再也不能访问计算机了。

4) NTFS 稀疏文件

一个稀疏文件有一个属性(即 30H 属性)可促使 I/O 子系统只分配有意义的(非零)数据。非零数据分配在磁盘上，而无意义的数据(大串的连续的零数据)不分配。读取稀疏文件时，分配了的数据按存储状态返回，未分配的数据默认返回零。

NTFS 解除分配稀疏数据流并保留其他的数据为已分配的。当程序访问一个稀疏文件时，文件系统产生已分配的数据作为实际的数据，而解除分配的数据作为零处理。

NTFS 对压缩的和非压缩的文件都包括完全的稀疏文件支持。NTFS 处理对稀疏文件的读操作时返回已分配的数据和稀疏数据。尽管在读一个稀疏文件时，NTFS 默认返回整个数据集，但不获取整个数据集而读取已分配的数据和一个范围内的数据是可能的。

依靠稀疏文件属性集，文件系统可以在任何位置解除分配文件中的数据，应用程序调用时，则产生相应范围的零数据，而非存储和返回实际的数据。文件系统应用程序接口(API)允许文件按实际的比特数和稀疏流范围拷贝或备份。最终的结果是高效的文件系统存储和访问。图 3-11 所示为存在和不存在稀疏文件属性集时的数据存储情况。

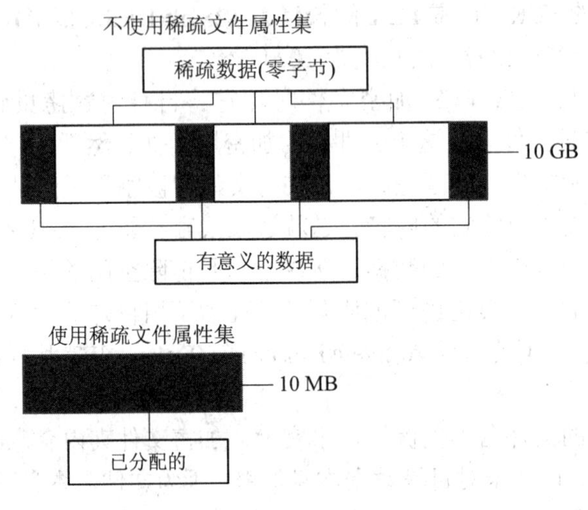

图 3-11　Windows 2000 的数据存储

如果拷贝或移动一个稀疏文件到 FAT 或非 Windows NTFS 卷上，则文件就变回它的原始指定大小。如果所需的空间不能满足，操作就不会完成。

3.1.4　NTFS 数据完整性和可恢复性

NTFS 是一个可恢复的文件系统，它使用标准的事务日志和恢复技术保证了卷的持续性。在发生磁盘故障事件时，NTFS 运行一个访问日志文件信息的过程来还原持续性。NTFS 恢复过程真正保证了卷还原到一个持续状态，事务日志则只需非常少的开销。

计算机发生故障后启动，程序第一次访问 NTFS 卷的时候，NTFS 自动执行硬盘恢复操作来保证所有 NTFS 卷的完整性。

NTFS 还使用一种称为簇重映射的技术来减小 NTFS 卷上的一个坏扇区带来的影响。

提示：如果主引导记录损坏，又出现引导扇区损坏，则不能再访问卷上的数据了。

1. NTFS 的数据恢复

NTFS 视每个修改 NTFS 卷系统文件的 I/O 操作为一个事务，并将其管理为一个完整的单元。事务一旦启动，要么完成，要么在发生磁盘故障时回滚(如 NTFS 卷回到事务初始化之前的状态)。

为了保证事务完成或回滚，在写入磁盘之前，NTFS 将一个事务的子操作记录到日志文件中。当一个完整的事务记录到日志文件中后，NTFS 执行卷缓存中的事务子操作。NTFS 更新缓存后，向日志文件提交事务，整个事务便完成了。

一旦事务提交，即使磁盘故障，NTFS 也能保证整个事务在卷上实现。在恢复操作期间，NTFS 重做日志文件中发现的每个已提交的事务，然后 NTFS 于日志文件中定位在系统故障时未提交的事务，并且撤销记录在日志文件中的每个事务子操作。注：对卷的不完整修改是绝对禁止的。

NTFS 使用日志文件服务来记录一个事务的所有重做和撤销信息。NTFS 使用重做信息来重复事务，撤销信息使 NTFS 能够撤销不完整的事务或出错的事务。

提示： NTFS 用事务日志和恢复来保证卷结构不被破坏。因此，在系统故障后所有的系统文件依旧可访问。但是，用户数据可能因为系统故障或坏扇区而丢失。

2. 簇重映射

在发生坏扇区错误时，NTFS 实现了一种称为簇重映射的恢复技术。当 Windows 2000 侦测到一个坏扇区时，NTFS 动态地重映射包含坏扇区的簇并为数据分配一个新的簇。如果错误发生在读操作，则 NTFS 返回一个读错误给调用者程序并且数据丢失；如果错误发生在写的时候，则 NTFS 将数据写入新的簇，数据不会丢失。

NTFS 将包含坏扇区的簇的地址放入坏簇文件，从而坏扇区不会被再次利用。

提示： 簇重映射不能代替备份。一旦错误被侦测，应当严密监视磁盘，并且如果缺陷列表有所增加就应更换磁盘。这类错误通常会显示在事件日志中。

3.2　NTFS 和 FAT 的比较

与 FAT 和 FAT32 相比，NTFS 文件系统的功能更强大。Windows 2000、Windows XP 和 Windows Server 2003 家族中包括有新版本的 NTFS，它支持各种新功能(如 Active Directory 功能，这项功能是域、用户账户和其他重要安全功能所必需的)。

FAT 和 FAT32 相似，其差别只是 FAT32 比 FAT 更适合于较大磁盘的应用。NTFS 则是一种最适合大磁盘使用的文件系统。

相对 FAT(FAT 和 FAT32)而言，NTFS 具有很多 FAT 所不具有的特性，主要有以下几点：

(1) 容错性。NTFS 可以自动修复磁盘错误而不会显示出错信息。Windows 2000 向 NTFS 分区中写文件时，会在内存中保留文件的一份拷贝，然后检查向磁盘中所写的文件是否与内存中的一致。如果两者不一致，则 Windows 就把相应的扇区标记为坏扇区而不再使用它(簇重映射)，然后用内存中保留的文件拷贝重新向磁盘上写文件。如果在读文件时出现错误，NTFS 则返回一个读错误信息，并告知相应的应用程序数据已经丢失。

(2) 安全性。NTFS 有许多安全性能方面的选项，可以在本机上和通过远程的方法保护文件、目录，以阻止没有授权的用户访问文件。

(3) 使用 EFS 提高安全性。EFS 提供对存储在 NTFS 分区中的文件进行加密的功能。EFS 加密技术是基于公共密钥的，作为集成的系统服务运行，具有管理容易、攻击困难、对文件所有者透明等优点。

(4) 文件压缩。NTFS 文件系统支持文件压缩功能，用户可以选择压缩单个文件或整个文件夹。

(5) 磁盘限额。磁盘限额功能允许系统管理员管理分配给各个用户的磁盘空间，合法用户只能访问属于自己的文件，Windows 2000 中的磁盘限额功能是基于用户和卷的。

NTFS 和 FAT 的比较详情见表 3-5。

表 3-5　NTFS 与 FAT 的比较

比较标准	NTFS 5.0	NTFS	FAT32	FAT16
操作系统	Windows 2000 Windows XP	Windows NT Windows 2000 Windows XP	Windows 98 Windows ME Windows 2000 Windows XP	DOS Windows 所有版本
限　制				
最大卷容量	2 TB	2 TB	2 TB	2 GB
每卷最多文件数	几乎无限制	几乎无限制	几乎无限制	65 000
最大文件大小	仅受卷大小限制	仅受卷大小限制	4 GB	2 GB
最大簇号	几乎无限制	几乎无限制	268 435 456	65 535
最大文件名长度	最多 255 字符	最多 255 字符	最多 255 字符	标准—8.3 格式 扩展后—最多 255 字符
文件系统特征				
Unicode 文件名	Unicode 字符集	Unicode 字符集	系统字符集	系统字符集
系统记录镜像	MFT 镜像文件	MFT 镜像文件	FAT2 备份	FAT2 备份
引导扇区位置	第一个和 最后一个扇区	第一个和 最后一个扇区	第一个扇区	第一个扇区
文件属性	标准的和 用户自定义	标准的和 用户自定义	标准集合	标准集合
替换流	支持	支持	不支持	不支持
压缩	支持	支持	不支持	不支持
加密	支持	不支持	不支持	不支持
对象权限	支持	支持	不支持	不支持
磁盘配额	支持	不支持	不支持	不支持
稀疏文件	支持	不支持	不支持	不支持
重解析点	支持	不支持	不支持	不支持
卷挂载点	支持	不支持	不支持	不支持
总 体 性 能				
内置安全性	是	是	否	否
可恢复性	是	是	否	否
性能	小卷低、大卷高	小卷低、大卷高	小卷高、大卷低	小卷高、大卷低
磁盘空间利用效率	最高	最高	平均	对大卷最低
容错性	最高	最高	最低	平均

如果考察一下存储需求，就可以调整 NTFS 的一些全局参数来获得磁盘性能上的巨大提升，其他的诸如磁盘碎片整理同样会有所帮助。

影响 NTFS 性能的因素(不考虑磁盘类型、转速等)有簇大小、MFT 和页面文件的位置和连续性、NTFS 卷压缩、NTFS 卷来源(从现存的 FAT 卷生成或转化)。

1. 合理定义簇大小

簇是一个分配单元。假定生成了一个 1 字节的文件，在 FAT 文件系统中，至少要分配一个簇。在 NTFS 中，如果文件足够小，它可以存放于 MFT 记录本身，而不必使用额外的簇。当文件大到当前簇容不下时，就需再分配一个簇。这意味着单个簇越大，浪费的磁盘空间越多，但性能会更好。

表 3-6 为 Windows NT/2000/XP 用 NTFS 格式化后簇大小的默认值。

表 3-6　NTFS 卷格式化后默认的簇大小

驱动器大小(逻辑卷)	簇大小	扇区数
512 MB 或更小	512 字节	1
513 MB～1024 MB (1 GB)	1024 字节(1 KB)	2
1025 MB～2048 MB (2 GB)	2048 字节(2 KB)	4
2049 MB 或更大	4096 字节(4 KB)	8

当手工格式化分区时，可以在格式化对话框或 FORMAT 命令参数中指定簇大小为 512 字节。这有何意义？可确定平均文件大小，再据此格式化分区。如何确定呢？最简单(但粗糙)的办法是用总的磁盘已使用容量的千字节数除以磁盘上的文件数；另一个办法是格式化前就考虑会在磁盘上存放哪些数据。如果打算存放通常尺寸巨大的多媒体素材，可让簇更大以提升性能；如果是小的网页或文本文档，可让簇更小以避免磁盘空间的大量浪费。

注意：在簇大小超过 4 KB 的卷上，压缩不被支持。

2. MFT 预约和离散性

MFT 包含经常使用的系统文件和索引，因此 MFT 的性能很大程度上影响着整个卷的性能。

默认情况下，NTFS 保留卷容量的 12.5%的一块区域给 MFT，这块区域不允许写入任何用户数据，以便 MFT 增大时使用。然而，当在磁盘上放了很多文件时，MFT 将增长到超过保留区而变得零碎。另一个原因是，当删除文件时，NTFS 不会总利用 MFT 中的这个空间来存放新的文件，它仅仅标记 MFT 入口为“删除的”，并给新文件分配新的入口。这种方式提高了性能，并可恢复，但它让 MFT 零碎了。

MFT 越零碎，访问数据时硬盘磁头移动就越频繁，文件系统的总体性能将更低。

从 Windows NT 4.0 sp4 启动时，可以通过如下键值来定义 MFT 保留区的大小：HKEY_LOCAL_MACHINE\SYSTEM\CurrentControlSet\Control\FileSystem DWORD 型值(1～4)NtfsMftZoneReservation 允许指定新生成/格式化的卷的 MFT 区域(相应为卷容量的 12.5%、25%、37.5%、50%)。

3．文件和目录的碎片化

当磁盘变满和执行了很多拷贝和删除文件的操作时，不仅是 MFT，还有其他文件和目录都会变零碎，这也使得系统在性能上变慢。因此，当在卷上执行了很多拷贝/移动/删除操作时，建议经常使用标准的碎片整理工具。若从 Windows 2000 启动，磁盘碎片整理是操作系统的一部分，可以在计算机管理控制台中找到。

如果没有这类工具，可以试着手工执行。方法为：拷贝文件和文件夹到另一个分区，让原来的分区几乎空白，然后再把它们拷贝回来。这个办法不如用标准的碎片整理工具高效，但它可以在分区碎片非常严重时极大地提高卷的性能。

注意：如果你对这些文件有安全/许可设置，这个方法将不能令人满意，当在分区之间拷贝时将会失去这些信息。

为了防止目录碎片化，在安装新的应用程序或拷贝较多文件到卷上前就应执行完磁盘碎片整理。

4．页面文件碎片化

不能用标准的碎片整理工具来对页面文件(PAGEFILE.SYS)进行碎片整理，因为它一直被操作系统用作虚拟内存。解决办法是通过手工操作改变页面文件的位置到其他盘(如果没有其他盘就减小尺寸到最小)，再重新启动机器，执行卷碎片整理，然后把页面文件的参数改回原来的状态。

5．NTFS 卷的压缩

压缩可以节省卷空间，并可提升或降低总体性能，这取决于 CPU 速度、卷大小和可压缩的数据。如果有快的 CPU 和相对慢的硬盘，压缩是值得推荐的，因为压缩数据占用更少的卷空间，读到内存并解压比从慢的磁盘读取整个未压缩的数据块要快得多。卷容量越大(>8 GB)，压缩后性能就越低。但如果压缩中包含不可压缩数据的卷或文件夹(如 JPG 图片、ZIP 文件等)则是没有用的。压缩的理想数据是文本和办公文档，以及位图图片和其他包含大量重复字符的文件。

若要压缩文件/文件夹/卷，就在 Windows 资源管理器中打开它的属性，选中“压缩”复选框即可。

6．转换 FAT 卷为 NTFS 卷

如果没有在新生成的 NTFS 卷上安装 Windows，但卷是从 FAT 转到 NTFS 的，这通常会引发普遍的 MFT 碎片化，转换后的卷比原始生成的 NTFS 卷慢得多。碎片整理工具一般不能处理 MFT，但是可以备份整个系统，用合理的簇大小重新格式化卷，再把系统恢复回去。

3.3　NTFS 下的数据恢复

因为 NTFS 文件系统与 FAT 和 FAT32 文件系统完全不同，故数据恢复通常需要采用不同的方法。如果用 Google 搜索一下 NTFS 数据恢复技术，可能得到最多的链接是关于销售数据恢复产品的网站。这是因为 NTFS 被设计成可以自己执行数据恢复，而不需要使用第三方数据恢复软件或者操作。簇重映射(Cluster Remapping)和事务日志(Transaction Logging)

这两项技术可用来实现数据的恢复。但是，通常我们还是会遇到 NTFS 文件系统的系统数据被破坏而无法运行或者因用户误操作而文件丢失的情形。

3.3.1　NTFS 的 DBR 恢复

NTFS 分区的 DBR 参数和 FAT16/32 分区的 DBR 参数不同，NTFS 文件系统也不依赖 FAT 和 FDT 来管理分区中的文件，而是通过元文件来管理整个分区。从文件系统结构来看，NTFS 远比 FAT 要复杂，但对于 DBR 的恢复，NTFS 系统反而更容易。NTFS 分区一般在分区的最后一个扇区对 DBR 进行了备份，因此，只要将备份 DBR 复制到 DBR 扇区即可。

如果没有备份的 DBR，也可以通过复制正常 NTFS 分区的 DBR，并根据分区实际情况以修正参数的方法来修复 NTFS 分区的 DBR。

某 NTFS 分区的 DBR 扇区的参数部分如图 3-12 所示。

```
EB 5B 90 4E 54 46 53 20  20 20 20 00 02 08 00 00   ë[ NTFS     .....
00 00 00 00 00 F8 00 00  3F 00 FF 00 3F 00 00 00   .....ø..?.ÿ.?...
00 00 00 00 80 00 80 00  B8 64 9C 00 00 00 00 00   .... . .¸d .....
04 00 00 00 00 00 00 00  4C C6 09 00 00 00 00 00   ........LÆ......
F6 00 00 00 01 00 00 00  B9 51 4B 00 95 CB EC 20   ö.......¹QK. Ëì
00 00 00 00 00 00 00 00  00 00 00 00 00 FA 33 C0   .............ú3À
```

图 3-12　NTFS 分区的 DBR 参数部分

利用 WinHex 软件的模板功能对 NTFS 分区 DBR 参数的分析如图 3-13 所示。

Boot Sector NTFS, Base Offset: 0

Offset	Title	Value
0	JMP instruction	EB 5B 90
3	SystemID	NTFS
B	Bytes per sector	512
D	Sectors per cluster	8　需要修改
E	Reserved sectors	0
10	(always zero)	00 00 00
13	(unused)	00 00
15	Media descriptor	F8
16	(unused)	00 00
18	Sectors per track	63
1A	Heads	255
1C	Hidden Sectors	63　由分区表计算
20	(unused)	00 00 00 00
24	(always 80 00 80 00)	80 00 80 00
28	Total sectors	10249400　由分区表计算
30	Start C# $MFT	4　需要修改
38	Start C# $MFTMirr	640588　需要修改
40	Clusters per FILE record	-10　需要修改
41	(unused)	0
44	Clusters per INDX block	1　需要修改
45	(unused)	0
48	32-bit serial number (hex)	B9 51 4B 00
48	32-bit SN (hex, reversed)	4B51B9
48	64-bit serial number (hex)	B9 51 4B 00 95 CB EC 20
50	Checksum	0
1FE	Signature (55 AA)	55 AA

图 3-13　用 WinHex 模板分析 NTFS 分区 DBR 的参数

从图 3-13 可以看到，NTFS 分区的 DBR 与 FAT 分区的 DBR 不同，其结构相对来说要简单一些，需要恢复的内容也不是太多。下面按顺序进行分析。

(1) 0D：每簇扇区数。需要修改。对此项的修改，一般参照微软默认设置进行即可。微软系统在格式化 NTFS 分区时对该项的默认设置可以参考表 3-5。

(2) 1C～1F：隐含扇区。可从分区表计算。

(3) 28～2F：扇区总数。可从分区表计算。

(4) 30～37：$MFT 的位置(逻辑簇号)。需要修改。可以通过查找$MFT 的特征字符来定位该文件所处的位置，其起始的 4 个字节一定是 46 49 4C 45，即 FILE 的 ASCII 码，如图 3-14 所示。

Drive E:

Offset	0	1	2	3	4	5	6	7	8	9	A	B	C	D	E	F	Access▼
000004000	46	49	4C	45	2A	00	03	00	21	2B	26	01	00	00	00	00	FILE*...!+&.....
000004010	01	00	01	00	30	00	01	00	90	01	00	00	00	04	00	00	....0...▌.......
000004020	00	00	00	00	00	00	00	00	05	00	1B	00	00	00	00	00	....
000004030	10	00	00	00	60	00	00	00	00	00	18	00	00	00	00	00	....`...........
000004040	48	00	00	00	18	00	00	00	B5	18	EA	6A	4E	28	C7	01	H.......µ.êjN(Ç.
000004050	B5	18	EA	6A	4E	28	C7	01	B5	18	EA	6A	4E	28	C7	01	µ.êjN(Ç.µ.êjN(Ç.
000004060	B5	18	EA	6A	4E	28	C7	01	06	00	00	00	00	00	00	00	µ.êjN(Ç.........
000004070	00	00	00	00	00	00	00	00	00	00	00	00	00	01	00	00	....
000004080	00	00	00	00	00	00	00	00	00	00	00	00	00	00	00	00	....
000004090	30	00	00	00	68	00	00	00	00	00	18	00	00	00	01	00	0...h...........
0000040A0	4A	00	00	00	18	00	01	00	05	00	00	00	00	00	05	00	J...............
0000040B0	B5	18	EA	6A	4E	28	C7	01	B5	18	EA	6A	4E	28	C7	01	µ.êjN(Ç.µ.êjN(Ç.
0000040C0	B5	18	EA	6A	4E	28	C7	01	B5	18	EA	6A	4E	28	C7	01	µ.êjN(Ç.µ.êjN(Ç.
0000040D0	00	80	00	00	00	00	00	00	00	6C	00	00	00	00	00	00	.▌.......l......

图 3-14　$MFT 的位置

按字符串或按十六进制值查找均可，找到之后记录下起始扇区号，换算成簇号(即除以每簇扇区数)填入相应位置即可。

(5) 38～3F：$MFTMirr 的位置(逻辑簇号)。需要修改。$MFTMirr 位置的确定和$MFT 位置的确定应当同时进行，即查找特征字节“FILE”的时候会找到两个区域，其中大的是$MFT，小的是$MFTMirr。常见的情况是$MFT 在前，$MFTMirr 在后，但也不绝对。

(6) 40：每个 MFT 文件记录的簇数(如果是负数，就表示 2 扇区)。需要修改。找到$MFT 后，相邻两个$MFT 记录(根据头部“FILE”确定)之间的扇区数根据簇大小换算成簇数就是一个 MFT 记录占用的簇数。

(7) 44：每个索引块(索引缓冲区)的簇数(如果是负数，就表示 2 扇区)。需要修改。两个索引之间的扇区数按簇大小换算成簇数就是每个索引所占用的簇数。索引的特征字节为 49 4E 44 58，即 INDX 的 ASCII 码，如图 3-15 所示。

Drive E:

Offset	0	1	2	3	4	5	6	7	8	9	A	B	C	D	E	F	Access▼
09CA9D000	49	4E	44	58	28	00	09	00	96	7F	81	00	00	00	00	00	INDX(...▌▌▌.....
09CA9D010	00	00	00	00	00	00	00	00	40	00	00	00	F0	06	00	00	........@...ð...
09CA9D020	E8	0F	00	00	00	00	00	00	E1	00	05	00	C7	01	05	00	è.......á...Ç...
09CA9D030	01	00	C7	01	C5	01	01	00	00	00	00	00	00	00	00	00	..Ç.Å...........
09CA9D040	00	00	00	00	00	00	00	00	00	00	00	00	00	00	00	00	....
09CA9D050	00	00	00	00	00	00	00	00	04	00	00	00	00	00	04	00	....
09CA9D060	68	00	52	00	00	00	00	00	05	00	00	00	00	00	05	00	h.R.............
09CA9D070	B5	18	EA	6A	4E	28	C7	01	B5	18	EA	6A	4E	28	C7	01	µ.êjN(Ç.µ.êjN(Ç.
09CA9D080	B5	18	EA	6A	4E	28	C7	01	B5	18	EA	6A	4E	28	C7	01	µ.êjN(Ç.µ.êjN(Ç.
09CA9D090	00	10	00	00	00	00	00	00	00	0A	00	00	00	00	00	00	....

图 3-15　索引块的簇数

因为 NTFS 会对 DBR 进行备份，且一般情况下两个 DBR 同时遭到破坏的概率极小(除非有意地同时破坏)，所以 NTFS 分区的 DBR 恢复相对容易，问题转换成如何去定位分区的尾部。分区的定位问题和分区的恢复是一样的。另外，还有一些其他的工具软件也能够完成分区的定位。

3.3.2　系统文件缺失的恢复

在 NTFS 卷上，MFT 仅供系统本身组织、架构文件系统使用，在 NTFS 中称为元数据(Metadata，即存储在卷上支持文件系统格式管理的数据。它不能被应用程序访问，只能为系统提供服务)。其中最基本的前 16 个记录是操作系统使用的非常重要的元数据文件。这些元数据文件的名字都以“$”开始，是隐藏文件，在 Windows NT/2000/XP/2003 中不能使用 dir 命令(甚至加上/ah 参数)像普通文件一样列出。这些元数据文件是系统驱动程序管理卷所必需的，因此非常重要。为了防止数据丢失或者损坏而导致 NTFS 卷无法访问，NTFS 系统在卷存储中部对它们进行了备份，即$MFTMirr。$MFTMirr 备份了$MFT 的前 4 个记录(如以每个记录 1 KB 计算，即 8 个扇区)，以保证卷的可访问性。和 NTFS 卷的 DBR 恢复一样，我们通常可以用$MFTMirr 来恢复$MFT 的起始部分，但这种恢复非常少见。下面以一个例子来进行说明。

首先，使用 WinHex 软件将安装了 Windows XP 操作系统的主分区(NTFS 文件系统)的主文件表 MFT 破坏掉(将起始的 128 字节填充为 0)，如图 3-16 所示。

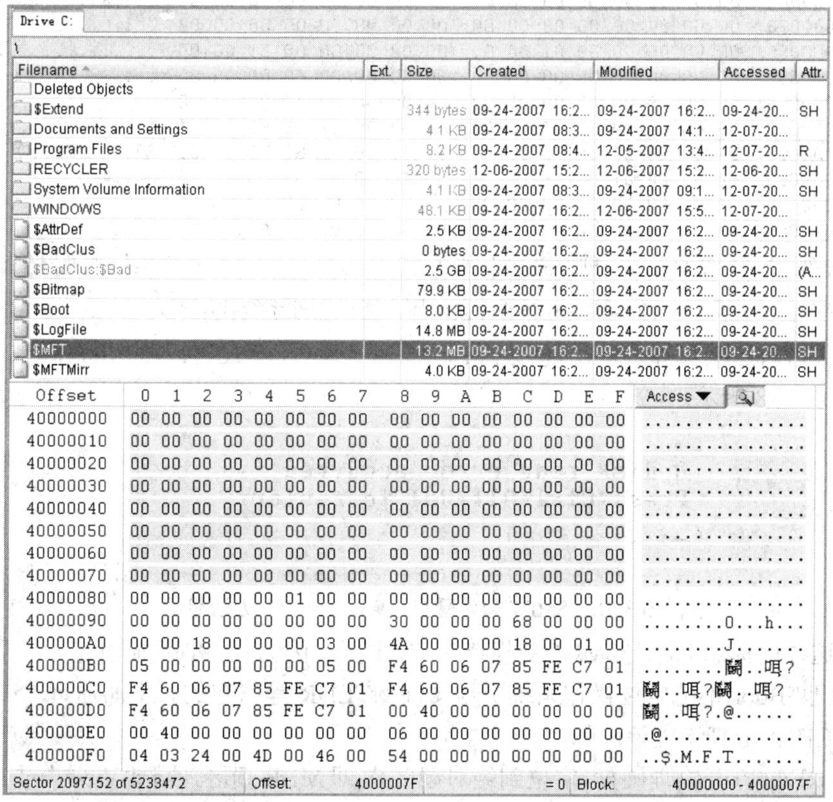

Drive C:

\

Filename	Ext.	Size	Created	Modified	Accessed	Attr.
Deleted Objects						
$Extend		344 bytes	09-24-2007 16:2...	09-24-2007 16:2...	09-24-20...	SH
Documents and Settings		4.1 KB	09-24-2007 08:3...	09-24-2007 14:1...	12-07-20...	
Program Files		8.2 KB	09-24-2007 08:4...	12-05-2007 13:4...	12-07-20...	R
RECYCLER		320 bytes	12-06-2007 15:2...	12-06-2007 15:2...	12-06-20...	SH
System Volume Information		4.1 KB	09-24-2007 08:3...	09-24-2007 09:1...	12-07-20...	SH
WINDOWS		48.1 KB	09-24-2007 16:2...	12-06-2007 15:5...	12-07-20...	
$AttrDef		2.5 KB	09-24-2007 16:2...	09-24-2007 16:2...	09-24-20...	SH
$BadClus		0 bytes	09-24-2007 16:2...	09-24-2007 16:2...	09-24-20...	SH
$BadClus:$Bad		2.5 GB	09-24-2007 16:2...	09-24-2007 16:2...	09-24-20...	(A...
$Bitmap		79.9 KB	09-24-2007 16:2...	09-24-2007 16:2...	09-24-20...	SH
$Boot		8.0 KB	09-24-2007 16:2...	09-24-2007 16:2...	09-24-20...	SH
$LogFile		14.8 MB	09-24-2007 16:2...	09-24-2007 16:2...	09-24-20...	SH
$MFT		13.2 MB	09-24-2007 16:2...	09-24-2007 16:2...	09-24-20...	SH
$MFTMirr		4.0 KB	09-24-2007 16:2...	09-24-2007 16:2...	09-24-20...	SH

```
Offset     0  1  2  3  4  5  6  7   8  9  A  B  C  D  E  F   Access
40000000  00 00 00 00 00 00 00 00  00 00 00 00 00 00 00 00  ................
40000010  00 00 00 00 00 00 00 00  00 00 00 00 00 00 00 00  ................
40000020  00 00 00 00 00 00 00 00  00 00 00 00 00 00 00 00  ................
40000030  00 00 00 00 00 00 00 00  00 00 00 00 00 00 00 00  ................
40000040  00 00 00 00 00 00 00 00  00 00 00 00 00 00 00 00  ................
40000050  00 00 00 00 00 00 00 00  00 00 00 00 00 00 00 00  ................
40000060  00 00 00 00 00 00 00 00  00 00 00 00 00 00 00 00  ................
40000070  00 00 00 00 00 00 00 00  00 00 00 00 00 00 00 00  ................
40000080  00 00 00 00 00 01 00 00  00 00 00 00 00 00 00 00  ................
40000090  00 00 00 00 00 00 00 00  30 00 00 00 68 00 00 00  ........0...h...
400000A0  00 00 18 00 00 00 03 00  4A 00 00 00 18 00 01 00  ........J.......
400000B0  05 00 00 00 00 00 05 00  F4 60 06 07 85 FE C7 01  ........闕..咡?
400000C0  F4 60 06 07 85 FE C7 01  F4 60 06 07 85 FE C7 01  闕..咡?闕..咡?
400000D0  F4 60 06 07 85 FE C7 01  00 40 00 00 00 00 00 00  闕..咡?.@......
400000E0  00 40 00 00 00 00 00 00  06 00 00 00 00 00 00 00  .@..............
400000F0  04 03 24 00 4D 00 46 00  54 00 00 00 00 00 00 00  ..$.M.F.T.......
Sector 2097152 of 5233472    Offset:    4000007F    = 0  Block:    40000000 - 4000007F
```

图 3-16　用 WinHex 软件将$MFT 起始的 128 字节清零(破坏)

其次，再次在 WinHex 的文件浏览器中点击$MFT，WinHex 提示$MFT 找不到，如图 3-17 所示。这是因为$MFT 已经被破坏了，从而 NTFS 卷不能正常访问，通过文件系统，连$MFT 本身也不能访问了。

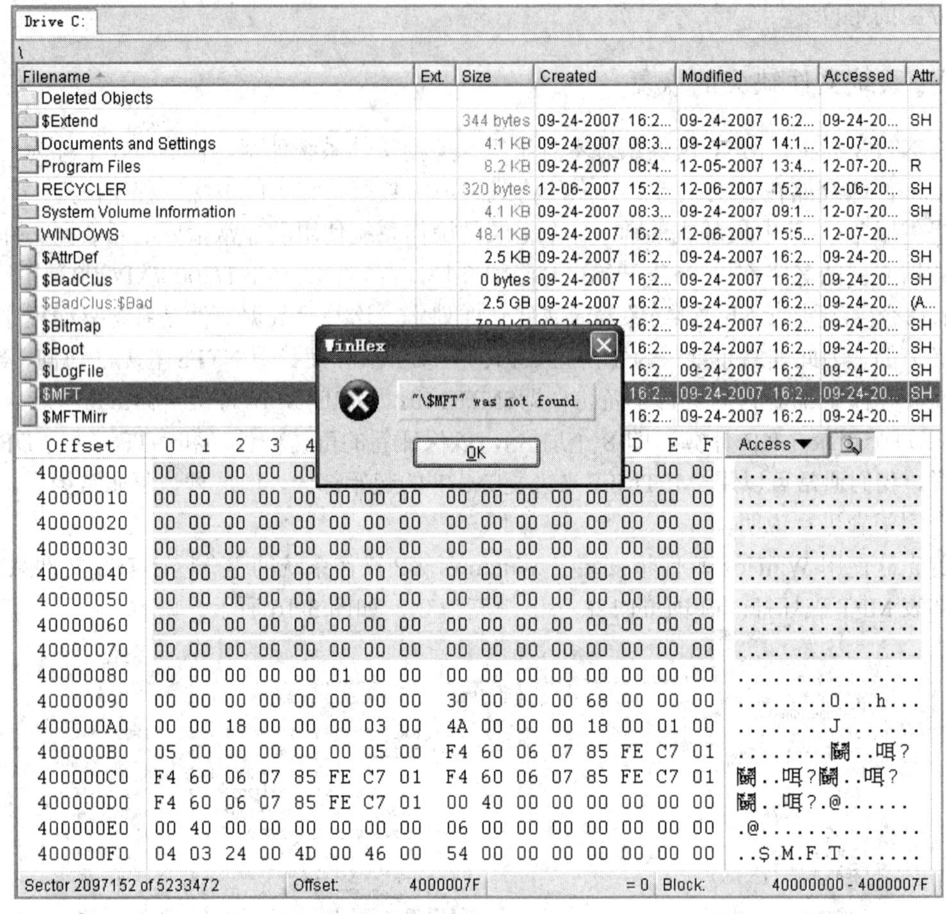

图 3-17　$MFT 已被破坏，通过文件系统找不到

再次，重新启动计算机，出现“A disk read error occurred …”的错误提示，然后机器死机，如图 3-18 所示。

```
A disk read error occurred
Press Ctrl+Alt+Del to restart
_
```

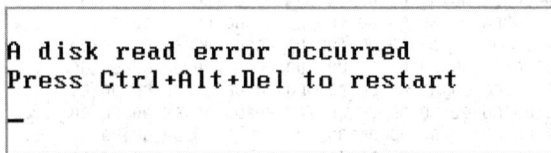

图 3-18　$MFT 起始受损，Windows XP 无法启动

出现这样的提示并不是$MFT 受损特有的，主要是因为$MFT 受损引起分区引导扇区的引导代码(即$Boot)不能定位操作系统引导文件 NTLDR 等引起的。下面通过 DiskEdit 软件利用$MFT 的备份来恢复该故障。

用 DiskEdit 打开物理硬盘，定位到绝对扇区 0，即 MBR 扇区，点选“View”→“As Partition Table”查看，可以看到第一个分区(主分区)的相对扇区数(隐含扇区数)为 63，如图 3-19 所示。

```
Disk Editor
 Object  Edit  Link  View  Info  Tools  Help

|System|Boot|   Starting Location   |    Ending Location    | Relative |Number of|
|      |    |Side Cylinder Sector   |Side Cylinder Sector   | Sectors  | Sectors |
| HPFS | Yes|  1       0        1   | 127    648       63   | 63       | 5233473 |
|unused| No |  0       0        0   |  0      0         0   |        0 |       0 |
|unused| No |  0       0        0   |  0      0         0   |        0 |       0 |
|unused| No |  0       0        0   |  0      0         0   |        0 |       0 |

 Sector 0 of 5,242,879                                  Absolute Sector 0
 Hard Disk 1                                         Offset 454, hex 1C6
```

图 3-19　定位$MFT 受损的分区(查找相对扇区数)

打开绝对扇区 63，如图 3-20 所示。

```
Disk Editor
 Object  Edit  Link  View  Info  Tools  Help
Physical Sector: Absolute Sector 63
00000000:  EB 52 90 4E 54 46 53 20 - 20 20 20 00 02 08 00 00
00000010:  00 00 00 00 00 F8 00 00 - 3F 00 80 00 3F 00 00 00
00000020:  00 00 00 00 80 00 80 00 - 40 DB 4F 00 00 00 00 00
00000030:  00 00 04 00 00 00 00 00 - B4 FD 04 00 00 00 00 00
00000040:  F6 00 00 00 01 00 00 00 - 0E E0 09 D0 1E 0A D0 BC
00000050:  00 00 00 00 FA 33 C0 8E - D0 BC 00 7C FB B8 C0 07
00000060:  8E D8 E8 16 00 B8 00 0D - 8E C0 33 DB C6 06 0E 00
00000070:  10 E8 53 00 68 00 0D 68 - 6A 02 CB 8A 16 24 00 B4
00000080:  08 CD 13 73 05 B9 FF FF - 8A F1 66 0F B6 C6 40 66
00000090:  0F B6 D1 80 E2 3F F7 E2 - 86 CD C0 ED 06 41 66 0F
000000A0:  B7 C9 66 F7 E1 66 A3 20 - 00 C3 B4 41 BB AA 55 8A
000000B0:  16 24 00 CD 13 72 0F 81 - FB 55 AA 75 09 F6 C1 01
000000C0:  74 04 FE 06 14 00 C3 66 - 60 1E 06 66 A1 10 00 66
000000D0:  03 06 1C 00 66 3B 06 20 - 00 0F 82 3A 00 1E 66 6A
000000E0:  00 66 50 06 53 66 68 10 - 00 01 00 80 3E 14 00 00
000000F0:  0F 85 0C 00 E8 B3 FF 80 - 3E 14 00 00 0F 84 61 00
00000100:  B4 42 8A 16 24 00 16 1F - 8B F4 CD 13 66 58 5B 07
00000110:  66 58 66 58 1F EB 2D 66 - 33 D2 66 0F B7 0E 18 00
00000120:  66 F7 F1 FE C2 8A CA 66 - 8B D0 66 C1 EA 10 F7 36
00000130:  1A 00 86 D6 8A 16 24 00 - 8A E8 C0 E4 06 0A CC B8
 Sector 0 of 0                                Absolute Sector 63
 Hard Disk 1                                    Offset 0, hex 0
```

图 3-20　绝对扇区 63(分区引导扇区和 BPB 参数)

从扇区偏移 0x30 处读取 8 个字节，为“00 00 04 00 00 00 00 00”，这就是$MFT 的起始逻辑簇号 0x0000000000040000(64 位整数)，点选“Tools”→“Calculator”可以转换成十进制数 262 144。同理，从扇区偏移 0x38 处读取 8 个字节，得到$MFTMirr 的起始逻辑簇号 0x04FDB4=327 092。从扇区偏移 0x0D 处读取一个字节，得到每簇扇区数为 8。从“Info”→“Drive”可以知道硬盘共 365 柱面，228 磁头，63 扇区。

$MFT 在 262144 簇，即绝对扇区 262 144×8+63=2 097 215。将线性地址 2 097 215 转换成 CHS 几何参数，(2 097 215/(228×63))=146(柱面)，(2 097 215/63)除以 228 的余数为 1(磁头)，2 097 215 除以 63 的余数再加 1 为 9(扇区)。$MFTMirr 在 327 092 簇，即绝对扇区 327 092×8+63=2 616 799。

打开绝对扇区 2 097 215，长度为 8 扇区。可以看到$MFT 的开头都是一些 0 字节，再向后可看到文件名(Unicode)$MFT，如图 3-21 所示。

```
Disk Editor
 Object  Edit  Link  View  Info  Tools  Help
Physical Sector: Absolute Sector 2,097,215
00000000:  00 00 00 00 00 00 00 00 - 00 00 00 00 00 00 00 00 ................
00000010:  00 00 00 00 00 00 00 00 - 00 00 00 00 00 00 00 00 ................
00000020:  00 00 00 00 00 00 00 00 - 00 00 00 00 00 00 00 00 ................
00000030:  00 00 00 00 00 00 00 00 - 00 00 00 00 00 00 00 00 ................
00000040:  00 00 00 00 00 00 00 00 - 00 00 00 00 00 00 00 00 ................
00000050:  00 00 00 00 00 00 00 00 - 00 00 00 00 00 00 00 00 ................
00000060:  00 00 00 00 00 00 00 00 - 00 00 00 00 00 00 00 00 ................
00000070:  00 00 00 00 00 00 00 00 - 00 00 00 00 00 00 00 00 ................
00000080:  00 00 00 00 00 01 00 00 - 00 00 00 00 00 00 00 00 ................
00000090:  00 00 00 00 00 00 00 00 - 30 00 00 00 68 00 00 00 ........0...h...
000000A0:  00 00 18 00 00 00 03 00 - 4A 00 00 00 18 00 01 00 ........J.......
000000B0:  05 00 00 00 00 00 05 00 - F4 60 06 07 85 FE C7 01 ........ſ'.•à■..
000000C0:  F4 60 06 07 85 FE C7 01 - F4 60 06 07 85 FE C7 01 ſ'.•à■..ſ'.•à■..
000000D0:  F4 60 06 07 85 FE C7 01 - 00 40 00 00 00 00 00 00 ſ'.•à■...@......
000000E0:  00 40 00 00 00 00 00 00 - 06 00 00 00 00 00 00 00 .@..............
000000F0:  04 03 24 00 4D 00 46 00 - 54 00 00 00 00 00 00 00 ..$.M.F.T.......
00000100:  80 00 00 00 60 00 00 00 - 01 00 40 00 00 00 01 00 Ç...'.....@.....
00000110:  00 00 00 00 00 00 00 00 - 33 0D 00 00 00 00 00 00 ........3.......
00000120:  40 00 00 00 00 00 00 00 - 00 40 D3 00 00 00 00 00 @........@......
00000130:  00 40 D3 00 00 00 00 00 - 00 40 D3 00 00 00 00 00 .@.......@......
 Sector 0 of 7                              Absolute Sector 2,097,215
 Hard Disk 1                                     Offset 0, hex 0
```

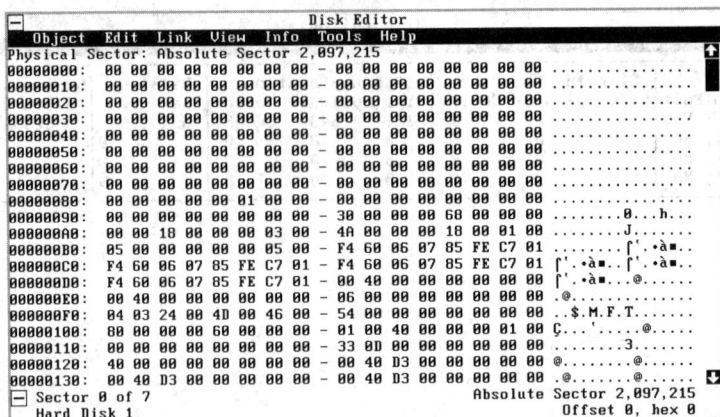

图 3-21　开头受损的 MFT

向下翻页，可以看到第 2 个 1 KB 的文件记录(绝对扇区 2 097 217)正常，开头有“FILE”字样，文件名(Unicode)为$MFTMirr，如图 3-22 所示。

```
Disk Editor
 Object  Edit  Link  View  Info  Tools  Help
000001D0:  00 00 00 00 00 00 00 00 - 00 00 00 00 00 00 00 00 ................
000001E0:  00 00 00 00 00 00 00 00 - 00 00 00 00 00 00 00 00 ................
000001F0:  00 00 00 00 00 00 00 00 - 00 00 00 00 00 00 76 00 ..............v.
Physical Sector: Absolute Sector 2,097,217
00000000:  46 49 4C 45 30 00 03 00 - 2D 0F 40 00 00 00 00 00 FILE0...-.@.....
00000010:  01 00 01 00 38 00 01 00 - 58 01 00 00 00 04 00 00 ....8...X.......
00000020:  00 00 00 00 00 00 00 00 - 04 00 00 00 01 00 00 00 ................
00000030:  76 00 00 00 00 00 00 00 - 10 00 00 00 60 00 00 00 v...........'...
00000040:  00 00 18 00 00 00 00 00 - 48 00 00 00 18 00 00 00 ........H.......
00000050:  F4 60 06 07 85 FE C7 01 - F4 60 06 07 85 FE C7 01 ſ'.•à■..ſ'.•à■..
00000060:  F4 60 06 07 85 FE C7 01 - F4 60 06 07 85 FE C7 01 ſ'.•à■..ſ'.•à■..
00000070:  06 00 00 00 00 00 00 00 - 00 00 00 00 00 00 00 00 ................
00000080:  00 00 00 00 00 01 00 00 - 00 00 00 00 00 00 00 00 ................
00000090:  00 00 00 00 00 00 00 00 - 30 00 00 00 70 00 00 00 ........0...p...
000000A0:  00 00 18 00 00 00 02 00 - 52 00 00 00 18 00 01 00 ........R.......
000000B0:  05 00 00 00 00 00 05 00 - F4 60 06 07 85 FE C7 01 ........ſ'.•à■..
000000C0:  F4 60 06 07 85 FE C7 01 - F4 60 06 07 85 FE C7 01 ſ'.•à■..ſ'.•à■..
000000D0:  F4 60 06 07 85 FE C7 01 - 00 10 00 00 00 00 00 00 ſ'.•à■..........
000000E0:  00 10 00 00 00 00 00 00 - 06 00 00 00 00 00 00 00 ................
000000F0:  08 03 24 00 4D 00 46 00 - 54 00 4D 00 69 00 72 00 ..$.M.F.T.M.i.r.
00000100:  72 00 00 00 00 00 00 00 - 80 00 00 00 48 00 00 00 r.......Ç...H...
 Sector 1 of 7                              Absolute Sector 2,097,216
 Hard Disk 1                                 Offset 480, hex 1E0
```

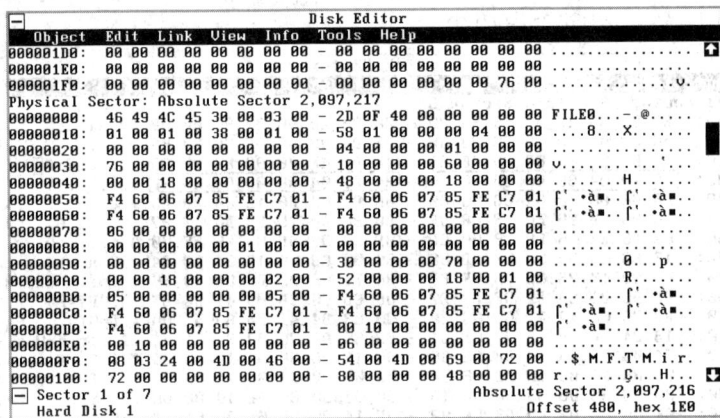

图 3-22　MFT 第 2 个记录$MFTMirr

打开绝对扇区 2 616 799，长度为 8 扇区(4 个记录)，可以看到$MFTMirr 包含了主文件表前 4 个记录的完整备份，如图 3-23 所示。

```
Disk Editor
 Object  Edit  Link  View  Info  Tools  Help
Physical Sector: Absolute Sector 2,616,799
00000000:  46 49 4C 45 30 00 03 00 - 6B 2B BB 03 00 00 00 00 FILE0...k+╗.....
00000010:  01 00 01 00 38 00 01 00 - B0 01 00 00 00 04 00 00 ....8...........
00000020:  00 00 00 00 00 00 00 00 - 06 00 00 00 00 00 00 00 ................
00000030:  76 00 00 00 00 00 00 00 - 10 00 00 00 60 00 00 00 v...........'...
00000040:  00 00 18 00 00 00 00 00 - 48 00 00 00 18 00 00 00 ........H.......
00000050:  F4 60 06 07 85 FE C7 01 - F4 60 06 07 85 FE C7 01 ſ'.•à■..ſ'.•à■..
00000060:  F4 60 06 07 85 FE C7 01 - F4 60 06 07 85 FE C7 01 ſ'.•à■..ſ'.•à■..
00000070:  06 00 00 00 00 00 00 00 - 00 00 00 00 00 00 00 00 ................
00000080:  00 00 00 00 00 01 00 00 - 00 00 00 00 00 00 00 00 ................
00000090:  00 00 00 00 00 00 00 00 - 30 00 00 00 68 00 00 00 ........0...h...
000000A0:  00 00 18 00 00 00 03 00 - 4A 00 00 00 18 00 01 00 ........J.......
000000B0:  05 00 00 00 00 00 05 00 - F4 60 06 07 85 FE C7 01 ........ſ'.•à■..
000000C0:  F4 60 06 07 85 FE C7 01 - F4 60 06 07 85 FE C7 01 ſ'.•à■..ſ'.•à■..
000000D0:  F4 60 06 07 85 FE C7 01 - 00 40 00 00 00 00 00 00 ſ'.•à■...@......
000000E0:  00 40 00 00 00 00 00 00 - 06 00 00 00 00 00 00 00 .@..............
000000F0:  04 03 24 00 4D 00 46 00 - 54 00 00 00 00 00 00 00 ..$.M.F.T.......
00000100:  80 00 00 00 60 00 00 00 - 01 00 40 00 00 00 01 00 Ç...'.....@.....
00000110:  00 00 00 00 00 00 00 00 - 33 0D 00 00 00 00 00 00 ........3.......
00000120:  40 00 00 00 00 00 00 00 - 00 40 D3 00 00 00 00 00 @........@......
00000130:  00 40 D3 00 00 00 00 00 - 00 40 D3 00 00 00 00 00 .@.......@......
 Sector 0 of 7                              Absolute Sector 2,616,799
 Hard Disk 1                                     Offset 0, hex 0
```

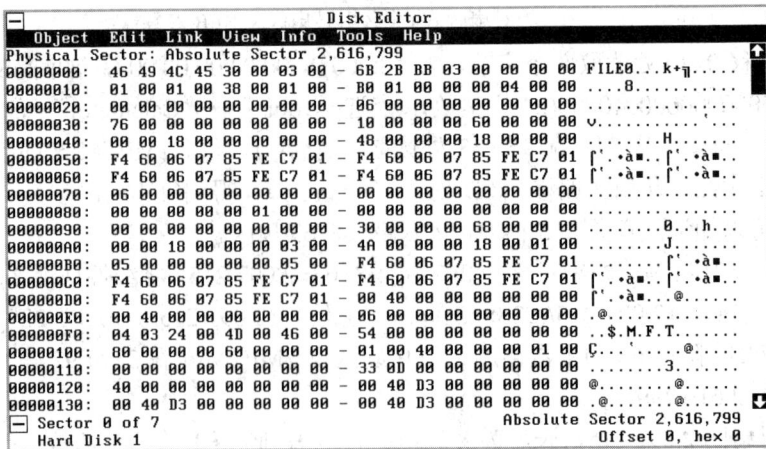

图 3-23　$MFTMirr 包含了主文件表前 4 个记录的备份

点选“Tools”→“Write Object to”，写入物理扇区，目标位置为 146 柱面、1 磁头(盘面)、9 扇区，用这 8 个扇区的备份覆盖$MFT 开头的 4 个记录。覆盖后，再次打开绝对扇区 2 097 215，可发现$MFT 已经修复，如图 3-24 所示。

```
[]                                   Disk Editor
    Object   Edit   Link   View   Info   Tools   Help
Physical Sector: Absolute Sector 2,097,215
00000000:  46 49 4C 45 30 00 03 00 - 6B 2B BB 03 00 00 00 00  FILE0.♥.k+╗♥....
00000010:  01 00 01 00 38 00 01 00 - B0 01 00 00 00 04 00 00  ☺.☺.8.☺.░☺...♦..
00000020:  00 00 00 00 00 00 00 00 - 06 00 00 00 00 00 00 00  ........♠.......
00000030:  76 00 00 00 00 00 00 00 - 10 00 00 00 60 00 00 00  v.......►...`...
00000040:  00 00 18 00 00 00 00 00 - 48 00 00 00 18 00 00 00  ..↑.....H...↑...
00000050:  F4 60 06 07 85 FE C7 01 - F4 60 06 07 85 FE C7 01  ⌠`♠•à■╟☺⌠`♠•à■╟☺
00000060:  F4 60 06 07 85 FE C7 01 - F4 60 06 07 85 FE C7 01  ⌠`♠•à■╟☺⌠`♠•à■╟☺
00000070:  06 00 00 00 00 00 00 00 - 00 00 00 00 00 00 00 00  ♠...............
00000080:  00 00 00 00 00 01 00 00 - 00 00 00 00 00 00 00 00  .....☺..........
00000090:  00 00 00 00 00 00 00 00 - 30 00 00 00 68 00 00 00  ........0...h...
000000A0:  00 00 18 00 00 00 03 00 - 4A 00 00 00 18 00 01 00  ..↑...♥.J...↑.☺.
000000B0:  05 00 00 00 00 00 05 00 - F4 60 06 07 85 FE C7 01  ♣.....♣.⌠`♠•à■╟☺
000000C0:  F4 60 06 07 85 FE C7 01 - F4 60 06 07 85 FE C7 01  ⌠`♠•à■╟☺⌠`♠•à■╟☺
000000D0:  F4 60 06 07 85 FE C7 01 - 00 40 00 00 00 00 00 00  ⌠`♠•à■╟☺.@......
000000E0:  00 40 00 00 00 00 00 00 - 06 00 00 00 00 00 00 00  .@......♠.......
000000F0:  04 03 24 00 4D 00 46 00 - 54 00 00 00 00 00 00 00  ♦♥$.M.F.T.......
00000100:  80 00 00 00 60 00 00 00 - 01 00 40 00 00 00 01 00  Ç...`...☺.@...☺.
00000110:  00 00 00 00 00 00 00 00 - 33 0D 00 00 00 00 00 00  ........3♪......
00000120:  40 00 00 00 00 00 00 00 - 00 40 D3 00 00 00 00 00  @........@╙.....
00000130:  00 40 D3 00 00 00 00 00 - 00 40 D3 00 00 00 00 00  .@╙......@╙.....
    Sector 0 of 7                                  Absolute Sector 2,097,215
    Hard Disk 1                                            Offset 0, hex 0
```

图 3-24 修复后的$MFT

再次启动计算机，发现 Windows XP 系统可正常启动。

NTFS 元文件损坏会导致分区无法访问，但同时操作系统要正确引导，操作系统的系统文件必须安全。

对于 Windows 95/98/ME，这些文件是 msdos.sys、config.sys、autoexec.bat、system.ini、system.dat 和 user.dat 等；对于 Windows NT/2000/XP，这些文件是 NTLDR、ntdetect.com 和 boot.ini(位于引导卷的根目录)，注册表文件即 SAM、SECURITY、SYSTEM 和 SOFTWARE 等。如果这些文件被删除，或受损，或被病毒破坏，Windows 将不能引导，将会出现错误消息“NTLDR is missing”。

因此，恢复进程的下一步是检查这些系统文件是否存在且完好。(当然，不可能全部都检查，但至少必须检查 NTLDR、ntdetect.com 和 boot.ini，因为大多数问题是由这几个文件引起的。)

若在 Windows 95/98/ME 下操作，可以启动到 Command Prompt 模式，或者从启动盘启动，在命令行下检查系统文件或者在第三方恢复软件帮助下进行；若在 Windows NT/2000/XP 下，可以使用紧急修复进程、恢复控制台或第三方恢复软件。

1) 紧急修复进程

要执行紧急修复进程，需要紧急修复磁盘(ERD)。推荐在安装定制 Windows 后生成这个磁盘。要生成该盘，可以使用系统工具中的“备份”实用工具。使用 ERD 可以修复受损的引导扇区、MBR，修复或者替换受损的 NT 引导器(NTLDR)和 ntdetect.com 文件。

如果没有 ERD，紧急修复进程会试图定位你的 Windows 安装并开始修复你的系统，但这不一定可行。

要运行该进程，从可引导的 Windows 磁盘或 CD 启动，当系统提示安装还是修复时选择修复选项，然后按 R 键运行紧急修复进程并选择快速或者手动修复选项。建议一般用户选择快速修复，手动修复只适于管理员或者高级用户。

如果紧急修复进程成功，机器会自动重启并且系统也可以工作了。

2) 恢复控制台

恢复控制台是一个类似MS-DOS命令行的命令行实用工具，可以列举并显示文件夹内容，拷贝、删除、替换文件，格式化驱动器和执行很多其他的管理任务。

要运行恢复控制台，应从可引导的Windows磁盘或CD启动，当系统提示安装还是修复时选择修复选项并按C键来运行恢复控制台，随之出现要登录到哪个系统的提问并会要求输入管理员密码。登录后，会显示驱动器的内容，如图3-25所示，可检查关键文件是否存在并完好，若它们被意外删除，则应拷贝回来。

```
C:\>dir
 The volume in drive C has no label
 The volume Serial Number is c446-ec10

 Directory of C:\

03/10/02  01:12p  d-------         0 ActiveUndelete
10/14/01  04:14a  -a------         0 AUTOEXEC.BAT
10/14/01  04:57a  -ar-s---       288 boot.ini
10/14/01  04:14a  -a------         0 CONFIG.SYS
04/10/02  11:20a  d-------         0 Far
03/22/02  02:15p  -a------       265 INSTALL.LOG
10/14/01  04:14a  -arhs---         0 IO.SYS
03/10/02  01:26p  -a---c--   6555648 MFT.DAT
02/04/02  12:16p  d-------         0 Microsoft Visual Studio
10/14/01  04:14a  -arhs---         0 MSDOS.SYS
10/14/01  06:29p  d-------         0 Multimedia Files
10/14/01  06:20p  -arhs---     26800 NTDETECT.COM
10/14/01  06:20p  -arhs---    156496 ntldr
10/14/01  06:20p  -a------    156496 ntldr.bak
03/15/02  12:37p  d-------         0 Platform SDK
03/14/02  05:24p  d-------         0 Program Files
11/26/01  01:55p  d--hs---         0 RECYCLED
03/14/02  05:29p  d--hs---         0 RECYCLER
04/23/02  10:37a  d-------         0 Temp
04/10/02  10:50a  d-------         0 Test
04/11/02  08:49p  d-------         0 WinHex
02/25/02  11:57a  d-------         0 WINNT
       22 file(s)    6895993 bytes
       224803328 bytes free

C:\>copy a:\ntldr c:\
```

图3-25　显示驱动器内容

3) 恢复软件

第三方恢复软件通常不允许处理系统文件以防止对系统造成进一步的破坏，但是可以使用它们检查系统文件是否完好。

3.3.3　一般文件的恢复

在NTFS下，对于一般文件的恢复，同样可以使用EasyRecovery和FinalData之类的软件，它们在NTFS下的操作方法和在FAT32下的类似，因此，对于使用工具软件进行一般文件的恢复，此处不再讲解。

这里主要介绍在不使用自动恢复工具的情况下，如何通过对磁盘数据的扫描和分析来手工恢复NTFS卷的文件。为了能够更清晰地了解NTFS下一般文件的恢复和FAT32下恢复的异同，以下通过一个例子中的对比来进行分析。

文件恢复过程可以简单描述为扫描驱动器或文件夹，以找到根文件夹(FAT)或主文件表(NTFS)被删除的入口，然后对指定的被删除的入口定义恢复的簇链，再将这些簇的内容拷贝到新建的文件中。

不同的文件系统维护其特定的逻辑数据结构，但基本上每种文件系统都包括：

① 有文件入口的列表或者目录，所以可以枚举这些带删除标记的列表和入口；

② 为每个入口保留数据簇的列表，所以可以试着找出这些簇的集合重新组合成文件。

在找出正确的文件入口和簇的集合后，组合成文件，读取并拷贝这些簇到其他地方。

我们用例子一步一步来看：对已删除的入口扫描磁盘，给被删除的入口定义簇链和进行簇链恢复。

然而，并非每个被删除的文件都可以被恢复，须满足以下条件：

(1) 假定文件入口依然存在(没有被其他数据覆盖)。被删除文件所在驱动器新建的文件越少，被删除文件入口使用的空间未被其他入口使用的机会越大。

(2) 假定文件入口所指向的一定的文件簇所在地有更多或更少的安全性。在某些情形下(已知在 Windows XP 的 FAT32 大卷下)，操作系统在删除文件时立刻销毁文件入口以至于第一个数据簇变得无效，从而进一步的入口恢复变得不可能。

(3) 假定文件数据簇完好(未被其他数据覆盖)。被删除文件所在驱动器上写的操作越少，被删除文件数据簇占用的空间未被其他数据存储使用的机会越大。

数据丢失后的通用建议：

(1) 不要在刚刚意外删除重要数据的驱动器中写入任何东西！甚至安装数据恢复软件也可能破坏所需要的数据。如果数据非常重要且没有其他的逻辑驱动器用来安装软件，就把整个硬盘从计算机上拆下来，装到另一台已经安装数据恢复软件的机器上进行数据恢复。

(2) 不要试着把找到的和试着恢复的数据保存到相同的驱动器上！当已恢复的数据保存到敏感数据所在的相同的驱动器上时，可能正好覆盖了 FAT/MFT 记录和其他被删除的入口而破坏了恢复进程。因此，最好把数据保存到其他盘上。

1．对已删除的入口磁盘扫描

磁盘扫描是对根文件夹(FAT12、FAT16、FAT32)或主文件表(NTFS、NTFS5.0)中所有入口进行枚举的一个底层操作，目的是找到并显示被删除的入口。

尽管不同的文件系统有不同的文件/文件夹入口结构，但它们都包含着基本的文件属性，如文件名、大小、创建和修改的日期/时间，文件属性，存在/删除状态等。

给定一个驱动器，包含有根文件表和任何有位置、大小和预定义结构的文件表(MFT，驱动器根文件夹，普通文件夹，甚至是删除的文件夹)，可以从头至尾扫描每个入口，不论它是已删除的或未删除的，然后显示所有找到的已删除的入口的信息。

随着文件系统的不同，被删除的入口标记也不同。例如，FAT 的任何已删除入口、文件或者文件夹都会将入口的第一个字符标记成 ASCII 字符 229 (0xE5)。在 NTFS 上，已删除的入口在文件头中有一个特殊的属性用来指示文件是否已经删除。

例如：扫描 FAT16 文件夹。

(1) 存在的文件夹 MyFolder 的入口(长文件名入口和短文件名入口)，如图 3-26 所示。

```
0003EE20    41 4D 00 79 00 46 00 6F  00 6C 00 0F 00 09 64 00    AM.y.F.o.l....d.
0003EE30    65 00 72 00 00 00 FF FF  FF FF 00 00 FF FF FF FF    e.r...yyyy..yyyy
0003EE40    4D 59 46 4F 4C 44 45 52  20 20 20 10 00 4A C4 93    MYFOLDER   ..JA“
0003EE50    56 2B 56 2B 00 00 C5 93  56 2B 02 00 00 00 00 00    V+V+..A“V+......
```

图 3-26　文件夹 MyFolder 入口

(2) 被删除的文件 MyFile.txt 的入口(长文件名入口和短文件名入口)，如图 3-27 所示。

```
0003EE60    E5 4D 00 79 00 46 00 69  00 6C 00 0F 00 BA 65 00    aM.y.F.i.l...?e.
0003EE70    2E 00 74 00 78 00 74 00  00 00 00 00 FF FF FF FF    ..t.x.t.....yyyy
0003EE80    E5 59 46 49 4C 45 20 20  54 58 54 20 00 C3 D6 93    aYFILE  TXT .AO“
0003EE90    56 2B 56 2B 00 00 EE 93  56 2B 03 00 33 B7 01 00    V+V+..i“V+..3•..
```

图 3-27　文件 MyFile.txt 入口

(3) 存在的文件 Setuplog.txt 的入口(只有短文件名入口)，如图 3-28 所示。

```
0003EEA0    53 45 54 55 50 4C 4F 47  54 58 54 20 18 8C F7 93    SETUPLOGTXT .??“
0003EEB0    56 2B 56 2B 00 00 03 14  47 2B 07 00 8D 33 03 00    V+V+....G+..?3..
0003EEC0    00 00 00 00 00 00 00 00  00 00 00 00 00 00 00 00    ................
0003EED0    00 00 00 00 00 00 00 00  00 00 00 00 00 00 00 00    ................
```

图 3-28　文件 Setuplog.txt 入口

这个根目录表包含 3 个入口，其中 1 个已经被删除了。第 1 个入口是存在的文件夹 MyFolder，第 2 个是被删除的文件 MyFile.txt，第 3 个是存在的文件 Setuplog.txt。

被删除的文件入口的第一个字符标记为 E5 字符，因此磁盘扫描器会认为这个入口已经删除了。

例如：扫描 NTFS 5.0(Windows 2000)文件夹。

考察的驱动器的入口参数如下：

总扇区数为 610 406；扇区大小为 512 字节；每簇 1 个扇区；MFT 起始偏移地址为 0x4000，且是未分段的；MFT 记录大小为 1024 字节；MFT 大小为 1968 个记录。

因此可以遍历所有 1968 个 MFT 记录，从卷的绝对偏移 0x4000 开始查找已删除的入口。锁定 57 号 MFT 入口(偏移 0x4000+57×1024 = 74 752 = 0x12400)，因为它包含了最近删除的文件“My Presentation.ppt”。

MFT 记录号#57 显示如图 3-29 所示。

MFT 记录有预定义的结构，它用属性集合来定义任何文件夹中文件的参数。

MFT 记录由标准文件记录头开始(第一个粗体部分，偏移 0x00)，如表 3-7 所示。

表 3-7　MFT 文件记录头部的结构布局

偏　移	长度/字节	描　　述
0x00	4	“FILE”标识符
0x04	2	更新序列号偏移
0x06	2	更新序列号大小
0x08	8	日志文件($LogFile)序列号(LSN)
0x10	2	序列号
0x12	2	硬连接数
0x14	2	第一个属性的偏移地址
0x16	2	标志字段，1 表示记录使用中，2 表示该记录为目录
0x18	4	文件记录实际大小
0x1C	4	文件记录分配大小
0x20	8	所对应的基本文件记录的文件参考号
0x28	2	下一个属性 ID
0x2A	2	边界，Windows XP 中使用
0x2C	4	Windows XP 中使用，本 MFT 记录号

```
偏移地址     0  1  2  3  4  5  6  7   8  9  A  B  C  D  E  F
00012400    46 49 4C 45 2A 00 03 00  9C 74 21 03 00 00 00 00    FILE*...?t!.....
00012410    47 00 02 00 30 00 00 00  D8 01 00 00 00 04 00 00    G...0...0.......
00012420    00 00 00 00 00 00 00 00  05 00 03 00 00 00 00 00    ................
00012430    10 00 00 00 60 00 00 00  00 00 00 00 00 00 00 00    ....`...........
00012440    48 00 00 00 18 00 00 00  20 53 DD A3 18 F1 C1 01    H....... SY?.nA.
00012450    00 30 2B D8 48 E9 C0 01  C0 BF 20 A0 18 F1 C1 01    .0+OHeA.A?  .nA.
00012460    20 53 DD A3 18 F1 C1 01  20 00 00 00 00 00 00 00     SY?.nA. .......
00012470    00 00 00 00 00 00 00 00  00 00 00 00 02 01 00 00    ................
00012480    00 00 00 00 00 00 00 00  00 00 00 00 00 00 00 00    ................
00012490    30 00 00 00 78 00 00 00  00 00 00 00 00 00 03 00    0...x...........
000124A0    5A 00 00 00 18 00 01 00  05 00 00 00 00 00 05 00    Z...............
000124B0    20 53 DD A3 18 F1 C1 01  20 53 DD A3 18 F1 C1 01     SY?.nA. SY?.nA.
000124C0    20 53 DD A3 18 F1 C1 01  20 53 DD A3 18 F1 C1 01     SY?.nA. SY?.nA.
000124D0    00 00 00 00 00 00 00 00  00 00 00 00 00 00 00 00    ................
000124E0    20 00 00 00 00 00 00 00  0C 02 4D 00 59 00 50 00     .........M.Y.P.
000124F0    52 00 45 00 53 00 7E 00  31 00 2E 00 50 00 50 00    R.E.S.~.1...P.P.
00012500    54 00 69 00 6F 00 6E 00  30 00 00 00 80 00 00 00    T.i.o.n.0...€...
00012510    00 00 00 00 00 00 02 00  68 00 00 00 18 00 01 00    ........h.......
00012520    05 00 00 00 00 00 05 00  20 53 DD A3 18 F1 C1 01    ........ SY?.nA.
00012530    20 53 DD A3 18 F1 C1 01  20 53 DD A3 18 F1 C1 01     SY?.nA. SY?.nA.
00012540    20 53 DD A3 18 F1 C1 01  00 00 00 00 00 00 00 00     SY?.nA.........
00012550    00 00 00 00 00 00 00 00  20 00 00 00 00 00 00 00    ........ .......
00012560    13 01 4D 00 79 00 20 00  50 00 72 00 65 00 73 00    ..M.y. .P.r.e.s.
00012570    65 00 6E 00 74 00 61 00  74 00 69 00 6F 00 6E 00    e.n.t.a.t.i.o.n.
00012580    2E 00 70 00 70 00 74 00  80 00 00 00 48 00 00 00    ..p.p.t.€...H...
00012590    01 00 00 00 00 00 04 00  00 00 00 00 00 00 00 00    ................
000125A0    6D 00 00 00 00 00 00 00  40 00 00 00 00 00 00 00    m.......@.......
000125B0    00 DC 00 00 00 00 00 00  00 DC 00 00 00 00 00 00    .U.......U......
000125C0    00 DC 00 00 00 00 00 00  31 6E EB C4 04 00 00 00    .U......1neA....
000125D0    FF FF FF FF 82 79 47 11  00 00 00 00 00 00 00 00    yyyy, yG........
000125E0    00 00 00 00 00 00 00 00  00 00 00 00 00 00 00 00    ................
000125F0    00 00 00 00 00 00 00 00  00 00 00 00 00 00 03 00    ................
........    ....
00012600    00 00 00 00 00 00 00 00  00 00 00 00 00 00 00 00    ................
```

图 3-29　MFT 记录号#57

对我们而言，这块数据中最重要的信息是文件状态(标志字段，偏移 0x16)：删除的还是在使用的。如果标志字段(带阴影底纹的 2 个字节)置 1，则意味着文件正在使用。在例中它为 0，即文件是删除的。

从这块数据中还可以知道，第一个属性的偏移地址(偏移 0x14)为 0x30。所有的属性流都由属性头部和属性值组成，对于标准属性也一样，有一个标准的属性头，之后是标准属性的属性值。标准属性的属性头结构如表 3-8 所示。

表 3-8　标准属性的属性头结构

偏　移	长度/字节	描　　述
0x00	4	属性类型(10H，标准属性)
0x04	4	总长度(0x60，包括标准属性头部本身)
0x08	1	非常驻标志
0x09	1	属性名的名称长度
0x0A	2	属性名的名称偏移
0x0C	2	标志(似乎已经不再使用，统一放在文件属性中)
0x0E	2	标识
0x10	4	属性长度(L)
0x14	2	属性内容起始偏移
0x16	1	索引标志
0x17	1	填充
0x18	L	从此处开始的 L 字节为属性值

从 0x48(即 0x30+0x18)开始是标准信息属性(第二个粗体部分，长度 L=0x48)，如表 3-9 所示。

表 3-9 标准信息属性的属性结构

偏 移	长度/字节	操作系统	描 述
~	~		标准属性的属性头(已经分析过)
0x00	8		C TIME——文件创建时间
0x08	8		A TIME——文件修改时间
0x10	8		M TIME——MFT 变化时间
0x18	8		R TIME——文件访问时间
0x20	4		文件属性(按照 DOS 术语来称呼)
0x24	4		文件所允许的最大版本号(0 表示未使用)
0x28	4		文件的版本号(最大版本号为 0，则也为 0)
0x2C	4		类 ID(一个双向的类索引)
0x30	4	Windows 2000	所有者 ID
0x34	4	Windows 2000	安全 ID
0x38	8	Windows 2000	本文件所占用的字节数，它是文件所有流占用的总字节数，为 0 表示未使用磁盘配额
0x40	8	Windows 2000	更新系列号(USN)

紧随标准信息属性之后的是文件名属性，文件名属性也一定是常驻属性，用于存储文件名。如$AttrDef 中定义，其大小从 68～578 字节不等，与最大文件名为 255 个 Unicode 字符相对应。文件名属性同样由一个标准的属性头和可变长度的属性内容两部分组成，其头部结构与标准属性的头部结构相同，属性类型为 30H。

接着标准属性头，有属于 DOS 命名空间(标志字节 0x02)的文件名属性、短文件名(带下划线部分，偏移 0xA8，即 0x30+0x60+0x18)。之后，有属于 Win32 命名空间(标志字节 0x01)的文件名属性、长文件名(带下划线部分，偏移 0x120，即 0x30+0x60+0x78+0x18)，如表 3-10 所示。

表 3-10 文件名属性的结构布局

偏 移	长度/字节	描 述
~	~	标准的属性头结构(参照表 3-7)
0x00	8	父目录的文件参考号
0x08	8	文件创建时间
0x10	8	文件修改时间
0x18	8	最后一次的 MFT 更新时间
0x20	8	最后一次的访问时间
0x28	8	文件分配大小
0x30	8	文件实际大小
0x38	4	标志，如目录、压缩、隐藏等
0x3C	4	用于 EAs(扩展属性)和 Reparse(重解析点)
0x40	1	以字符计的文件名长度 L，每字符占用字节数由下一字节命名空间确定，一个字节长度，所以文件名最大为 255 字符
0x41	1	文件名命名空间
0x42	2L	以 Unicode 方式表示的文件名

在这个部分可以解析出文件名“My Presentation.ppt”、文件创建和修改时间以及根目录记录数。

从偏移 0x188(即 0x30+0x60+0x78+0x80)开始，有一个非常驻数据属性(带阴影底纹的 5 行)。数据流属性同样由标准属性头和属性内容组成，由于此处的数据流为未命名非常驻属性，所以其属性头结构与前面的标准属性和文件名属性的标准属性头结构不同，其结构如表 3-11 所示。

表 3-11　数据流属性的属性头结构

偏　移	长度/字节	描　　述
0x00	4	属性类型(0x80，数据流属性)
0x04	4	属性长度(包括本头部的总大小)
0x08	1	非常驻标志 0x01，此处就表示数据流非常驻
0x09	1	名称长度，在$AttrDef 中定义，所以名称长度为 0
0x0A	2	名称偏移
0x0C	2	标志 Flag(用于指示压缩、加密、稀疏)
0x0E	2	标识(属性 ID)
0x10	8	起始 VCN
0x18	8	结束 VCN
0x20	2	数据运行的偏移
0x22	2	压缩单元大小
0x24	4	填充
0x28	8	为属性值分配大小(按分配的簇的字节数计算)
0x30	8	属性值实际大小
0x38	8	属性值压缩大小
0x40	…	数据运行

在该部分，我们关注压缩单元大小(0 意味着未压缩)，属性分配的和真实的大小等于文件大小(0xDC00 = 56 320 B)和数据运行(见下一个部分)。关于 NTFS 文件系统结构分析更详细的情况，读者可以参考《数据恢复技术(第 2 版)》(戴士剑，涂彦晖，电子工业出版社，2005)。

2. 为已删除的入口定义簇链

要定义簇链，就需要扫描磁盘，一个接一个地遍历所有属于该文件的文件簇(NTFS)或空闲簇(FAT)，直到选择的簇大小等于文件大小。如果文件是不连续的，则簇链由若干个运行组成(NTFS 情形)，或获取的簇跨越了已占用的簇(FAT 情形)。

簇的位置随文件系统不同而不同。例如，FAT 卷已删除的文件在根入口包含首簇号，其他簇号在文件分配表中。在 NTFS 卷，每个文件用_DATA_属性来描述“数据运行”。数据运行分解成“扩展”，对每个扩展我们有起始簇偏移和扩展中的簇号，从而列举扩展，可以组成文件的簇链。

可以试着用底层磁盘编辑器手工定义簇链，但是使用类似 Active@ UNERASER 那样的数据恢复工具要简单得多。

1) 在 FAT16 下定义簇链

此处继续前一个已删除的文件 MyFile.txt，如图 3-30 所示。

```
0003EE60    E5 4D 00 79 00 46 00 69  00 6C 00 0F 00 BA 65 00    aM.y.F.i.l...?e.
0003EE70    2E 00 74 00 78 00 74 00  00 00 00 00 FF FF FF FF    ..t.x.t.....yyyy
0003EE80    E5 59 46 49 4C 45 20 20  54 58 54 20 00 C3 D6 93    aYFILE  TXT .AO “
0003EE90    56 2B 56 2B 00 00 EE 93  56 2B 03 00 33 B7 01 00    V+V+..i “V+..3•..
```

图 3-30　已删除文件 MyFile.txt

根据根入口结构可以计算已删除的文件的大小。最后 4 个字节是 33 B7 01 00，转换成十进制(先改变字节顺序)，得到 112 435 字节。向前 2 个字节(03 00)是被删除文件的首簇号。重复前述转换，得到数字 03——这是文件的起始簇。

此时，可以从已删除文件 MyFile.txt 的文件分配表得到图 3-31。

```
Offset      0  1  2  3  4  5  6  7   8  9  A  B  C  D  E  F
00000200    F8 FF FF FF FF FF 00 00  00 00 00 00 00 00 08 00    oyyyyy..........
00000210    09 00 0A 00 0B 00 0C 00  0D 00 FF FF 00 00 00 00    ..........yy....
00000220    00 00 00 00 00 00 00 00  00 00 00 00 00 00 00 00    ................
```

图 3-31　已删除文件 MyFile.txt 的文件分配表项

零，这是我们所期望的情形——意味着这些簇未被占用，即我们的文件多半没有被其他文件的数据覆盖。现在我们有了簇链 03、04、05、06，可准备恢复文件。

说明：

(1) 从偏移 6 开始查看，因为 FAT16 每个簇号占用 2 个字节，此处的文件从第 3 簇开始，即 3×2=6。

(2) 考虑了 4 个簇，因为磁盘上簇大小是 32 KB，此处的文件大小是 112 435 字节，即 3 个簇×32 KB/簇 = 96 KB。

(3) 假定这个文件不是碎片化的，即所有簇连续分配。我们需要 4 个簇，而确实已经找到了 4 个空闲的连续簇，因此这个假定听起来合理，尽管真实的情况下这可能不是事实。

很多情况下文件数据不能成功恢复，因为簇链不能得到定义。多数情形下，对被删除文件所在的分区写入了其他的数据(文件、文件夹)。

2) 在 NTFS 下定义簇链

在 NTFS 卷上恢复时，称为数据运行的 DATA 属性的一部分告诉我们关于文件簇的位置。多数情况下 DATA 属性保存在 MFT 记录的内部，所以如果从 MFT 记录找到被删除的文件，就很有可能决定簇链。

下面的例子中，DATA 属性标记为斜体，里面的数据运行标记为粗体，如图 3-32 所示。

```
Offset      0  1  2  3  4  5  6  7   8  9  A  B  C  D  E  F
00012580    2E 00 70 00 70 00 74 00  80 00 00 00 48 00 00 00    ..p.p.t.Ђ...H...
00012590    01 00 00 00 00 00 04 00  00 00 00 00 00 00 00 00    ................
000125A0    6D 00 00 00 00 00 00 00  40 00 00 00 00 00 00 00    m.......@.......
000125B0    00 DC 00 00 00 00 00 00  00 DC 00 00 00 00 00 00    .U.......U......
000125C0    00 DC 00 00 00 00 00 00  31 6E EB C4 04 00 00 00    .U......1neA....
000125D0    FF FF FF FF 82 79 47 11  00 00 00 00 00 00 00 00    yyyy, yG........
```

图 3-32　DATA 属性

数据运行需要解密。第 1 个字节(0x31)表明了运行的长度(此处为 0x1)和第 1 个簇的簇号使用多少字节(该例为 0x3)。接着，用 1 个字节(0x6E)指出运行的长度。然后，选 3 个字节指示起始簇偏移(EB C4 04)。改变字节顺序后我们得到文件起始簇 312 555(等于 0x04C4EB)。从这个簇开始，选择 110 个簇(等于 0x6E)。

从下一字节(0x00)得知没有更多的数据运行存在了。例中文件不是碎片化的，所以只有一个数据运行。

检查一下是否有了关于这个文件数据的足够信息？簇大小是 512 字节；有 110 个簇，110×512 = 56 320 字节。文件大小定义为 56 320 字节，因此有足够的信息来恢复该文件的簇。

3. 为已删除入口恢复簇链

簇链定义后，自动或手动，剩余的唯一任务是读取并保存定义的簇链的内容到其他地方来验证内容。

有了簇链后，可以用标准的公式计算每个簇相对于驱动器的偏移。此后可从计算的偏移位置拷贝相当于簇大小的数据到新建的文件。对于最后一个簇不拷贝整个簇，而是从文件大小减去已拷贝的簇数乘以簇大小得到的余数。计算簇偏移的公式随文件系统而不同。例如，为了计算 FAT 的簇偏移需要知道引导扇区大小，FAT 表的备份数，每一个 FAT 的大小，主要的根文件夹大小，每簇扇区数和每个扇区字节数。

在 NTFS 上有线性空间，所以可以类似簇号乘以簇大小来计算簇偏移。

1) FAT16 分区上的簇链恢复

继续前一个已被删除的文件 MyFile.txt 的例子。

现在有了簇链 03、04、05、06，准备恢复。我们使用的簇包括 64 个扇区，扇区大小为 512 B，因此簇大小为 64×512 = 32 768 B = 32 KB。第一个数据扇区是 535(有 1 个引导扇区，加上 2 份 FAT，每份 FAT 为 251 扇区，再加根文件夹的 32 个扇区，总共 534 个扇区为系统数据)。FAT 中簇号不包含 0 和 1，因此第一个数据簇为 2。簇号 3 在第 2 簇之后，在第一个数据扇区之后 64 个扇区，即 535 + 64 = 599 扇区，等于从驱动器起始偏移 306 668 字节(十六进制 0x4AE00)。

使用底层磁盘查看器(Active@ UNERASER 就是一个)，可以从偏移 0x4AE00(第 3 簇或第 599 扇)看到图 3-33 所示的数据。

```
Offset      0  1  2  3  4  5  6  7   8  9  A  B  C  D  E  F
0004AE00    47 55 49 20 6D 6F 64 65  20 53 65 74 75 70 20 68    GUI mode Setup h
0004AE10    61 73 20 73 74 61 72 74  65 64 2E 0D 0A 43 3A 5C    as started...C:\
0004AE20    57 49 4E 4E 54 5C 44 72  69 76 65 72 20 43 61 63    WINNT\Driver Cac
```

图 3-33 已删除文件数据区

现在需要做的就是拷贝从这个地方开始的 112 435 字节，因为簇链是连续的。如果不连续，将需要重新计算找到的每一个簇的偏移地址，同时拷贝 3 次，每次 64×512 = 32 768 字节，从每个簇的偏移开始，然后从最后一个簇只拷贝剩余的 14 131 字节，计算方法为 112 435 字节−(3×32 768 字节)。

2) NTFS 卷上的簇链恢复

该例中仅需要选取从 312555 簇开始的 110 个簇，簇大小是 512 字节，所以第一个簇的偏移是 512×312 555 = 160 028 160 = 0x0989D600，如图 3-34 所示。

```
Offset      0  1  2  3  4  5  6  7   8  9  A  B  C  D  E  F
0989D600    D0 CF 11 E0 A1 B1 1A E1  00 00 00 00 00 00 00 00    РП.аЎ±.б........
0989D610    00 00 00 00 00 00 00 00  3E 00 03 00 FE FF 09 00    ........>...юя..
0989D620    06 00 00 00 00 00 00 00  00 00 00 00 01 00 00 00    ................
0989D630    69 00 00 00 00 00 00 00  00 10 00 00 6B 00 00 00    i...........k...
0989D640    01 00 00 00 FE FF FF FF  00 00 00 00 6A 00 00 00    ....юяяя....j...
0989D650    FF FF FF FF FF FF FF FF  FF FF FF FF FF FF FF FF    яяяяяяяяяяяяяяяя
```

图 3-34 NTFS 卷上的簇链

此即所需的数据，最后再读取从此开始的 110 个簇(56 320 字节)并拷贝到其他地方，数据恢复即完成了。

思 考 题

1．NTFS 卷的引导记录最多为几个扇区，位置在什么地方？
2．在 NTFS 卷上，主文件表 MFT 的位置是固定的吗？如何才能找到 MFT？
3．在 MFT 的文件记录中，小文件(目录)和大文件(目录)的文件记录有什么区别？
4．NTFS 包括哪些文件系统元文件？它们对 NTFS 功能的实现起什么作用？
5．EFS 和第三方加密应用程序相比有哪些优势？
6．NTFS 事务和日志文件对 NTFS 卷的可恢复性有何重要意义？
7．与 FAT16 和 FAT32 相比，NTFS 主要有哪些特性？
8．将一个分区从 FAT(FAT16 或 FAT32)转换成 NTFS 是否有好处？为什么？
9．NTFS 的 DBR 恢复和 FAT16/32 的 DBR 恢复有何异同？
10．对 NTFS 卷上已删除的文件进行手工恢复主要包括哪些步骤？

第 4 章　数据恢复技术与数据备份

4.1　数据恢复技术

4.1.1　数据恢复原理

所谓的数据恢复，是指还原存储介质(硬盘、磁带、光盘和存储卡)上遭受破坏数据的过程。事故、自然灾害、电涌、使用者操作不当等都可能损坏存储介质，在移动环境下使用的，特别是笔记本电脑硬盘更易于出现故障。

从前面几章的分析可知，删除硬盘文件或格式化分区操作只影响 FAT 和 FDT，存放文件数据的 DATA 区不受影响。因此，只要硬盘的数据区没有被破坏，就可以部分或全部恢复受损文件。

4.1.2　恢复已删除文件

删除文件后，相应 FAT 表项被置为空闲，FDT 登记项首字节修改为 E5，但数据区没有变化。只要数据区没有被其他文件覆盖，文件就有可能恢复。恢复已删除文件可以用手工方法，也可以借助于工具软件。手工方法适用于恢复较少数量的文件，恢复大量文件则最好使用工具软件。这是因为恢复文件要进行大量的碎片整理、模式识别工作，计算量非常大，仅仅依靠手工难以完成。下面介绍几种采用工具软件恢复文件的方法。

1．使用 EasyRecovery 恢复文件

EasyRecovery 操作简便，功能强大，是进行文件恢复的常用工具之一。其恢复方法如下：

(1) 启动 EasyRecovery，其主界面如图 4-1 所示。

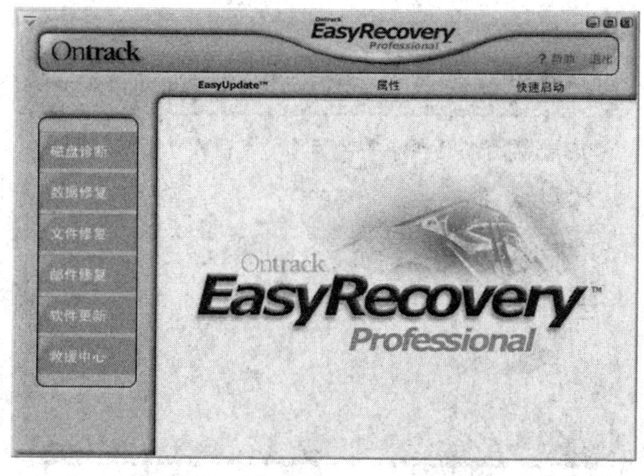

图 4-1　EasyRecovery 主界面

(2) 点击“数据修复”菜单，在主界面中选择“DeletedRecovery”项，进入恢复文件设置界面，如图 4-2 所示。

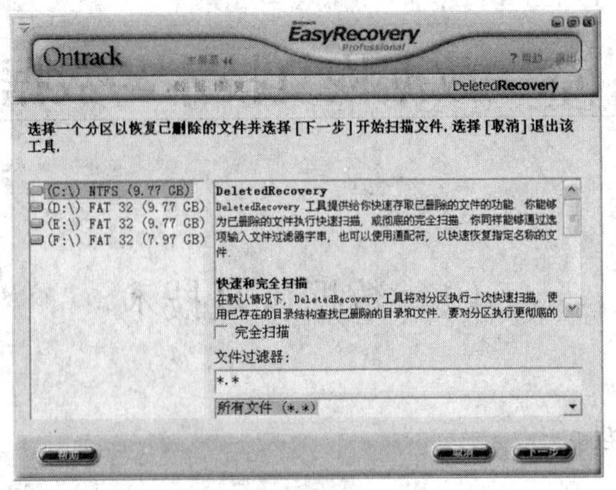

图 4-2　设置恢复条件

(3) 在“文件过滤器”下拉列表中选择需要恢复的文件类型，如果勾选“完全扫描”模式选项，在恢复过程中 EasyRecovery 将搜索整个分区，查找目录和文件。默认的“快速扫描”模式只在已存在的目录结构中查找删除的文件和目录，单击“下一步”按钮，软件将提示正在扫描，完成后的界面如图 4-3 所示。

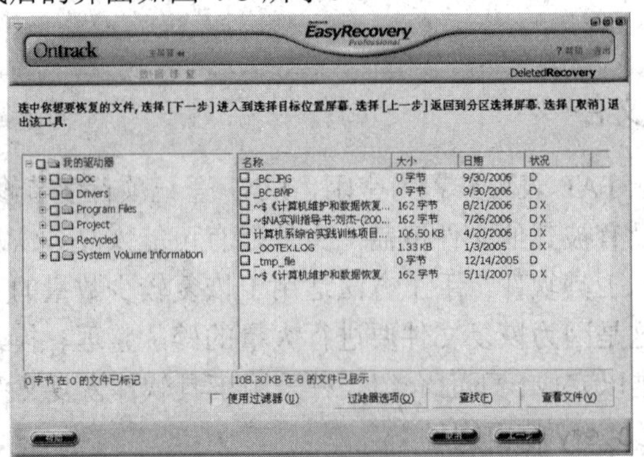

图 4-3　选择恢复文件

(4) 勾选完需要恢复的文件后，点击“下一步”按钮，弹出恢复目标对话框，如图 4-4 所示。

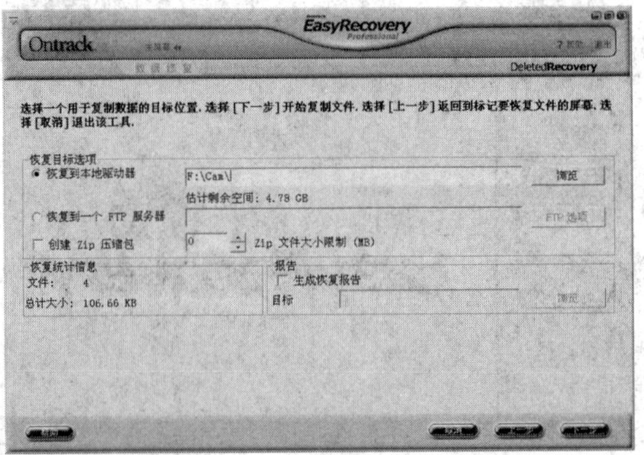

图 4-4　设置恢复目标选项

(5) 单击“浏览”按钮，选择其他分区以保存要恢复的文件，再单击“下一步”按钮进行文件恢复。EasyRecovery 生成一个恢复摘要，如图 4-5 所示。

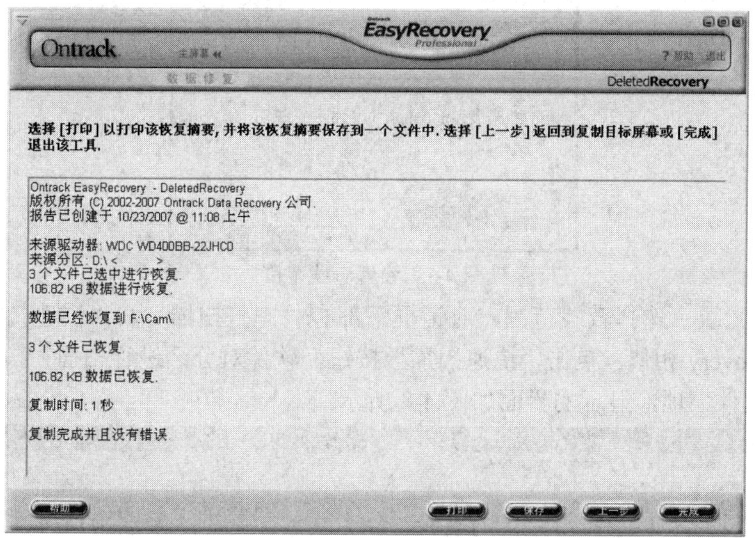

图 4-5　恢复摘要

(6) 点击“完成”按钮，软件提示是否保存恢复状态，在“文件保存”对话框内输入恢复状态文件名称，保存恢复状态，以备下一次恢复文件时使用(即用 ResumeRecovery)模式恢复文件。

2. 使用 FinalData 恢复文件

(1) 启动 FinalData，点击“文件”→“打开”菜单，显示“选择驱动器”对话框，如图 4-6 所示。

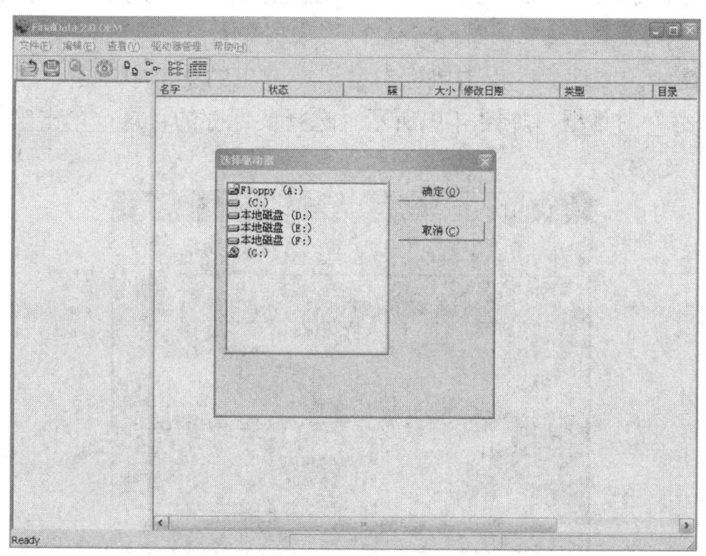

图 4-6　“选择驱动器”对话框

(2) 选择驱动器后点击“确定”按钮，开始扫描逻辑分区根目录。完成后弹出“查找范围”对话框，如图 4-7 所示。

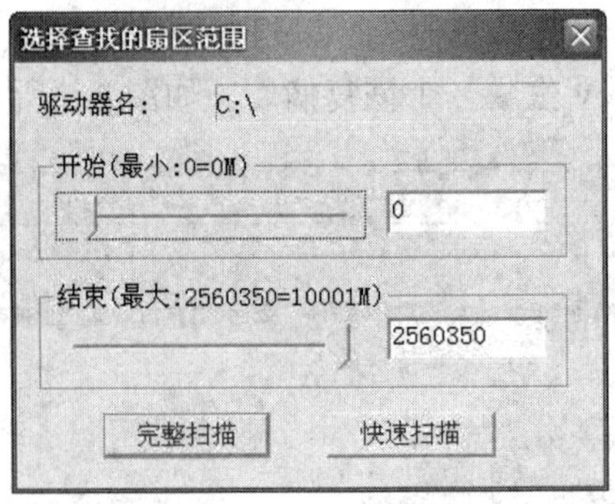

图 4-7　设置查找范围

(3) 拖动滑块，选择查找范围，对话框下部有“完整扫描”和“快速扫描”按钮，功能与 EasyRecovery 相似。点击“快速扫描”按钮，软件对分区进行扫描。扫描结束后，选择“删除的文件”项，显示的界面如图 4-8 所示。

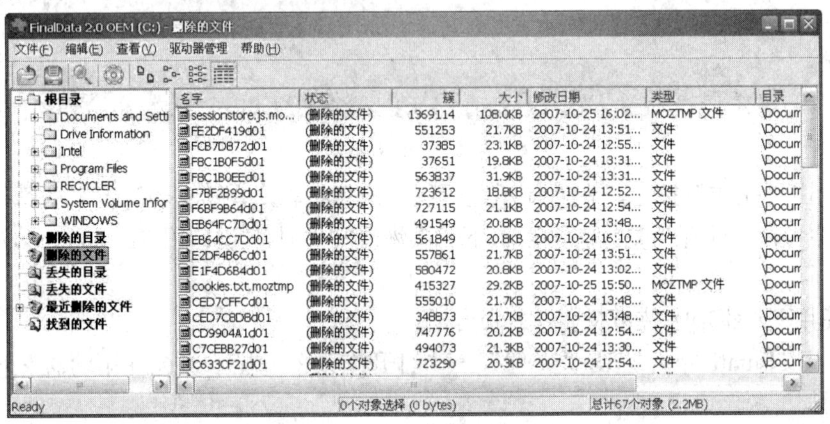

图 4-8　选择要恢复的文件

(4) 选择需恢复的文件后，点击鼠标右键，在弹出的菜单中单击“恢复”菜单项，打开“选择目录保存”对话框，如图 4-9 所示。选择要保存的目录，单击“保存”按钮，文件即恢复成功。

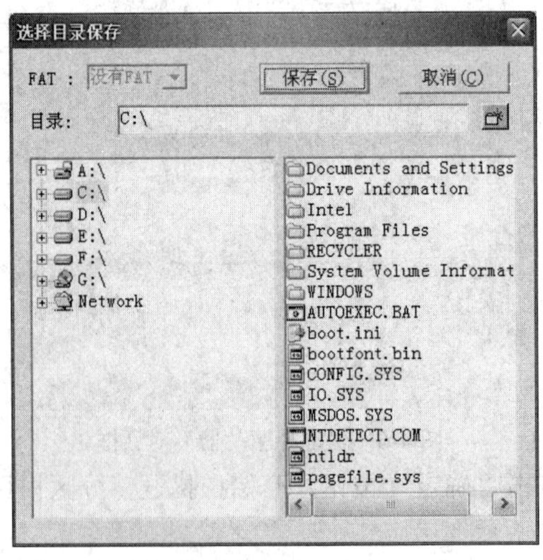

图 4-9　保存恢复的文件

3. 使用 GetDataBack 恢复文件

GetDataBack 分为两个版本，分别适用于 FAT 和 NTFS 文件系统，这里介绍 NTFS 版本。GetDataBack 采用向导式界面，操作简便。

(1) 启动 GetDataBack，运行后的主界面如图 4-10 所示。

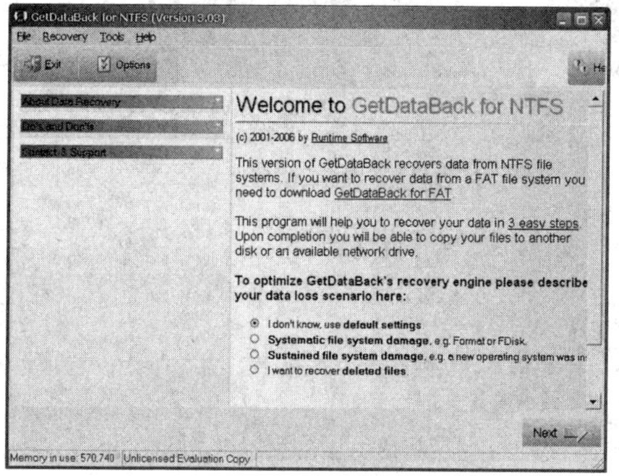

图 4-10　GetDataBack 主界面

(2) 点击“Next”按钮，软件检测系统分区，从物理盘中选择一个 NTFS 分区，如图 4-11 所示。

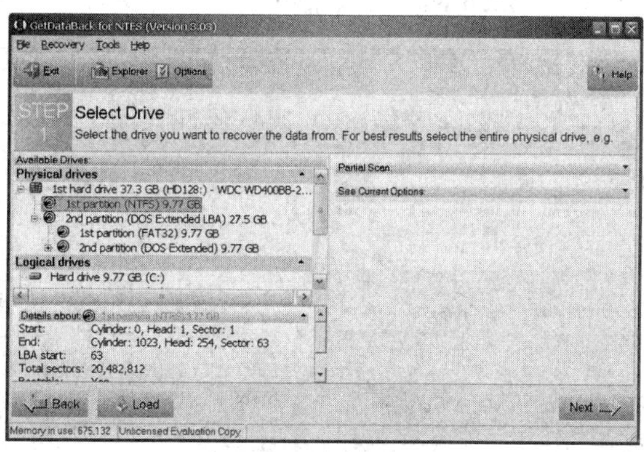

图 4-11　选择分区

(3) 点击“Next”按钮，软件开始搜索并分析 NTFS 文件系统，用户需等待一段时间。文件系统分析结束后，显示如图 4-12 所示的界面。

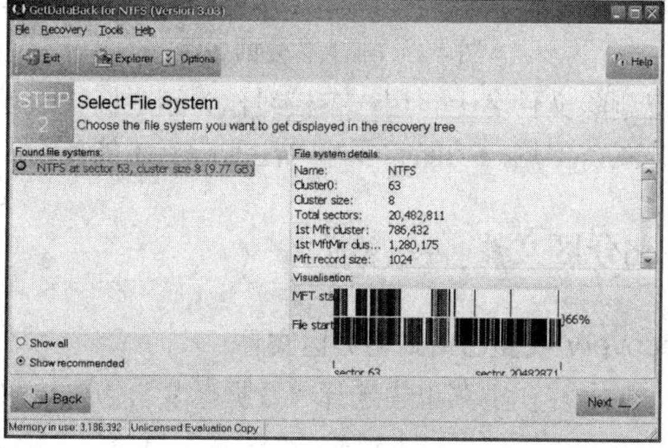

图 4-12　选择文件系统

(4) 选择分区上发现的 NTFS 文件系统(一般软件已帮用户选好)，点击“Next”按钮，GetDataBack 再次扫描文件系统后，显示如图 4-13 所示的界面。

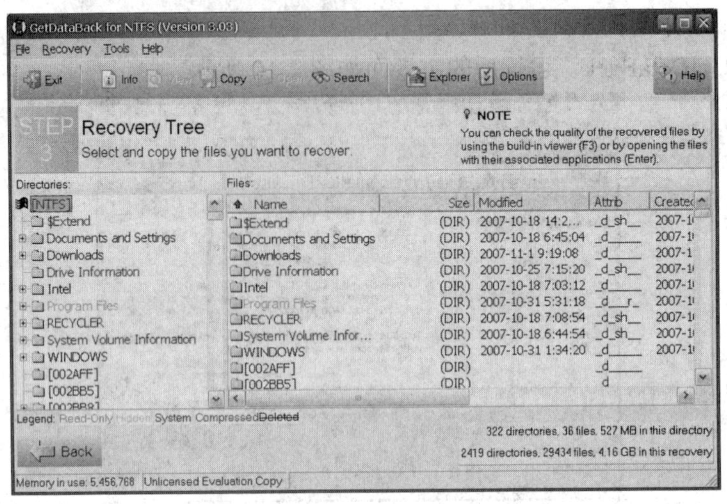

图 4-13　选择要恢复的文件

(5) 在列表中浏览，查找到需要恢复的文件后，在文件名上点击鼠标右键，如图 4-14 所示。在弹出的菜单中选择“Open with…”菜单项，打开文件后另存，即可恢复该文件。

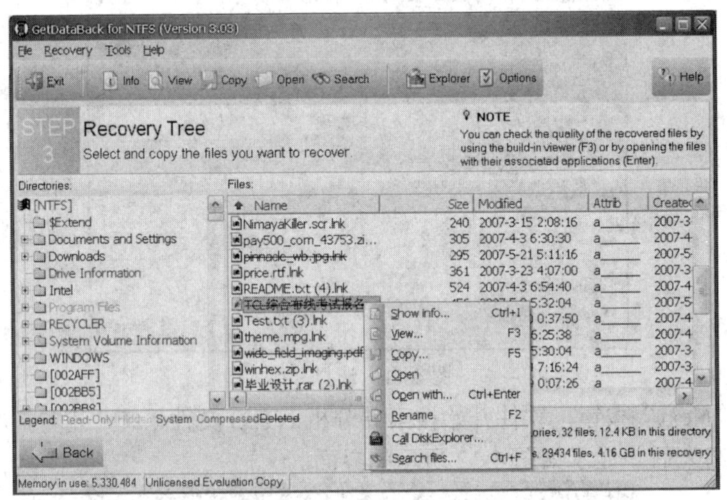

图 4-14　保存恢复的文件

需要注意的是，已删除文件名上将用一条横线作为删除标记。用户也可用“Copy”命令将文件复制到指定位置，但这一功能需要输入注册码后才能使用。

4.1.3　恢复已格式化分区文件

1. 使用 EasyRecovery 恢复已格式化分区文件

(1) 运行 EasyRecovery，在主菜单中选择“数据修复”，点击“FormatRecovery”项，如图 4-15 所示。

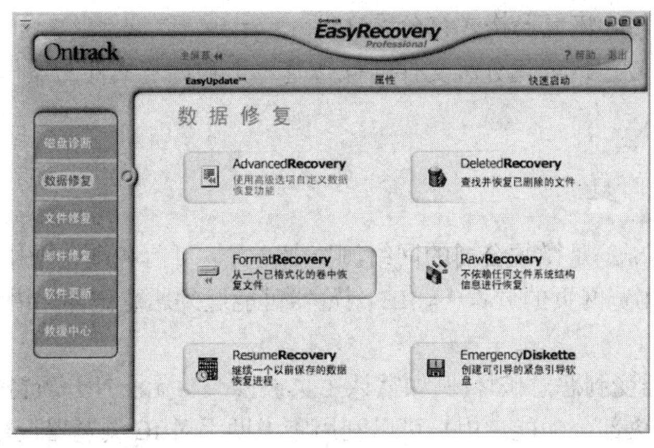

图 4-15　选择需恢复的已格式化分区

(2) 软件提示扫描文件系统，并告知用户注意恢复的文件应存放在安全分区。选择需要恢复的分区后，点击“下一步”按钮，EasyRecovery 开始扫描该分区文件，该过程需持续一段时间，如图 4-16 所示。

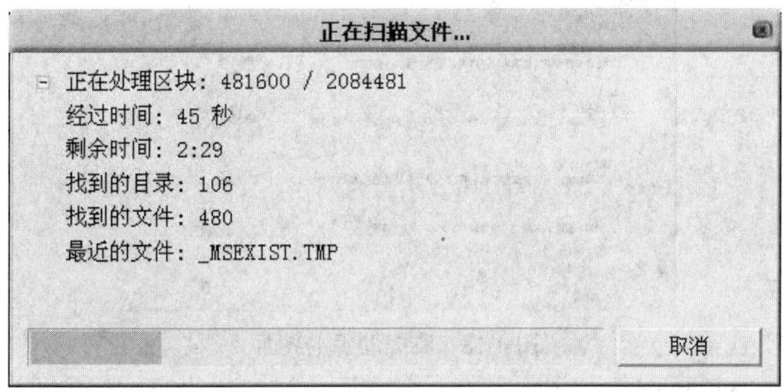

图 4-16　扫描文件

(3) 扫描完成后，系统列出找到的文件目录结构，如图 4-17 所示。

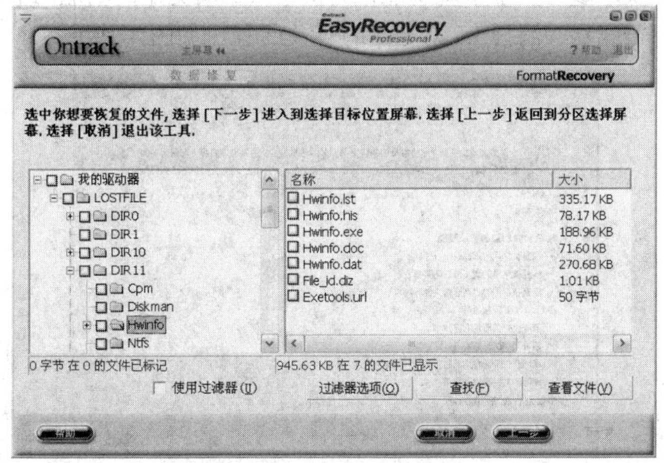

图 4-17　系统列出的文件

(4) 选择文件进行恢复，后续操作同 EasyRecovery 恢复文件的步骤。

2. 使用 FinalData 恢复已格式化分区文件

用 FinalData 恢复已格式化分区文件的操作基本上和恢复文件的操作相同，读者可参考 4.1.2 节的有关内容。

4.1.4　IE 浏览器修复

IE(Internet Explorer)是微软公司的网络浏览器产品，目前和微软操作系统捆绑销售，是常用的浏览器。在浏览网页的过程中，IE 浏览器可能遭到恶意破坏，因此这里介绍一种修复 IE 浏览器的方法。

通常 IE 浏览器受到恶意破坏(例如默认主页被修改、无法打开新窗口、添加插件、弹出广告等)后，会丧失部分功能，用户可以利用雅虎助手对 IE 浏览器进行修复。

运行雅虎助手软件，进入主界面，如图 4-18 所示。

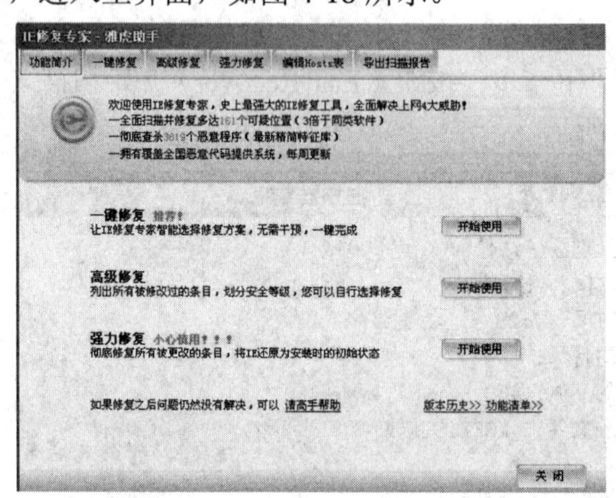

图 4-18　雅虎助手主界面

1. “一键修复”模式

一般情况下使用“一键修复”模式，雅虎助手将自动查杀运行中的恶意程序，清理注册表恶意程序启动项，修复被禁系统功能，解除对 IE 浏览器的功能的非法限制，清理 IE 浏览器的外挂程序，恢复、清理 IE 浏览器的有关配置，如图 4-19 所示。

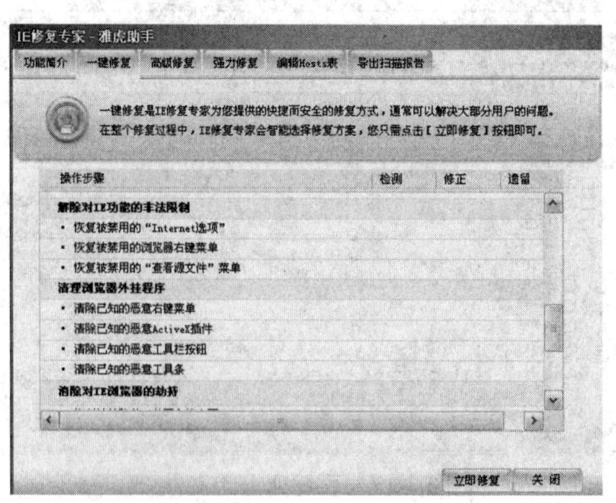

图 4-19　雅虎助手“一键修复”

点击“立即修复”按钮，雅虎助手将逐项对 IE 浏览器进行修复。修复完成后，显示结果报告界面。

2. “高级修复”模式

选择“高级修复”模式，将列出搜索到的被修改条目，并将其划分为安全、未知、有风险和危险四个级别，由用户决定是否修复，如图 4-20 所示。

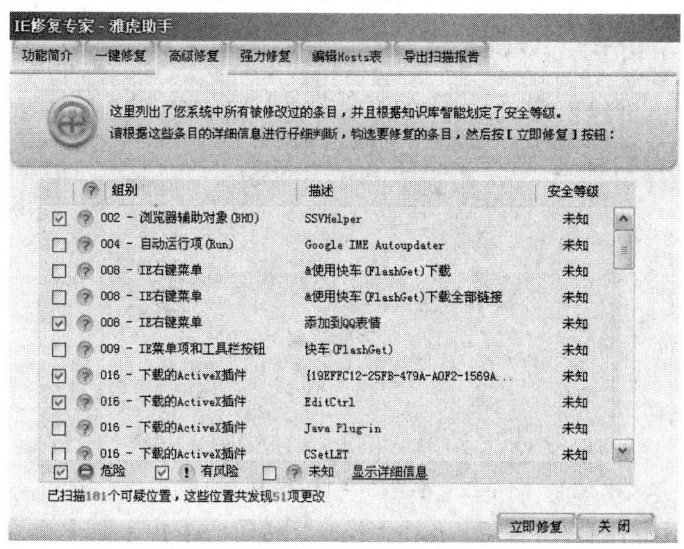

图 4-20　雅虎助手“高级修复”

勾选完要修复的条目后，点击“立即修复”按钮，即可完成修复。

3. “强力修复”模式

选择“强力修复”模式，如图 4-21 所示，将彻底修复系统中所有被修改的条目，将 IE 浏览器还原为安装的初始状态。但这种修复模式会破坏某些软件的运行环境，需要重新安装这部分软件，因此建议慎用“强力修复”功能。

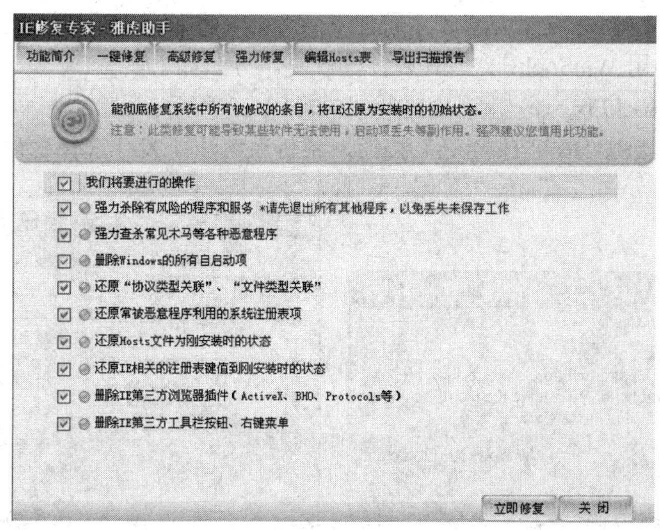

图 4-21　雅虎助手“强力修复”

4. “编辑 Hosts 表”功能

某些恶意软件还会修改 Hosts 表，导致用户无法进入相应网站，雅虎助手的“编辑 Hosts 表”功能可以帮助用户修复这个故障，其界面如图 4-22 所示。

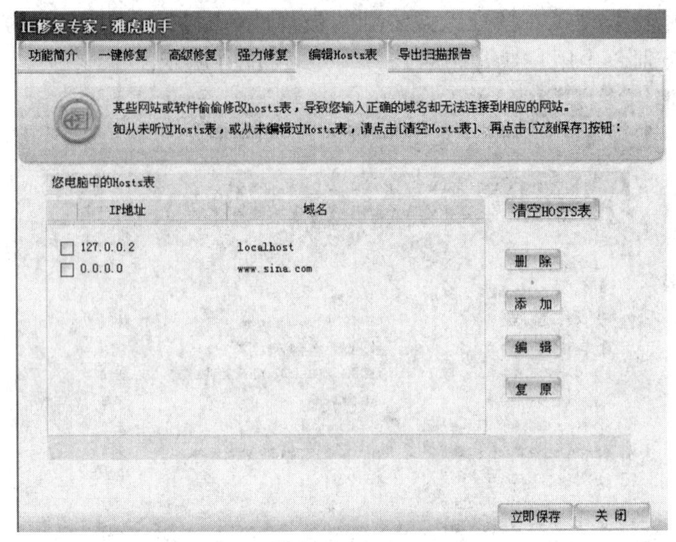

图 4-22　雅虎助手“编辑 Hosts 表”

勾选完要编辑的 Hosts 条目后，点击“编辑”按钮，在 IP 和域名框内输入正确的值，再单击“修改”和“立即保存”按钮，即可完成 Hosts 表的修改。用户可以用编辑 Hosts 表的方法屏蔽恶意网站，如图 4-22 所示，在 Hosts 表增加了一个映射条目，将 www.sina.com 映射到 IP 地址 0.0.0.0，这样用户在浏览器中输入 www.sina.com 后就不能进入新浪网，实现了网站屏蔽的功能。

4.1.5　TCP/IP 修复

某些恶意软件、插件可能会修改系统注册表，破坏网络连接配置，造成用户无法正常上网，这时可以利用 WinSockFix 工具来尝试修复。方法如下：

(1) 运行 WinSockFix.exe，显示的主界面如图 4-23 所示。

(2) 修复前先点击“ReG-Backup”按钮，备份系统注册表。选择备份路径，如图 4-24 所示。

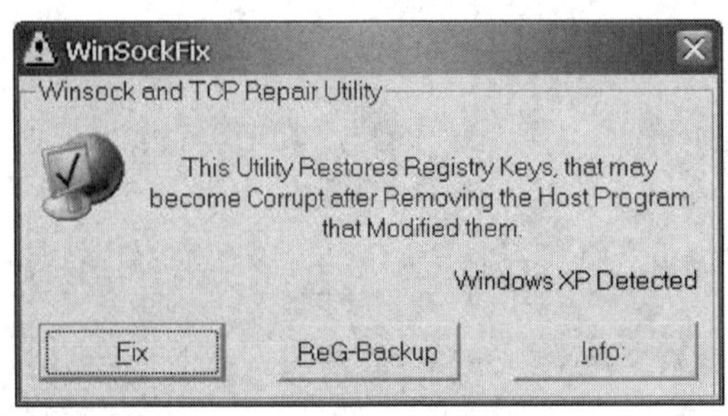

图 4-23　WinSockFix 主界面

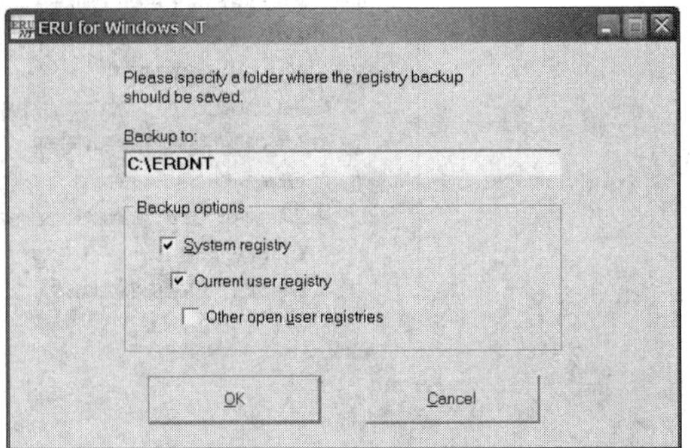

图 4-24　选择备份路径

(3) 软件将在用户指定目录备份注册表，并复制一个名为 ERDNT.EXE 的注册表还原工具，以备日后还原备份之用。

(4) 注册表备份完成后，点击“Fix”按钮，系统提示修复网络连接，确认后软件开始重置 IP 地址，用 NETSHELL 重写 TCP 参数，替换 WinSock 注册表项和重置 Hosts 表。这些修改完成后，提示修复完成。

4.1.6 修复硬盘逻辑锁

由前述的基础知识可知，如果让硬盘分区表形成一个环，那么启动 DOS 系统时，系统引导程序检测分区表就会处于循环状态，导致系统无法引导，这就是硬盘逻辑锁。明白了原理之后，只要避开系统检测分区表就可以解决这个问题。

1. 使用分区软件破解逻辑锁

可以通过修改 DOS 启动盘上的 IO.SYS 文件，在启动时绕过分区表检测。具体方法为：用二进制编辑工具(例如 DiskEdit、WinHex、UltraEdit 等)编辑 IO.SYS 文件，搜索文件，找到第一个“55 AA”字符串，将其修改为其他任意值；再用这张盘启动计算机，用任意一款分区软件进行分区操作，硬盘逻辑锁就能被解锁。如果不想破坏硬盘资料，可先用二进制工具编辑主引导记录 MBR 分区表，清除错误的分区链，再用 Diskman 这类工具恢复分区。

2. 使用 DM 破解逻辑锁

DM 是 ONTRACK 公司开发的一款小巧实用的硬盘管理工具，主要用于硬盘的低级格式化、分区、高级格式化和系统安装等。DM 的另一个特点是，不依赖于主板 BIOS 而能够直接识别出硬盘。由于各种品牌的硬盘内部格式并不相同，故针对不同硬盘开发的 DM 软件不能通用。因此，用户可以使用万用版的 DM 来完成硬盘管理。由硬盘逻辑锁的原理可知，修改 MBR 分区表或重新分区均可实现破解，故 DM 可以应用于逻辑锁的破解。

破解逻辑锁的具体做法是：先将 DM 拷贝到系统启动盘上，再进入 CMOS 设置界面将“带锁”硬盘设置为 NONE，保存后用系统盘启动计算机，运行 DM，格式化 0 磁道或重新分区，逻辑锁破解即完成。

4.1.7 硬盘坏道处理技巧

1. 修复 0 磁道

硬盘 0 磁道是一个比较特殊而且重要的区域，因为主引导记录存放在这里。某些情况下，0 磁道会出现损坏，即便受损的不是存放 MBR 的扇区，也会出现 0 磁道错误，使整个硬盘无法使用。解决 0 磁道故障通常采用工具软件修改第一分区起始位置的办法，使第一分区不使用 0 磁道，这样系统检测分区时就不会出现 0 磁道错误了。

1) 使用 DiskEdit 修复 0 磁道

(1) 用 DOS 光盘启动计算机，运行 DiskEdit，首先选择物理磁盘模式编辑扇区，如图 4-25 所示。

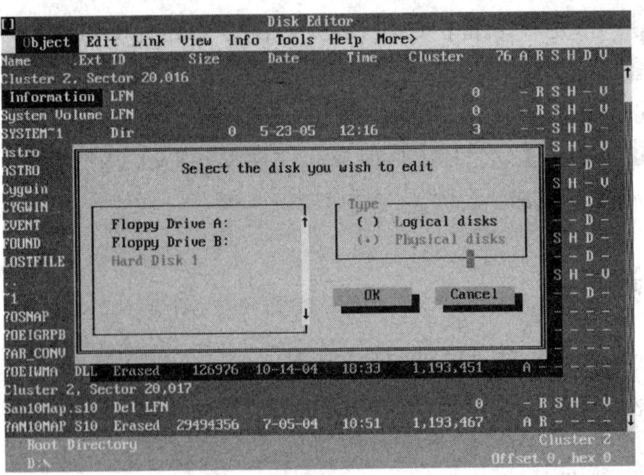

图 4-25　选择物理磁盘编辑模式

(2) 在“Tools”菜单下选择“Configuration”，取消“Read Only”选项，如图 4-26 所示。

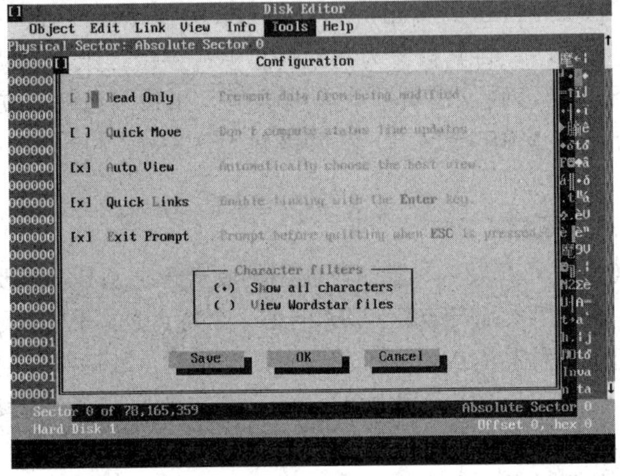

图 4-26　设置写模式

(3) 确定后再选择“Tools”→“Advanced Recovery”菜单项，将“This Partition”框内的柱面 Cylinder 值改为 1，如图 4-27 所示。

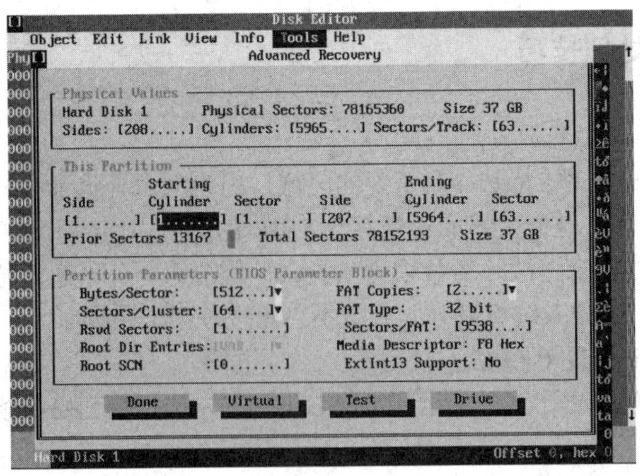

图 4-27　设置第一分区起始位置

(4) 点击“Done”按钮确定后，重新启动计算机，进入 CMOS 设置界面，再次检测硬盘，可以发现硬盘柱面数减小了 1 个单位。保存 CMOS 参数后，重新启动计算机后格式化硬盘分区，0 磁盘错误即修复完成。

2) 使用分区魔术师修复 0 磁道

(1) 用 DOS 光盘启动计算机，运行 PQMagic(PowerQuest PartitionMagic)。

(2) 在第一个分区点击鼠标右键，选择“调整容量/移动”菜单，弹出容量窗口。用鼠标拖动窗口上部滑块，使第一分区起始位置适当后移，或者在“Free Space Before(自由空间之前)”框的右边点击上下箭头设置后移量，如图 4-28 所示。

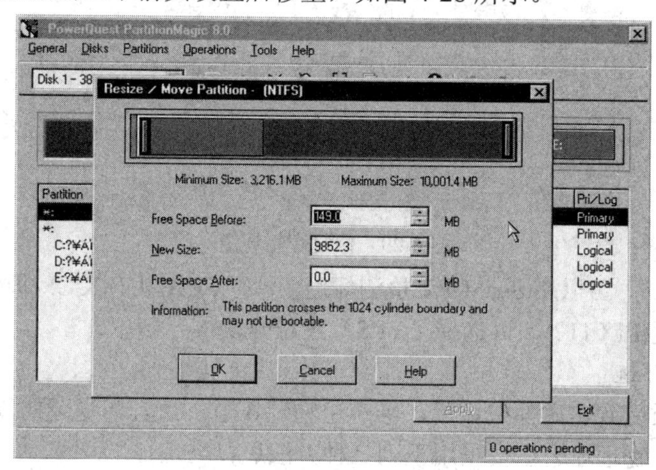

图 4-28　设置第一分区起始位置

(3) 点击“OK”按钮确定，再点击“Apply”按钮执行。

(4) 重新启动计算机后进入 CMOS 设置界面，重新检测硬盘并保存 CMOS 参数后，格式化第一分区，0 磁道修复即完成。

其实，其他许多工具也都可以完成 0 磁道修复，如 Diskman、Pctools、WinHex 等，原理都是一样的。

2. 磁盘坏道处理

计算机硬盘在使用过程中会出现“坏道”，除了自身质量和老化原因之外，使用不当、电网电涌、温度、湿度、震动、灰尘等都有可能引起硬盘坏道。出现坏道后，不仅硬盘读写发生异常，而且可能出现蓝屏、硬盘运转声音发生变化、分区和格式化不能顺利进行等等现象。

硬盘坏道分为物理坏道和逻辑坏道两种。物理坏道是硬盘内部存储介质受到了物理损伤，要通过重新划分分区或者修改硬盘缺陷列表来解决；逻辑坏道则是使用中出现的逻辑结构错误，可通过软件修复。

1) 修复逻辑坏道

使用 Windows 自带的磁盘检测工具可以自动完成错误修复。方法为：打开资源管理器，鼠标右键点击逻辑盘符，在弹出的窗口中选择“工具”标签，点击“开始检查”按钮，在选项窗口中勾选“自动修复文件系统错误”和“扫描并试图恢复坏扇区”，如图 4-29 所示；点击“开始”按钮，系统提示重新启动后进行扫描修复。重新启动后，Windows 开始扫描并修复硬盘分区逻辑坏道。

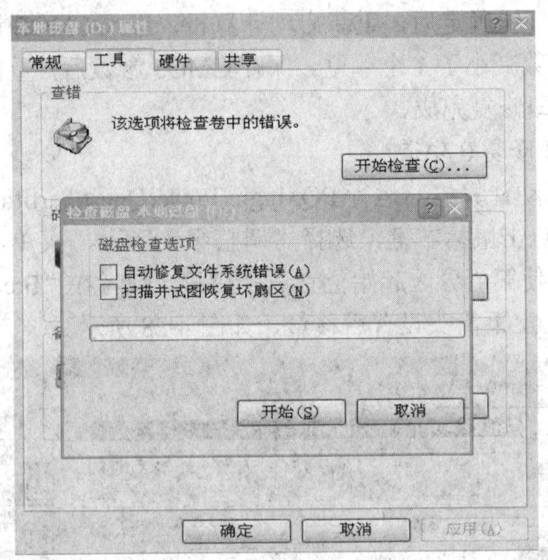

图 4-29 修复逻辑坏道

在 DOS 环境下，可以用 ScanDisk 检测坏道，运行 SCANDISK C: 即可。发现错误后程序会提示是否修复(FIX IT?)，可选择“YES”进行修复。

2) 修复物理坏道

硬盘存储介质受到实质性破坏后，会产生物理坏道，而且坏道会向周边扩散，引起周边数据丢失。对于物理坏道主要采用下列三种方法进行处理：

(1) 隔离坏道。

先用 ScanDisk 或其他工具检查硬盘，检查进程会停在坏道处，记下检查进程值，如 50%。假设硬盘容量为 80 GB，那么坏道应位于 40 GB 处。用 PQMagic 或 Diskman、DM 等工具重新对硬盘分区，将坏道所在位置单独划分成一个小区(比如占用 100～200 MB)，并将该区隐藏。对其余分区继续进行检查，如果发现还有坏道，重复上述过程，用划分隐藏小分区的办法隔离坏道，直到剩下的分区里没有坏道为止。

这种方法的实质是，利用隐藏分区隔离物理坏道，使之不再扩散。

需要注意的是，坏道应处于小分区中间位置，前后保持一定的缓冲空间。

(2) 低级格式化修复坏道。

低级格式化会重新划分磁盘和扇区，如果没有其他更好的办法，可以尝试此法。但是，低级格式化过程可能会对硬盘造成损坏，并且会完全擦除已有数据，因此应慎重使用。

(3) 修改缺陷列表修复坏道。

现在的硬盘会在其内部存储介质上划分出一个“系统保留区”，存放硬盘的参数、控制程序，甚至硬盘固件。硬盘工厂在硬盘出厂前会在系统保留区内设置一个缺陷列表，包括 P 表(原厂缺陷列表)和 G 表(增长缺陷列表)两部分。P 表由硬盘工厂提供，是永久性缺陷列表，出厂后是无法更改的。G 表包括了所有客户软件和硬盘内部功能产生的缺陷，主要有：① 在介质校验过程中，因格式化命令产生的缺陷；② 之前由 REASSIGN BLOCKS 命令产生的缺陷；③ 之前由硬盘内部功能和自动重分配功能产生的缺陷。

如果硬盘发现有坏扇区，其内部管理程序会自动分配一个备用扇区来替换该扇区，并将该扇区的物理位置和其替换情况记录在 G 表中。用户可以运行 HDDSpeed 软件完成 G 表的修改。HDDSpeed 的使用非常简单，方法为：在 DOS 环境下运行后，选择检测的硬盘，执行“Diagnostic”→“Media Verify/Repair”命令，如图 4-30 所示；选择完检测区域和检测次数后，点击“Start”按钮开始检测，并自动将坏道信息加入 G 表，以后硬盘将不再使用列入 G 表的磁道了。

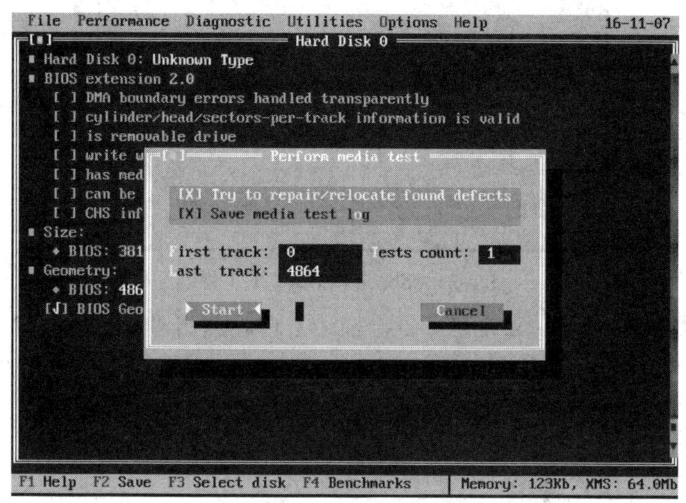

图 4-30　HDDSpeed 修复物理坏道

4.2　数据备份和数据安全

4.2.1　最好的数据恢复技术

使用数据备份是最好的数据恢复方式。所谓数据备份，就是以某种方式将数据保留，当系统遭受破坏时再重新加以利用的一个过程。前面提到的各种数据恢复方法基本上属于被动的事后处理，系统出现故障才进行恢复，由于种种条件的限制，还是可能造成一部分重要数据的丢失。数据备份则是一种事前的主动保护方式。用户如果能定期做好数据备份，那么遇到灾难时就能利用副本比较方便地恢复丢失或损坏的数据。

数据备份分为两个层次：系统数据备份和用户数据备份。前者用来保证系统正常运行，后者则是用户拥有的各类应用系统产生的结果文件。根据备份的层次，用户在对硬盘规划分区时就应注意系统分区和数据分区相分离的原则，以便于数据备份和防范风险。

数据备份的方法主要有自动备份和手工备份两种。自动备份是借助于备份软件，按照事先设定的备份策略，自动进行数据备份的方法；手工备份则是由用户在认为必要时用备份工具或操作系统命令进行数据备份的方法。一般在实际应用中，大中型关键应用系统通常采用自动备份，备份策略也经过精心设计，以提高系统的可靠性；个人用户则多用手工备份，要特别注意备份用户数据和重要的系统数据。

下面介绍一种简单易用的同步备份工具 Second Copy 7.1，它具有定时备份、启动/关闭备份、多对象备份等功能，支持复制、移动、压缩、同步等多种备份方式。

(1) 运行 Second Copy 7.1 软件，其主界面如图 4-31 所示。

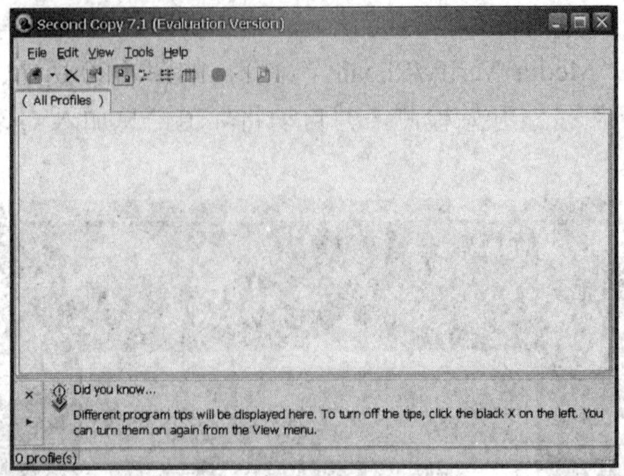

图 4-31　Second Copy 7.1 主界面

(2) 在进行数据备份前，应先建立备份描述文件。点击“File”→“New Profile”菜单项，弹出的对话框如图 4-32 所示。

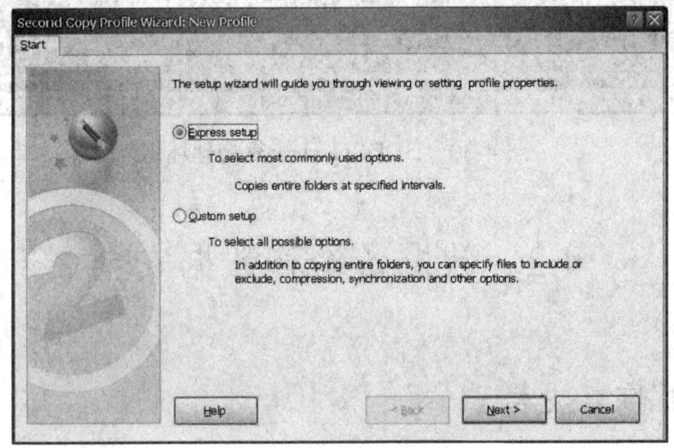

图 4-32　建立备份描述文件

(3) 可选择“Express setup”快速方式建立备份描述文件，熟练的用户可以点选“Custom setup”自定义方式，以获得更灵活的设置。点击“Next”按钮，选择需要备份的文件夹，如图 4-33 所示。注意勾选“Include sub folders”选项，以备份子目录。

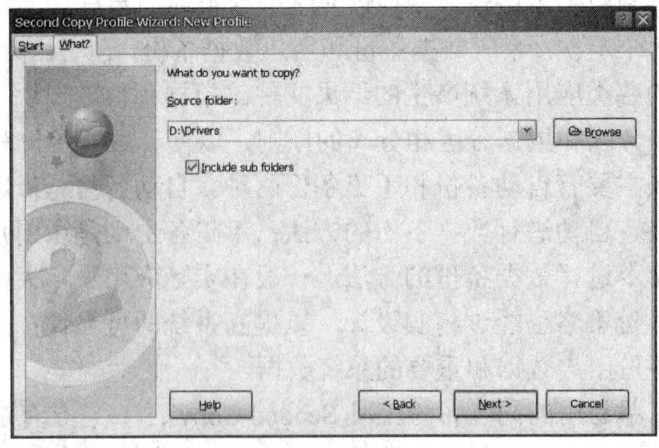

图 4-33　选择备份文件和文件夹

(4) 点击“Next”按钮，选择备份的目的路径，如图 4-34 所示。

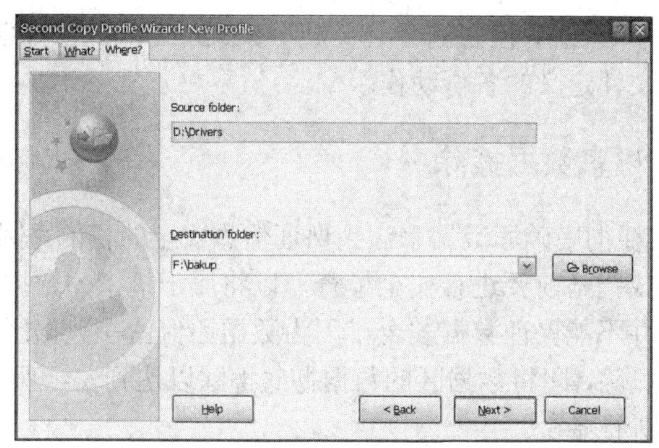

图 4-34　选择备份的目的路径

(5) 点击“Next”按钮，设定备份策略，如图 4-35 所示。备份频度栏内，用户可以选择各种备份间隔，包括分钟级、小时级、天级以及文件级。每选择一种备份间隔，下面会出现相应的细化设置。本例选择每天备份，相应细化设置为每天“21:00”备份。频度栏底部有一个“Do Not Run Before”选项，用于设定备份策略开始作用的起始日期。对话框右边提供开机/关机执行备份选项，可选择一周内哪几天不做备份。

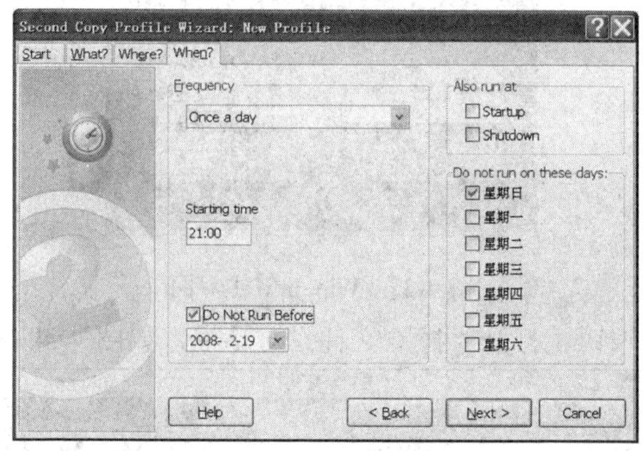

图 4-35　设定备份策略

(6) 点击“Next”按钮，将备份描述文件命名为 DriverBak。最后点击“Finish”按钮，备份描述文件建立成功，在主界面上将显示该描述文件图标，如图 4-36 所示。

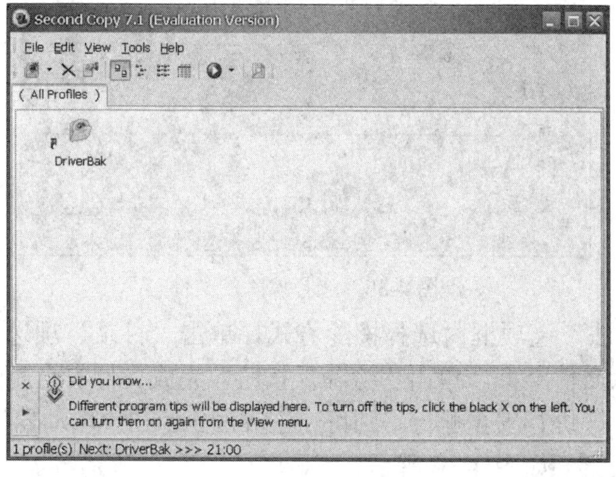

图 4-36　备份描述文件建立

(7) 关闭主界面窗口，任务栏右侧会一直显示 Second Copy 的图标，只要条件满足就自动执行各个备份描述文件定义的备份动作。

4.2.2　数据安全和磁盘数据擦除

在某些情况下，需要彻底破坏数据来达到保证信息安全的目的。例如，机构和个人硬盘在报废、外借、送修或捐赠前要进行安全检查，以将属于机密的数据文件删除。但是操作系统层面的文件删除并不能保证数据安全，因为数据还保留在数据区上，有可能被恢复。因此要进行数据安全删除，即将数据区的数据彻底擦除以达到安全保密。顺便再强调一下，擦除重要数据前勿忘进行备份。

1. 用 WipeInfo 擦除文件

WipeInfo 可以彻底擦除硬盘上的文件和文件夹。方法如下：

(1) 运行 WipeInfo 后，其主界如图 4-37 所示。

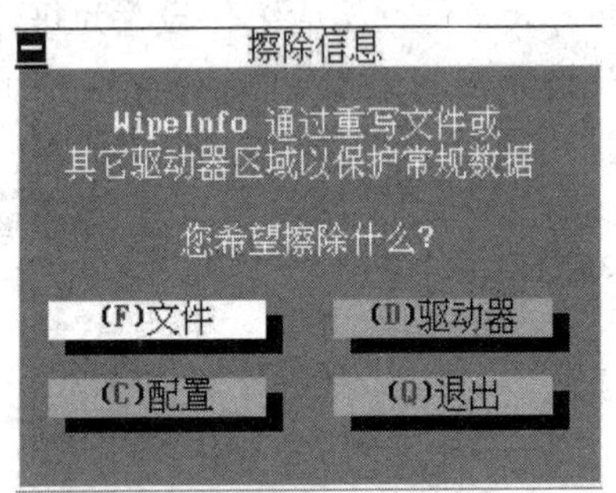

图 4-37　WipeInfo 主界面

(2) 点击“文件”按钮，打开“擦除文件”对话框，如图 4-38 所示。

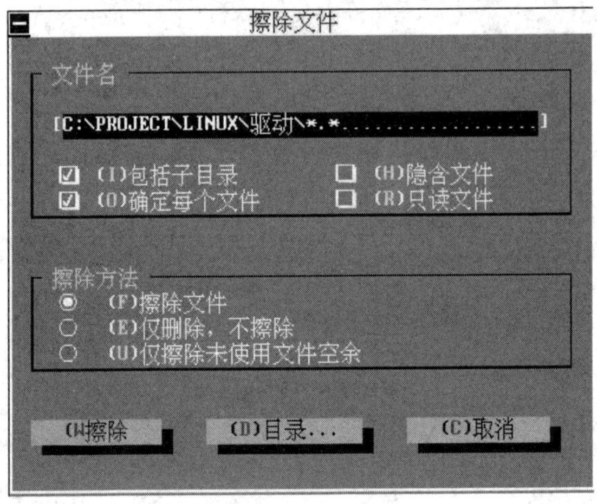

图 4-38　选择擦除的文件

(3) 在“擦除方法”选项框内选择擦除方式，单击“目录”项选择擦除文件路径，在文件名框内设置删除文件类型。单击“擦除”按钮即完成文件安全删除。

如果要对整个分区进行安全删除，则可在主界面上点击“驱动器”，选择完逻辑驱动器后，点击“确定”按钮，如图 4-39 所示。

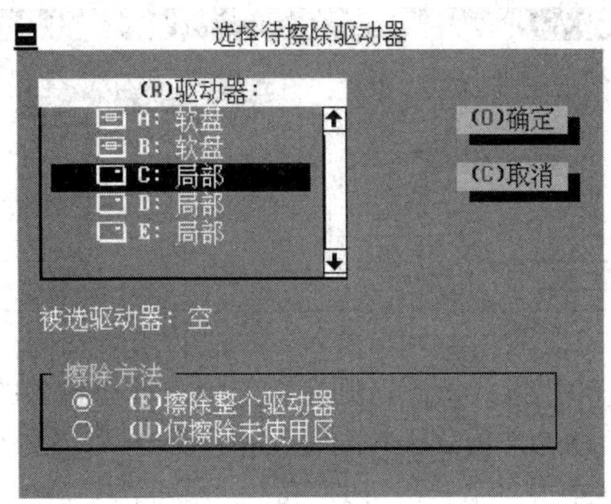

图 4-39　选择擦除驱动器

单击主界面上的“配置”按钮，可打开“擦除配置”对话框，用户在这里可设置擦除方式，包括写值、重复擦除次数等，如图 4-40 所示。

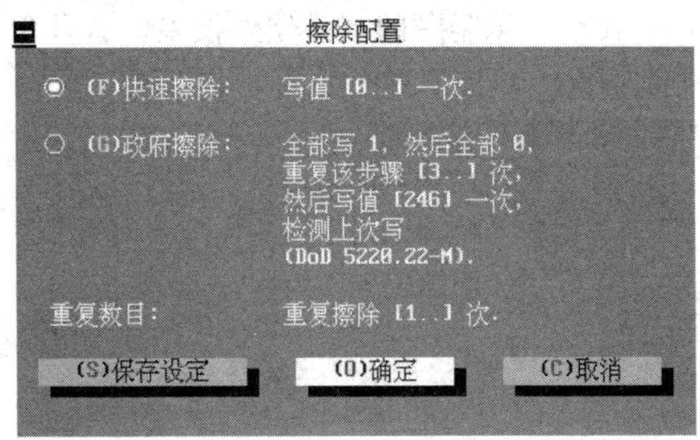

图 4-40　设置擦除方式

2．用 WinHex 擦除文件

(1) 运行 WinHex 后，在其界面中选择“工具”→“文件工具”→“安全擦除”菜单项，显示如图 4-41 所示的“不可逆转地删除文件”对话框。

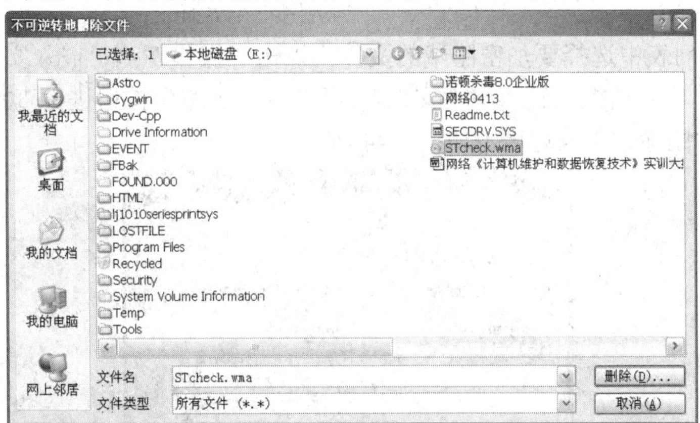

图 4-41　选择擦除文件

(2) 选好要删除的文件后，单击“删除”按钮，弹出“安全擦除”对话框，如图 4-42 所示。

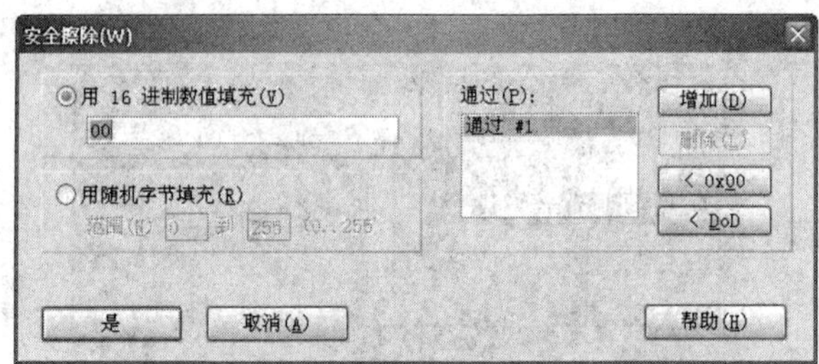

图 4-42　安全擦除文件方式

(3) 用户若选择“0x00”方式擦除，则在数值填充框内输入的数值将在擦除文件时写入文件数据区。若选择“DoD”方式，WinHex 先用 0x55 填充文件数据区，再用 0xAA 填充，最后用随机数填充。点击“是”按钮即完成安全删除。

4.2.3　信息隐藏技术

为了保证重要信息不被泄露，可将文件加密后隐藏在图片中，这样在传输过程中重要信息的安全性将大大提高。实现信息隐藏的工具软件很多，这里介绍“加密金刚锁”软件。

(1) 运行“加密金刚锁”软件，其主界面如图 4-43 所示。

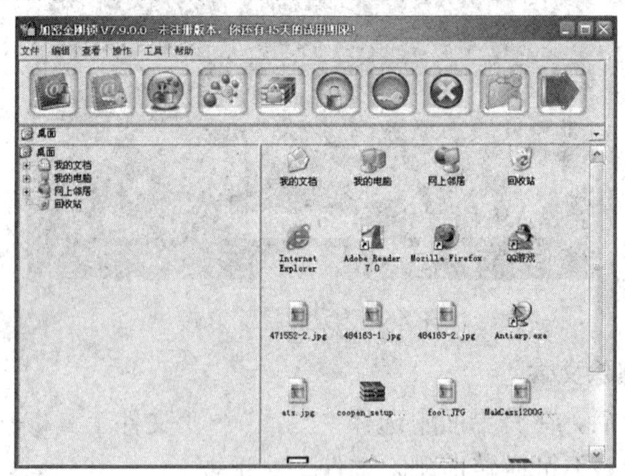

图 4-43　“加密金刚锁”主界面

(2) 在文件列表中选择要加密隐藏的文件，点击“操作”→“嵌入文件式加密”菜单项，弹出加密选项对话框，输入宿主文件名(可点击“浏览”按钮进行查找)，再设置加密算法和勾选自动删除、压缩选项，如图 4-44 所示。

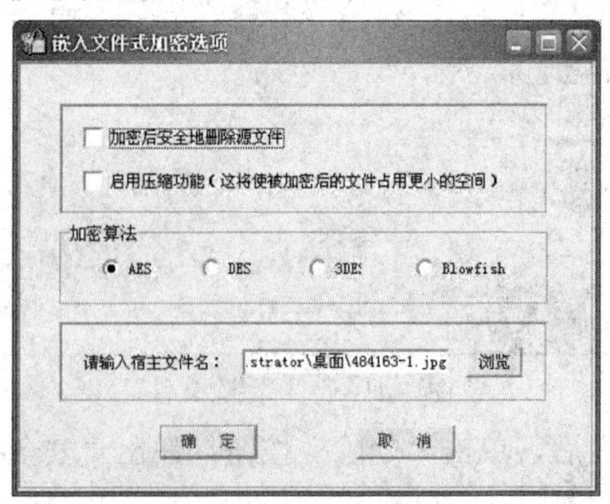

图 4-44　加密选项对话框

(3) 确定后，弹出“请输入加密密码”对话框，如图 4-45 所示。

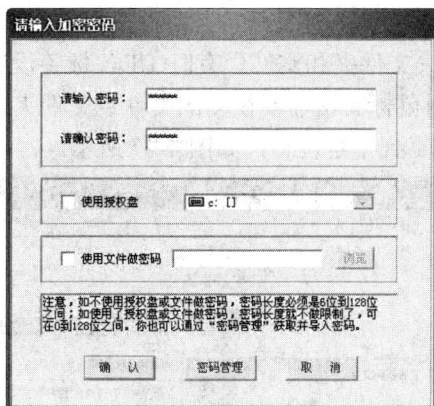

图 4-45　输入加密密码

(4) 点击“确认”按钮，加密隐藏文件完成。本例宿主文件在加入隐藏文件前文件大小为 64 993 字节，加入隐藏文件后大小变为 86 598 字节，增加的部分刚好大致与需要隐藏的文件大小相符(隐藏文件压缩大小为 21 504 字节)。宿主文件虽然变大了，用图像处理软件还是可以正常打开的。还原隐藏文件时，点击“操作”→“嵌入文件式解密”菜单项，在对话框中选定包含加密隐藏文件的宿主文件，再输入加密密码就可还原隐藏文件。

信息隐藏工具还有 ImageX、Hide In Picture 等多种，可以根据需要选用。

4.2.4　其他介质上的数据恢复技术

除硬盘外，数据存储介质还有光盘、磁带、U 盘、软盘、存储卡等。如何恢复这些介质上的受损数据，也是实践中经常遇到的问题。

1．IsoBuster 恢复光盘数据

IsoBuster 是一款强大的数据恢复工具，能够从一个坏的 CD 或 DVD 中恢复丢失的文件，并支持所有基本的 CD、DVD 格式和文件系统。方法如下：

(1) 运行 IsoBuster 软件，其主界面如图 4-46 所示。

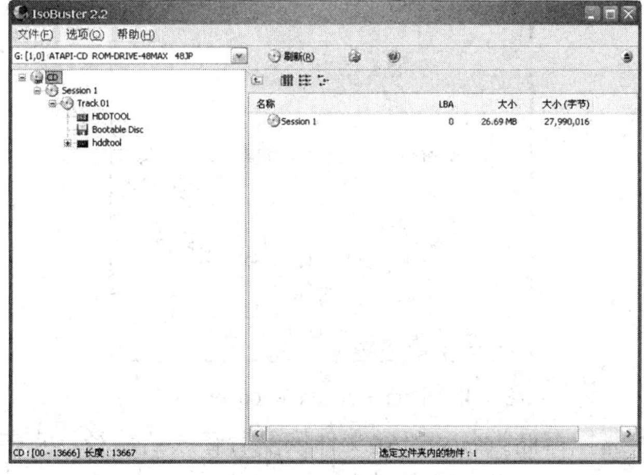

图 4-46　IsoBuster 主界面

(2) 放入光盘，在 Session 标签上点击右键，在弹出的菜单中选择“查找遗失的文件和文件夹”，系统提示对光盘作镜像，接着开始自动查找丢失的数据。如果找到丢失的数据，UDF 标签下列出找到的丢失文件夹和文件。有时 UDF 标签没有找到文件，而是将恢复的文件列在了签署标签下。用鼠标右击需要恢复的文件或文件夹，在弹出的菜单中选择“抽取”菜单项，将文件(夹)恢复到指定位置，如图 4-47 所示。

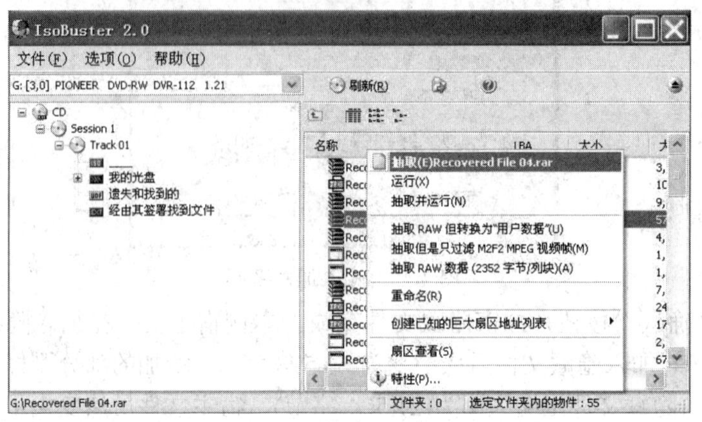

图 4-47　IsoBuster 恢复文件

恢复光盘的其他工具软件还有 BadCopyPro、CDRoller、DVDXRescue 等，用户可以根据需要自行选用。

2．Digital Image Recovery 恢复数码照片

Digital Image Recovery 可以恢复存储卡中的数码照片，可恢复的存储卡介质包括 CF 卡、SD 卡、MMC 卡、SM 卡等，几乎包括了所有现有的存储卡种类。方法如下：

(1) 运行该软件前，先将数码相机与电脑相连，或者把存储卡放入读卡器再与电脑连接。其主界面如图 4-48 所示。

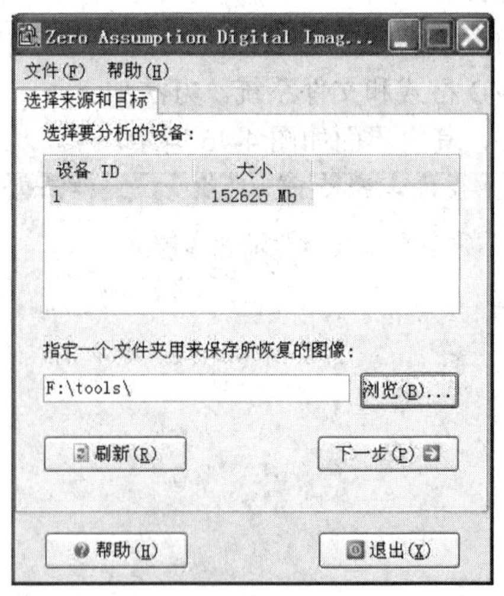

图 4-48　Digital Image Recovery 主界面

(2) 在主界面上选择存储设备，设定文件恢复后存放的路径，点击“下一步”按钮，按照提示即可完成恢复工作，操作比较简单。

思　考　题

1. 数据恢复的原理和步骤是什么？
2. 简述修复 0 磁道的方法。
3. 如何修复硬盘坏道？
4. 请说明硬盘逻辑锁的原理和破解方法。
5. 如何安全擦除数据？

第 5 章　计算机软故障处理

在数据恢复领域，通常所说的数据恢复主要是指与磁盘数据和文件系统相关的一些问题和相应的解决方法。但是，从更广义的方面来说，可以认为在计算机的使用过程中，任何使用户不能正常使用计算机的非硬件问题都是数据恢复问题，如电子文档的修复、密码遗失的处理以及 Windows 系统故障的处理。这些问题都属于应用领域软件性质的故障，我们将其称为“计算机软故障”。从实际使用计算机的角度来说，软故障更为常见和多样，因此，本章将讲解常见软故障的特点及其处理方法。

5.1　文 档 修 复

由于数据逻辑上的原因，对于操作系统可见的文件，相应的应用程序却无法合理、正确地解释，从而出现诸如“文件损坏无法打开”或打开后为乱码等情况，通过纠错、重新计算 CRC 校验、改正不正确格式等手段来解决这些问题的过程，称为文档修复。

一个 Word 文档可能由于存储时的某种原因，字符编码类型标志位被改变，从而造成格式上出现错误，使 Word 在打开它时无法正确解释实际存储的内容，显示为乱码。如果重新设置字符集的标志位，就可使文档恢复本来面目，这个过程即文档修复。

提及文档修复，就自然涉及文档类型。通常不同的应用程序，对应创建不同格式的文件，由操作系统记录它们之间的关联关系，这些信息存放在注册表中。当双击这些文档时(一般默认的操作是打开该文档)，系统就利用注册表中登记的关联信息，运行相应的应用程序并打开文档。

每种特定的应用程序都有自己特定的文件格式或兼容数种文件格式。对于不同的文档，通常都会有相应的修复工具，它们或者是第三方开发的，或者由开发应用程序的公司自己提供，而且越是流行的文档类型，相应的修复工具越多。无论哪种文档修复工具，都是建立在掌握文档内部格式的基础之上的，正如掌握了文件系统就可以恢复数据一样，掌握了文档内部结构的细节，就可以用来修复相应的文档。

5.1.1　办公文档的修复

使用 Word 打开一个文件，常常会出现“文件损坏，无法打开”的提示，或者打开时要求选择字符集，而打开后呈现乱码，或者不出现任何提示，直接在打开后出现乱码等诸种情况。遇到这些问题后，我们可以采用下述方法来实现文档的修复。

1．使用 EasyRecovery 修复 Word 文档

在数据恢复中，我们已经使用了 EasyRecovery 来恢复文件，在此，我们将使用

EasyRecovery 来恢复 Office 办公文档的功能，其操作过程如下：

(1) 在 EasyRecovery 界面中选择左边的“文件修复”，再选择“WordRepair”，就会出现选择文件对话框，如图 5-1 所示。

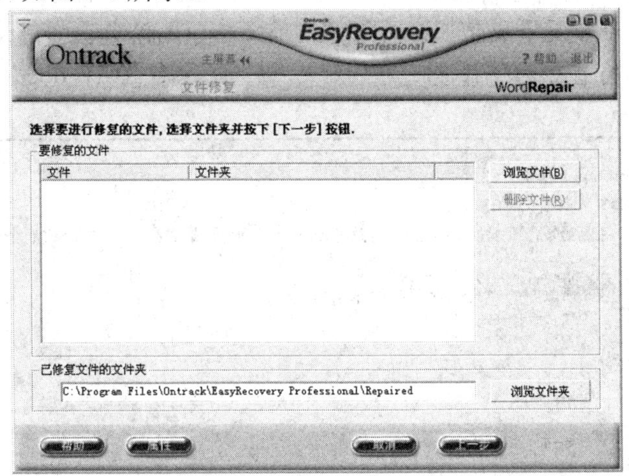

图 5-1　选择需修复的文件

(2) 点击“浏览文件”按钮选择文件，这是一个标准的文件打开对话框，如图 5-2 所示。使用 Ctrl 键可选择不连续的文件列表，使用 Shift 键可选择连续的文件列表，选择好后单击“打开”按钮。

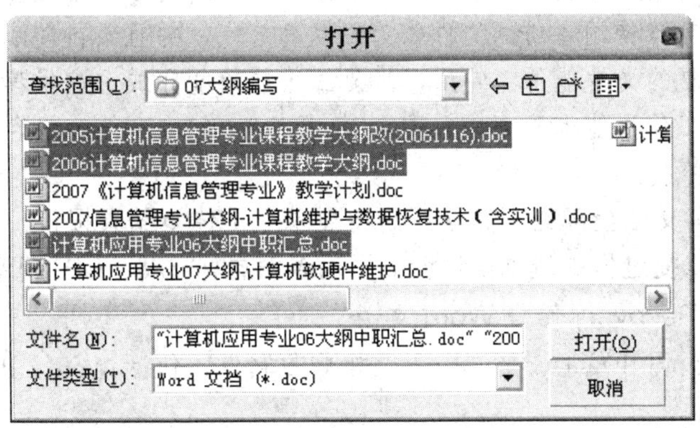

图 5-2　打开文件

重复上述步骤，可以选择不同目录下的多个文件。

(3) 选择好待修复的文件后，调整修复后的文件存放的文件夹，准备工作完成后，单击“下一步”按钮。此时，如果所选的文档处于活动状态，则 EasyRecovery 就不能完成修复工作，会提示要求关闭 Word，如图 5-3 所示。在关闭 Word 之后，修复工作则继续进行。

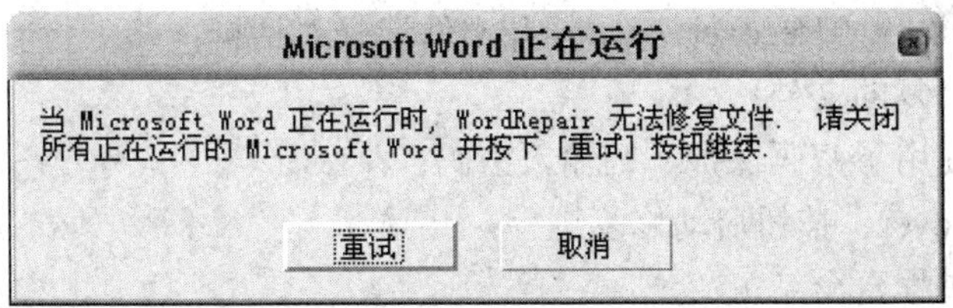

图 5-3　要求关闭 Word

注意：如果点击图5-1中左下角的“属性”按钮，则打开如图5-4所示的选项对话框。若选中“总是创建一个‘抢救的’文件”选项，则不管修复是否成功，它都将创建一个“抢救的”文档，并以“文件名_SAL.doc”的形式进行存储。如果不选择该项，则修复成功后就创建结果文档；若修复不成功，则不创建结果文档。无论选项如何设置，EasyRecovery在修复文档之前都将首先为待修复文档创建一个“文件名_BAK.doc”形式的备份文档，以免损坏原文档。

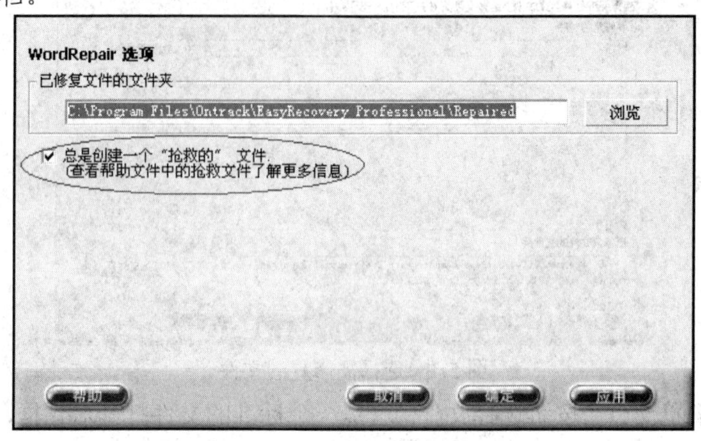

图5-4　选项对话框

在修复文件之前创建备份文件时，如果所选文件已经有了一个备份文件，则会出现提示，WordRepair会建议使用备份的文件作为修复的起点，并且不再创建新的备份文件。

此外，无论修复的文件能不能使用，修复工作能不能完成，都推荐创建“抢救的”文件。因为如果修复工作不能彻底完成，这个“抢救的”文件中可能会包含文档的部分内容，可借助它实现部分修复。

(4) 选择的所有文档全部处理完毕后，将显示一个修复结果报告，所有文件的修复结果都会显示出来。修复过程中遇到错误会显示错误信息。可以选择打印或存储该修复报告。

2. 使用WordRecovery修复Word文档

Concept Data公司开发了一个Office文档修复套件，包括Word、PowerPoint、Access等文档的修复工具。

WordRecovery有两种使用模式：作为独立的应用程序使用和作为Microsoft Word的一个插件使用。

WordRecovery作为独立应用程序使用的步骤如下：

(1) 选择“程序”→“OfficeRecovery”→“Recovery for Word”，启动WordRecovery，如图5-5所示；

(2) 选择“File”→“Recover…”，打开文件选择对话框；

(3) 选择需要修复的文档；

(4) 如果文档使用了密码保护，则输入密码；

(5) 单击“Recover”按钮启动修复进程；

(6) 等待修复过程直至结束；

(7) 出现提示时，保存修复的文件，并指定一个新的文件名。

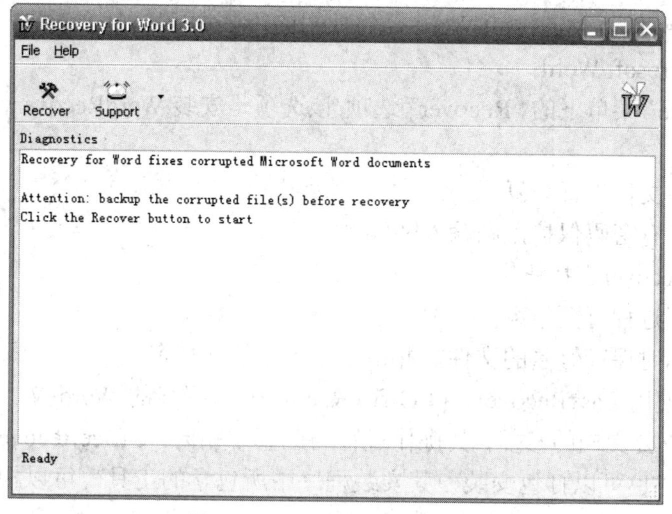

图 5-5　WordRecovery 主界面

文档修复完成后将提示保存修复结果，其对话框如图 5-6 所示。

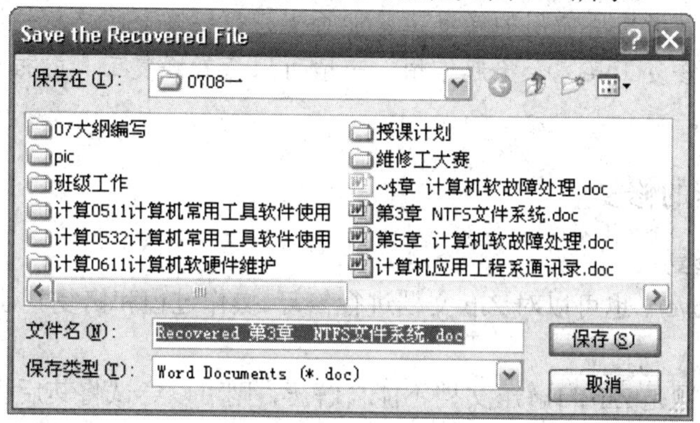

图 5-6　保存修复的结果

文档修复完并保存结果后，其界面如图 5-7 所示，显示当前修复结果报告，并等待对下一个文档进行修复。

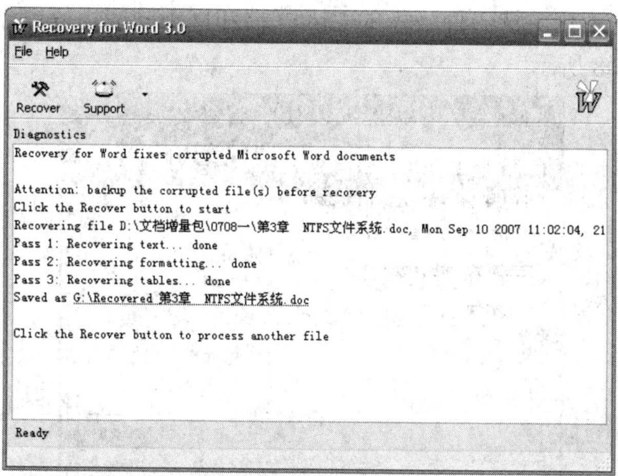

图 5-7　修复完成后的界面

WordRecovery 作为 Microsoft Word 插件使用的步骤如下：

(1) 启动 Microsoft Word；

(2) 选择“File”菜单下的“Recover”选项(该选项是安装 WordRecovery 时自动添加的)，打开一个文档；

(3) 选择一个文档进行修复；

(4) 如果文档有密码保护，则输入密码；

(5) 单击“Recover”按钮启动修复进程；

(6) 等待修复过程直至结束；

(7) 出现提示时保存修复的文件，并指定一个新的文件名。

上面介绍了使用 EasyRecovery 和 OfficeRecovery 对损坏的 Word 文档进行修复的操作过程，对于其他办公文档的修复，其操作过程与此基本相同。OfficeRecovery 中的修复工具既可以单独安装，也可以打包安装，其安装程序中所包含的工具，可以根据自己的实际需求选择性地安装。

注意：即使是同一个应用程序，如 Microsoft Word，由于版本的不同，它的文档格式也不尽相同，所以必须考虑所使用的修复工具能否支持需要修复的文档的版本，否则使用者容易误认为所用的修复工具完全不起作用。一般可以查看修复工具的推出年份来估计它能否较好地修复文档。

5.1.2 压缩文档的修复

1. Zip 文档修复

使用 EasyRecovery 也可以对 Zip 文档进行修复，操作过程和修复其他 Office 文档一样，这里不再介绍。

如果出现的问题是 Zip 自解压文档不能自解压，则可以尝试将其后缀名 .exe 改成 .zip，然后使用 WinZip 进行解压，一般也可以解决问题。如果仍不能解决问题，则可以尝试一些专业的修复工具。下面介绍使用 Advanced Zip Repair 修复 Zip 文档的方法。

AZR(Advanced Zip Repair)是一款修复损坏的 Zip 文档和 Zip 自解压文档(即 SFX 文档)的强有力的工具。该工具支持各种版本的 Zip 文档和用不同应用程序创建的 Zip 自解压文档，其主界面如图 5-8 所示。

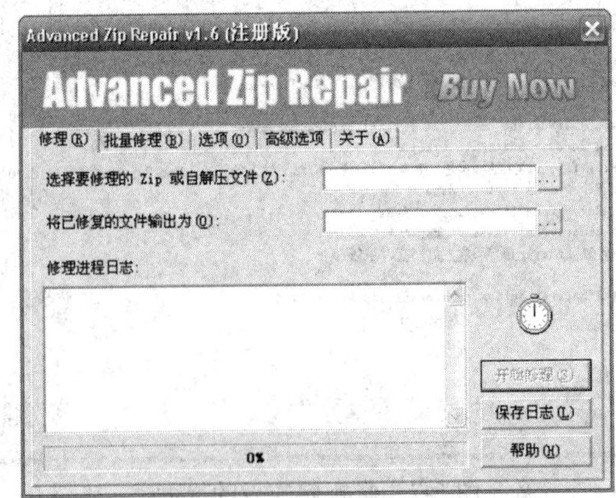

图 5-8 AZR 主界面

如果要修复一个 Zip 文档或者 Zip 自解压文档，可单击“修理”标签(打开时默认)，然后按照以下步骤进行：

(1) 在“选择要修理的 Zip 或自解压文件”后的文本框中输入或者点击“...”按钮，选择一个需要修复的 Zip 文档或 SFX 文档，如图 5-9 所示。

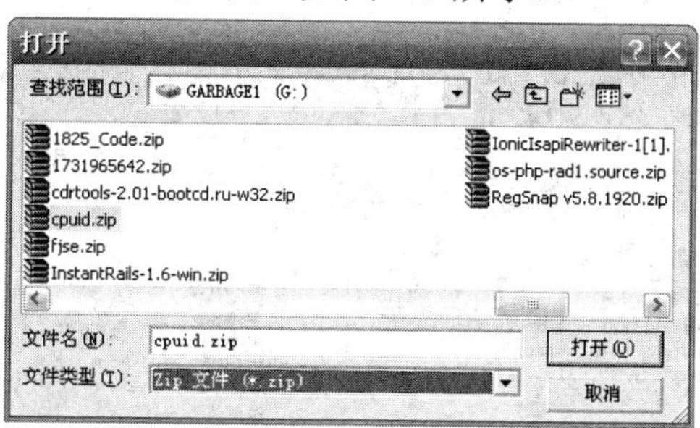

图 5-9　选择待修复的文档

(2) 选择好待修复的文档后，该软件会自动给出修复后文档的名称，并且默认保存在当前目录下，命名规则为“待修复文件文件名_fixed.zip”。当然，也可以另行选择保存的文件名和目录，如图 5-10 所示。

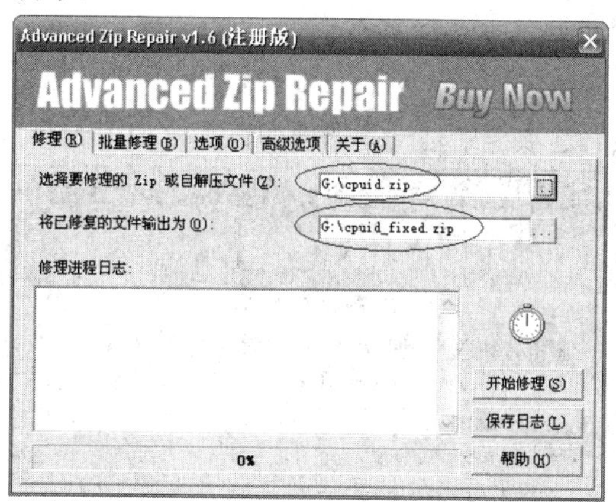

图 5-10　选择文件和保存路径

(3) 单击“保存日志”按钮设置记录事件，再单击“开始修理”按钮进行修复。

(4) 修复完成后的提示如图 5-11 所示，单击“确定”按钮关闭该对话框。

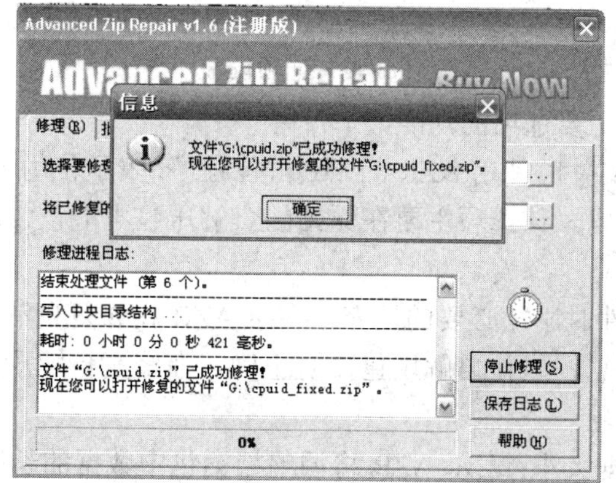

图 5-11　修复完成

如果要修复的文件不止一个，则选择图 5-8 中的“批量修理”选项卡，然后选择“添加文件”，添加需要修复的文件，或选择“移除文件”取消已添加的文件。选择好文件后单击“开始修理”按钮即开始修复，如图 5-12 所示。(若“修理状态”下显示为“未修理”，则表明所选的压缩文档并未损坏，不需要修复。)

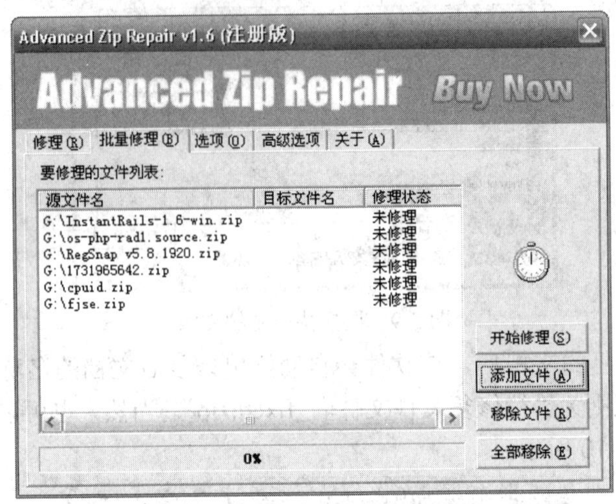

图 5-12　批量修复文档

在图 5-8 中，“选项”选项卡中是一些选项的设置，如图 5-13 所示。

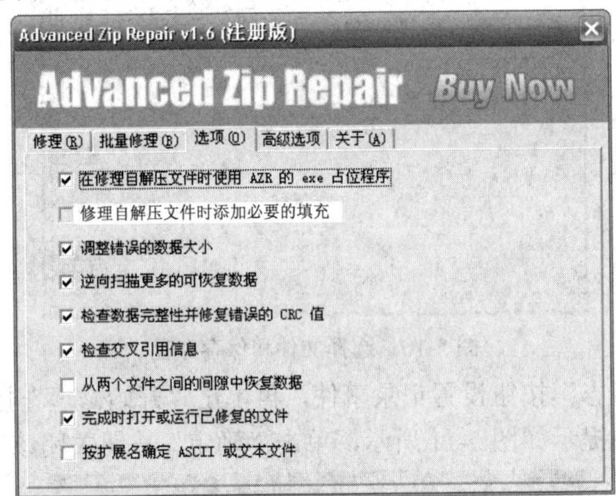

图 5-13　选项设置

“选项”选项卡中主要选项的功能如下：

(1) 在修理自解压文件时使用 AZR 的 exe 占位程序：表示使用 AZR 的解压代码替代自解压文档原有的解压代码。该选项主要在原始的自解压包不能正常运行，或修复后仍不能正常运行的情况下使用。

(2) 修理自解压文件时添加必要的填充：表示 AZR 在修复自解压包时将向自解压包中写入一些必要的填充信息，以使自解压包恢复正确。在修复自解压包时如果修复的结果不正确，则可以尝试该选项。

(3) 调整错误的数据大小：表示 AZR 将调整档案包中数据的长度信息，使之恢复正确。

在大多数情况下，这有助于从受损的文档中恢复出更多的信息，推荐选中该项。

(4) 检查数据完整性并修复错误的 CRC 值：表示如果 CRC 校验值不正确，AZR 将检查档案包中的每一个文件并对其进行修正。

(5) 检查交叉引用信息：表示 AZR 将检查当前以及中间的头部信息的参考信息。这样可以更加正确地恢复更多的文件，故建议选中该项。

当然，选择更多的选项在提高恢复能力的同时，通常也会花费更多的时间。

2. RAR 文档修复

高版本的 WinRAR 本身对 RAR 压缩文档和 Zip 压缩文档就有修复能力。启动 WinRAR，先选择要修复的压缩文档，再在“工具”菜单中选择“修复档案文件”(随着 WinRAR 版本的不同，该菜单位置也将不同)，如图 5-14 所示。

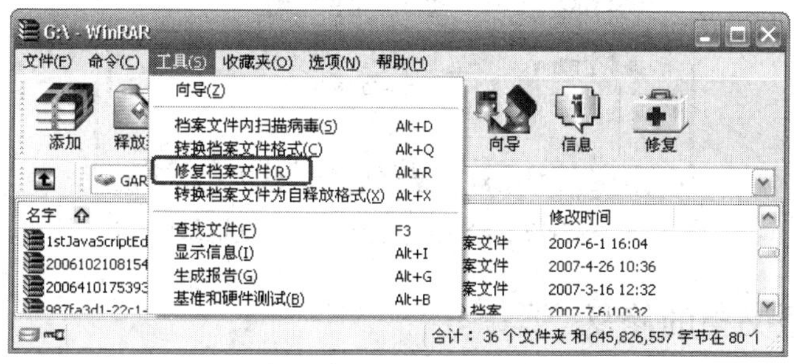

图 5-14　修复压缩文档

选择“修复档案文件”就是打开和选择压缩文档的类型，而 WinRAR 也可以自己侦测压缩文档的类型，如图 5-15 所示。

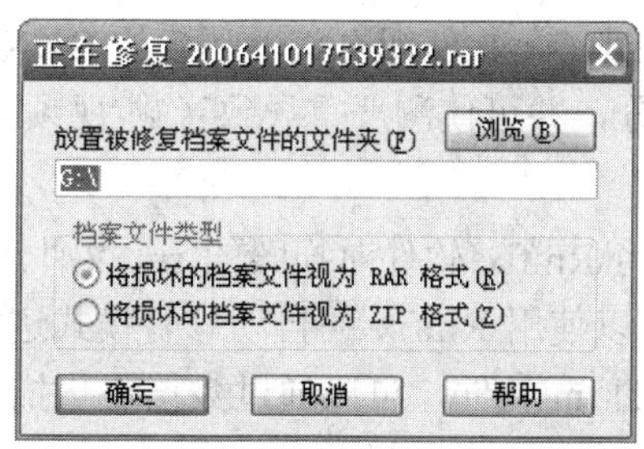

图 5-15　选择修复后文档的保存位置

修复完成后，显示修复结果，如图 5-16 所示。

图 5-16　WinRAR 修复结果

提示：对于 WinRAR 生成的自解压文件(.exe 文件)，同样可以用上述方法进行修复。另外，在使用 WinRAR 压缩文件时，给压缩文档增加恢复记录，可有效提高网络传输等造成的压缩文档局部受损后压缩文档的可恢复性，如图 5-17 所示。

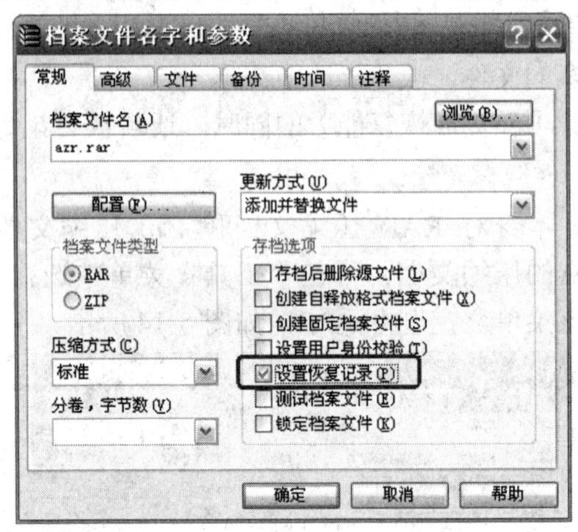

图 5-17　给压缩文档添加恢复记录

5.1.3　其他类型文档的修复

其他较常见的文档修复问题有视频和音频文件下载后不能播放或者不能正常使用，通常有如下三种类型的文档。

1．DivX(AVI 电影)的修复

对此类问题，可以使用 DivFix 软件观看部分下载的 DivX 电影文档，可以重建或剥去位于文件头部的电影索引部分，并可侦测严重导致音频/视频流错误的一些基本错误。

2．rm 文件的修复

针对此类文件，可以使用 Rmfix 软件对损毁的 rm 文件进行修复。例如，一个完整的 rm 文件只能播放一部分，可以使用 Rmfix 的自动修复模式进行修复。又如，rm 文件不完整或者是一个没有下载完全的 rm 文件，可以通过数据块扫描并重建索引来修复。

3．wmv/asf 文件的修复

对 wmv/asf 流媒体文件，可以用微风的 wmv/asf 工具包进行修复。该工具为全中文界面，使用方便，读者可以参考网络中的相关资料学习使用。

现在的文档修复工具经过逐步的发展，通常操作和使用都较简单、直观。但是，现在的文档修复工具功能还不够强大，文档修复的成功率或者效果还不能让用户满意。一方面是由于很多文档的格式不是公开的，另一方面是因为很多文档格式复杂，并且本身没有提供数据冗余校验，一旦文档的某些字节改变，应用程序就无法正确解释其中的内容。

5.2　密码遗失处理

密码是现代人生活中不可缺少的，甚至可以说，现代人被形形色色的密码包围着。密

码本身是用户为了保护自己的信息不泄露所采取的一种手段，然而，糟糕的是，密码过于简单，容易被人猜测出来，而密码过于复杂，则连用户自己都会忘记。

在个人计算机的使用中，较常见的密码遗失问题包括 Windows 操作系统管理员密码遗忘、办公文档密码遗失、压缩文档密码遗失等。针对 Windows 系统管理员密码遗忘的问题，通常的做法是从系统外部修改 SAM 文件，使得系统启动时的验证能通过。而对于办公文档和压缩文档密码遗失的问题，通常可利用工具软件进行暴力破解(穷举法)。

5.2.1 管理员密码遗忘的处理

对于 Windows 操作系统，如果用户在安装系统的时候设置了专门的用户账户和密码，而没有对 Administrator 账户设置密码(很多普通用户都属于这种情况)，则这时问题就比较简单。重设密码的具体操作如下：

(1) 按 Ctrl+Alt+Del 组合键(有欢迎界面的 Windows XP 需要按两次)进入登录对话框，在该对话框中输入用户名 Administrator，然后回车即进入系统。

(2) 打开“计算机管理”→“用户”，在其中可对遗忘密码的用户的密码进行重新设定，如图 5-18 所示即对账户 cgp 的密码进行重新设置。

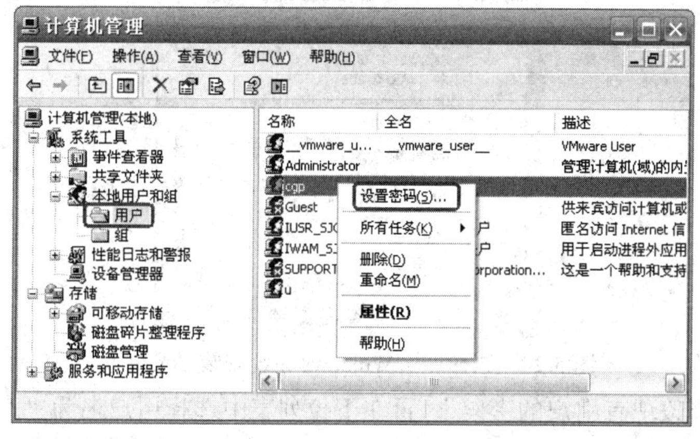

图 5-18 Windows 用户密码重置

如果遗忘了当前 Administrator 账户密码，此时若在 Windows 2000 系统下，可以通过从外部启动盘启动，删除 winnt\system32\config 目录下的 sam 文件来解决(为安全起见，推荐用 ren 命令将 sam 重命名，如 sam.old)；若在 Windows XP 或者 Windows 2003 系统下，而在最初安装系统时未对 Administrator 设密码(即 Administrator 密码是后来设置的)或密码还记得，则可以利用 windows\repair 目录下的 sam 覆盖 windows\system32\config 下的 sam 来解决，覆盖后的 Administrator 密码即恢复成最初安装系统时的状态。可参考 5.3.1 节中 Windows 注册表的备份与修复来了解相关操作。

更复杂的情形是，最初安装 Windows XP/2003 系统时所设的密码现在也遗忘了。对此需要借助一定的工具软件来解决，这类工具有 ERD Commander 工具盘、chntpwd(一个定制的 Linux 启动盘)、老毛桃修改的 WinPE 工具盘等。尤其是老毛桃修改的 WinPE 工具盘，集成了很多实用的计算机维护工具(包括 Windows 系统管理员密码清除工具)，而且是全中文界面，使用简便。使用该工具清除 Windows 系统管理员密码的方法如下：

(1) 启动计算机，保证 CMOS 设置中第一启动设备为光驱，从 WinPE 工具光盘启动 WinPE 系统后，选择“开始”→“程序”→“目标 Windows 系统维护”→“Windows 用户密码修复”项(注：不同的 WinPE 修改版中该工具的位置可能不同)，显示如图 5-19 所示的主界面。

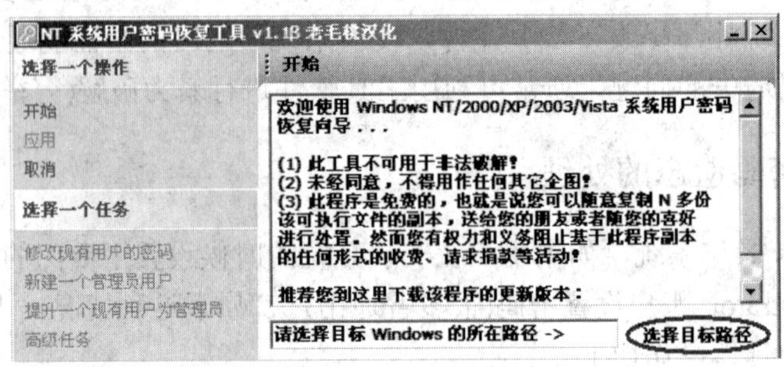

图 5-19　Windows 系统用户密码恢复工具主界面

(2) 点击“选择目标路径”，打开文件夹选择对话框，选中想要恢复密码的 Windows 系统的安装目录并确定，如图 5-20 所示。

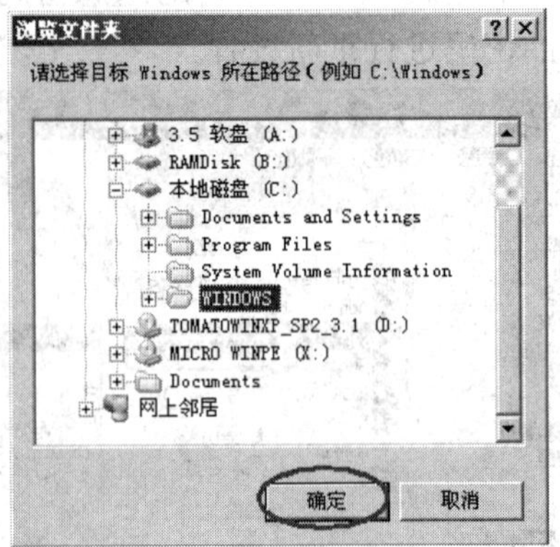

图 5-20　选择目标 Windows 系统安装目录位置

(3) 点击“修改现有用户的密码”，再在下拉列表中选择用户名为“Administrator”，在“新密码”框中输入新密码(如 123)，然后在“确认密码”框中重新输入一遍新密码，最后点击“应用”按钮。具体步骤如图 5-21 中的 1、2、3、4 所示。(注：该工具实质上是对密码的 HASH 值进行重置，属于“密码重置”而非“密码修复”，且“新密码”和“确认密码”框中不能为空，否则无法点击“应用”按钮。)

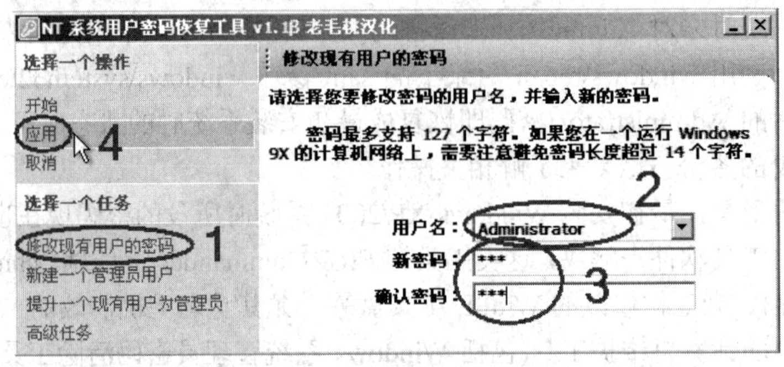

图 5-21　修改现有用户的密码

(4) 弹出图 5-22 所示的提示对话框，说明已经成功重置了 Administrator 用户的密码(例中设为 123)。

图 5-22　重置密码成功

(5) 重新启动计算机，选择从硬盘启动，按 Ctrl+Alt+Del 组合键进入登录对话框，使用刚才重置的 Administrator 用户密码，查看修改成功与否，如图 5-23 所示。

图 5-23　登录 Windows 查验密码重置效果

该工具相当简便有效，但是绝不可将该工具用于非法目的！当然，由于该工具属于暴力破解性质，机警的用户也完全能够发觉系统是否遭到入侵。如果实际情况需要计算破解出原始密码，例如使用了 EFS，则可以尝试用 LC4 之类的工具对 SAM 文件进行解密，此处不再介绍，需要的用户可上网搜索相关信息。

5.2.2　办公文档密码遗失的处理

在国内用户的实际使用中，办公文档 Word 的使用率非常高，为了不让他人看到自己的某些文档，就必须对文档进行加密。但是在限制了他人阅读的同时，也会因遗忘密码而给自己带来麻烦。此时就需要对办公文档进行解密。由于 Word 为人们所熟悉，且其通用性较好，故针对 Word 密码遗忘处理的工具非常多。下面将以 Advanced Office 2000 Password Recovery(AO2000PR)工具为例，介绍办公文档密码遗失处理的一般过程。

如果一个 Word 文档添加了打开文档的密码，则当双击打开该文档时会出现提示。例如，有一个 Word 文档 yyyy.doc 添加了打开文档的密码，双击时出现如图 5-24 所示的对话框。下面就用 AO2000PR 工具对其进行解密。

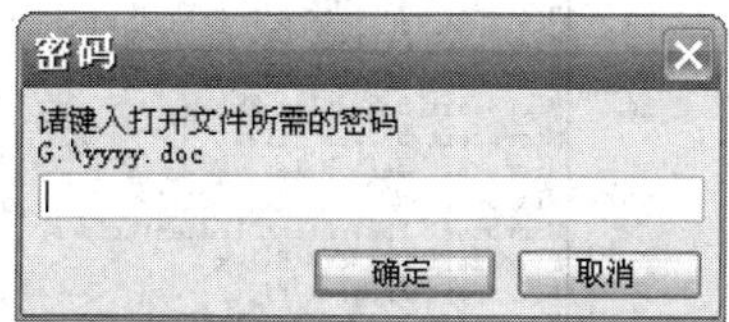

图 5-24　要求输入文档密码

(1) 启动 AO2000PR 软件，其主界面如图 5-25 所示。

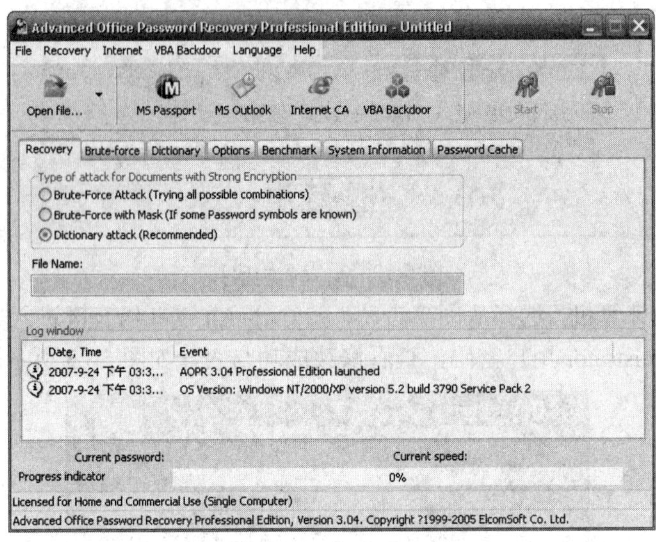

图 5-25　AO2000PR 主界面

(2) 工具栏下的最左边是打开文件选项，单击图标将弹出一个标准的 Windows 打开文件对话框(见图 5-26)，该对话框的“文件类型”下拉列表中所列也即使用 AO2000PR 工具可以实施密码破解的文件类型；或单击图标，弹出最近打开过的文件列表，如图 5-27 所示。

图 5-26　可选文件类型

C:\Documents and Settings\Administrator\桌面\日常处理07081\A答案.doc
C:\Documents and Settings\Administrator\桌面\日常处理07081\B答案.doc

图 5-27　最近打开过的文件列表

(3) 在正式执行破解之前，首先必须对攻击方式进行设定。图 5-25 的 Recovery 标签下提供了三种攻击类型(Type of Attack)，即暴力破解(Brute-Force Attack)、带掩码的暴力破解(Brute-Force with Mask)和字典破解(Dictionary Attack)。暴力破解是在指定的范围内尝试所有可能的密码组合；带掩码的暴力破解是指，如果还记得密码的一部分，则可以使用该方式；字典破解是使用存储在专门的字典文件里的单词来进行破解尝试。字典是一个字条占用一行的文本文件(ASCII 文件)，行与行之间用换行符隔开。字典攻击的速度很快，但是字典文件的适应性非常重要，好的破解者往往有很多字典，并且可能有自己添加的很多字条。

① 如果选用“暴力破解”方式，则单击 Brute-force 标签，如图 5-28 所示。

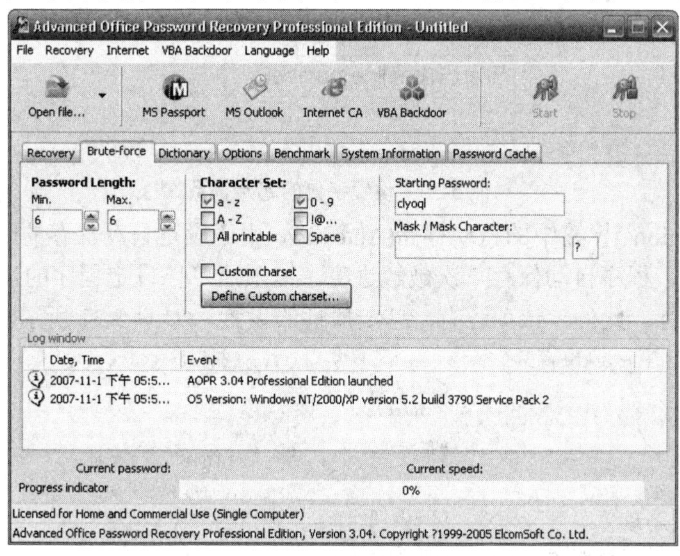

图 5-28　暴力破解方式

暴力破解方式下的选项设置包括最小长度、最大长度和字符集范围。一般，密码可能包含拉丁字母(大写和小写)、数字、特殊符号(!@#$%^&*()_+-=<>,./?[]{}~:;`'|"\等)和中文符号等。可以单独选择这些范围，也可以自定义字符范围。若要自定义字符范围，则选中“Custom charset(定制字符集)”复选框，再单击下边的按钮(Define Custom charset …)，然后在弹出的图 5-29 所示的“User defined charset”(用户定义字符集)对话框中，输入所能想到的所有可能包含的字符，左下角的图标可以载入( )、存储( )、清除( )和插入( )定义的字符集。

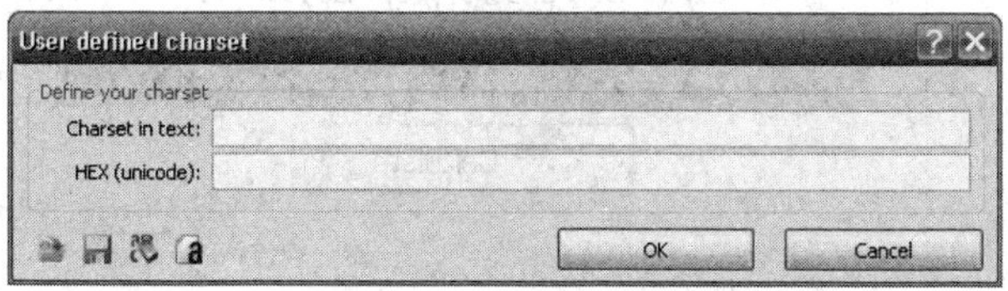

图 5-29　自定义字符集

② 如果已经知道密码使用的字符，则可以指定掩码来减少需检验的总密码数量，即使用“带掩码的暴力破解”方式。虽然同一时刻只能设定固定长度的密码掩码，但这种做法仍可大大加快破解的速度。

例如，如果已经知道密码包含 3 个字符，且以“1”开始，其他字符是数字或者小写字母，那么掩码可以设置为“1??”，同时字符设置选中小写字母 a～z 和数字 0～9 项，取消其他字符集的选择。该设置使得程序需要尝试的密码总数量为$(26+10)^2$个，比不加掩码设置的总数量$(26+10)^3$个要少得多。(这里假设第一个字符的字符集范围也在小写字母 a～z 和数字 0～9 的范围内。)

注意：此处符号“?”表示单个字符的通配符。如果密码中可能出现“?”，则应该选择其他的掩码以避开“?”。例如，可使用“#”或“*”代替“?”，设置成“1##”或“1**”。

③ 在“字典破解”方式下，“Start from line number(起始行数)”使用“#”选项用以设置从字典中特定的行开始尝试，如果中断破解，则显示当前行数(当然也会存入工程文件中)，如图 5-30 所示。

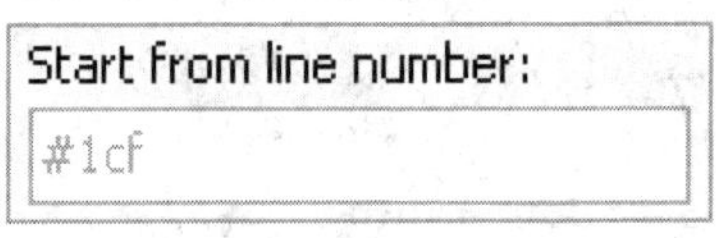

图 5-30　设置字典的起始行数

(4) 选项(Options)标签中的自动存储(Auto-save)用于设定自动保存的时间间隔。每经过设定的时间间隔，程序自动保存一次破解进度。该项还可以设定程序的运行级别，是后台运行还是全速运行。此外，该项还有一些一般性的设置，如图 5-31 所示。

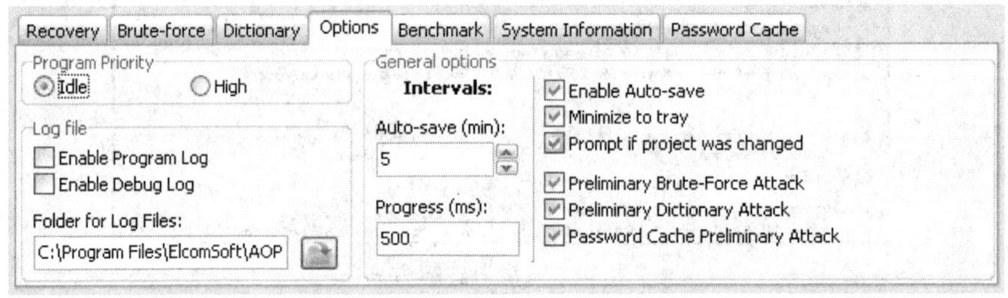

图 5-31　选项设置

实际使用中应注意“破解方式”和“选项”设置的配合。

(5) 基准(Benchmark)标签用于查看破解速度，如图 5-32 所示。

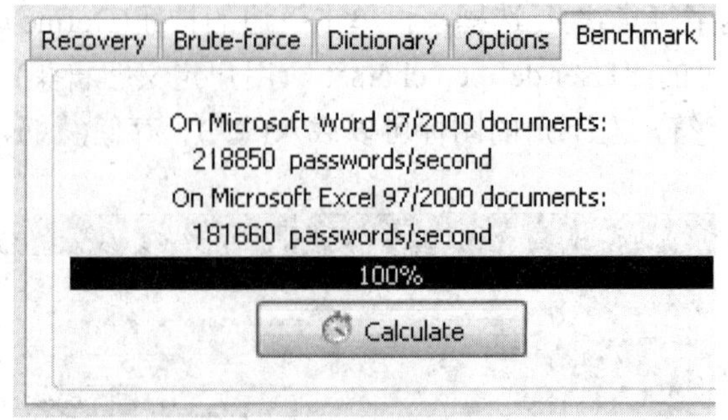

图 5-32　基准测试

(6) 完成以上设置后，单击“Start(开始)”按钮，程序进入破解尝试状态，其进度指示如图 5-33 所示。

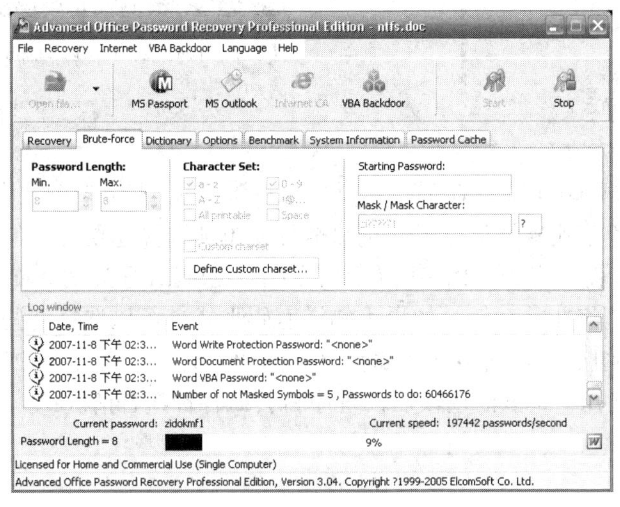

图 5-33　破解进度指示

(7) 密码破解完毕(图中设置的破解方式为“带掩码的暴力破解”方式，掩码设置为zi?????1，并设置了字符集范围)，结果如图 5-34 所示。可以点击密码右边的按钮“Copy Password to Clipboard(将密码复制到剪贴板)”将结果复制到剪贴板，或者直接点击“Open”按钮在 Word 中打开该文档。

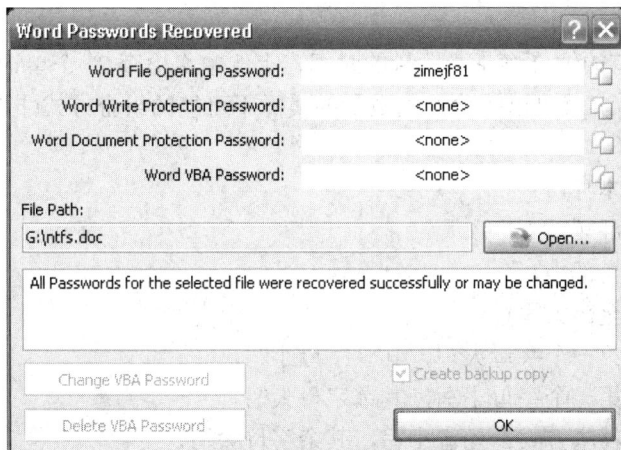

图 5-34　密码破解结果

注意：不要随便在图 5-33 的“Starting Password”处填入字符，否则会影响破解结果。例中的密码是“zimejf81”，按 ASCII 码大小排列，如果填入字符“zinnnnn1”，它比“zimejf81”大，将导致密码破解失败，弹出如图 5-35 所示的对话框提示密码找不到，因为它只尝试“zinnnnn1”之后的组合方式；如果填入“zikkkkk1”，则会加快破解进度(更准确地说是破解范围缩小了)。如果填入的字符长度小于设定的最小长度，程序将忽略，对程序没有任何影响；但若填入的字符不在选定的字符集里，则会提示“起始密码和所选字符集不匹配”，如图 5-36 所示。

图 5-35　填入不合适的起始密码得到的结果

图 5-36　起始密码和所选字符集不匹配

如果选用的是“字典破解”方式，则只需要简单地选择想要使用的字典即可。在这种破解方式下，程序将使用字典文档中所有的单词作为密码进行尝试。如果密码有某种意义，如一个完整的单词，将非常有效。如果不知道密码形式，可以选择一些智能变化形式或者尝试所有的大小写组合，将非常有帮助。例如，假设在字典文件中准备尝试的单词是“PASSword”，在选择二次激活选项后，程序将尝试各种组合情况：

password
passworD
passwoRd
passwoRD
passwOrd
…
PASSWORd
PASSWORD

然而，尝试所有的组合将花费大量的时间，上例中将检查 2^8 个单词(共 256 种组合)。但如果使用智能变换，就可以排除相当数量的实际不可能的组合方式(指密码设置者极难记忆的组合)，如：

PASSword　(本身)
passWORD　(翻转)
password　(全部小写)
PASSWORD　(全部大写)
Password　(第一个字母大写，其余字母小写)
pASSWORD　(第一个字母小写，其余字母大写)
PaSSWoRD　(精华方式：元音小写，其余字母大写)
pAsswOrd　(精华方式翻转)
PaSsWoRd　(重音形式 1)
pAsSwOrD　(重音形式 2)

这样，对每个单词就只有 10 种组合方式。

程序内置有一个字典文件 english.dic。程序默认把曾经破解得到的密码加入到密码缓冲区，并且总是预先尝试密码缓冲区中的密码。这本质上就是一种用户字典。当然，用户也可以手动建立字典，或者下载别人现成的字典。总的来说，字典攻击的速度非常快，但有效性依赖攻击者对密码设置者设置密码习惯的了解程度。

如果密码较复杂，需要较长时间才能破解，则在破解过程中应随时保存工程进度，以便下次打开时就可以接着上次的工程进度继续进行。若停止正在进行的破解过程，则出现如图 5-37 所示的提示对话框。

图 5-37　停止破解过程

使用该工具对 Excel、PowerPoint、Access、Outlook 等文档进行的密码恢复操作也都类似，不再详细介绍。

注意：尽管图 5-26 列出了 AO2000PR 可以进行密码破解的文档类型，但若使用 AO2000PR 去破解版本高于它所支持的办公文档，破解通常会失败。因此必须先了解所使用的 AOPR 支持的办公文档的版本，再实施破解。

5.2.3　压缩文档密码遗失的处理

常见的压缩文档有 ZIP 格式、RAR 格式和 ACE 格式的，从通用性来说，ZIP 格式的最为多见。但是，从国内用户的习惯来看，目前 RAR 格式的使用更普遍。下面就以 ARPR(Advanced RAR Password Recovery)软件破解 RAR 文档密码为例来说明如何破解压缩文档的密码。

首先介绍如何对 RAR 文档设置密码，其方法如下：

(1) 在选用 WinRAR 压缩文档后，在其对话框中选择“高级”标签页(默认为“常规”标签页)，如图 5-38 所示。

(2) 点击“设置口令”按钮，在弹出的对话框中输入口令并重复一遍，然后单击“确定”按钮，如图 5-39 所示。

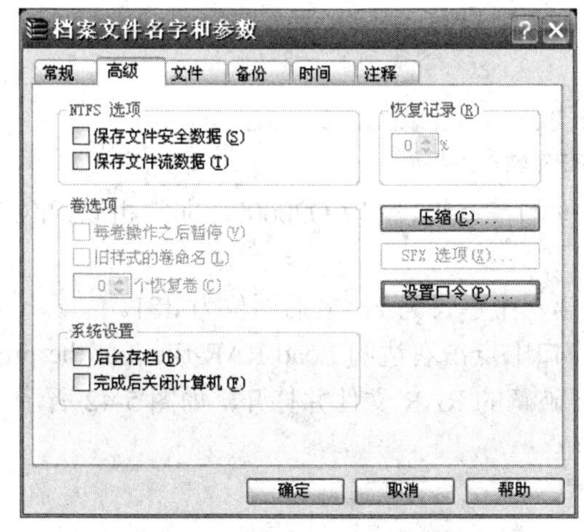

图 5-38　WinRAR 高级标签页

图 5-39　输入 RAR 文档口令

(3) 完成设置后点击“确定”按钮，即可将文档压缩。

带有口令的压缩文档在打开时其文件名后通常都带有“*”标记，如图 5-40 所示。

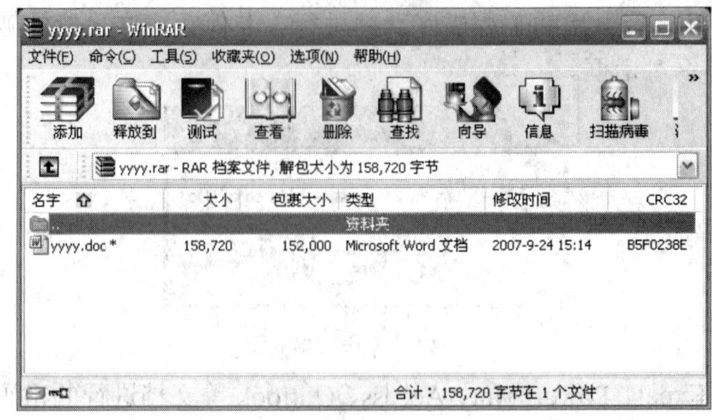

图 5-40　带有口令的压缩文档

下面介绍破解该压缩文档密码的方法。

(1) 启动 ARPR 软件，其主界面如图 5-41 所示。

图 5-41　ARPR 软件主界面

与图 5-25 比较可以发现，ARPR 软件界面的基本组成和 AO2000PR 非常相似。事实上，ARPR 软件的使用方法也和 AO2000PR 类似。

假设该例中我们已经知道密码长度 8，第一个字符为 z，最后四位为 jf81。

(2) 在主界面的 Encrypted RAR-file 子窗口中点击右边的 Load RAR-file into the project (在工程中导入 RAR 文件)按钮，选择要破解的 RAR 文件并打开，如图 5-42 所示。

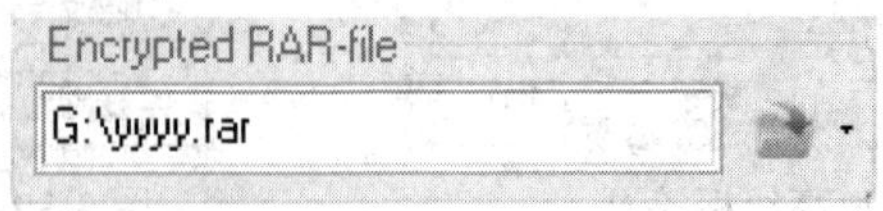

图 5-42　选择要破解的 RAR 文件

(3) 选择攻击方式(Type of attack)为带掩码的暴力破解方式(Mask)，如图 5-43 所示。

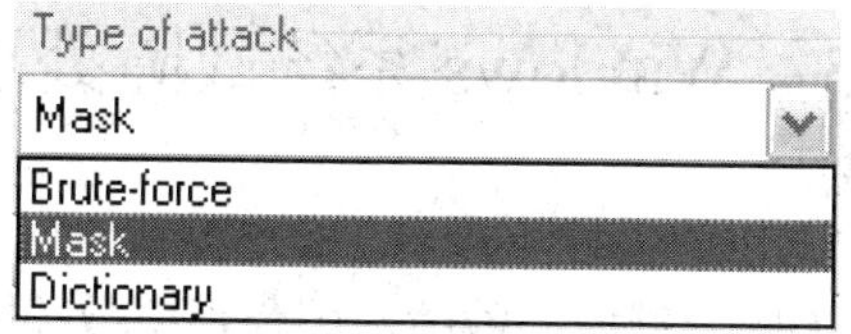

图 5-43　选择攻击方式

(4) 选择字符集范围为小写字母，掩码为“z???jf81”，如图 5-44 所示。

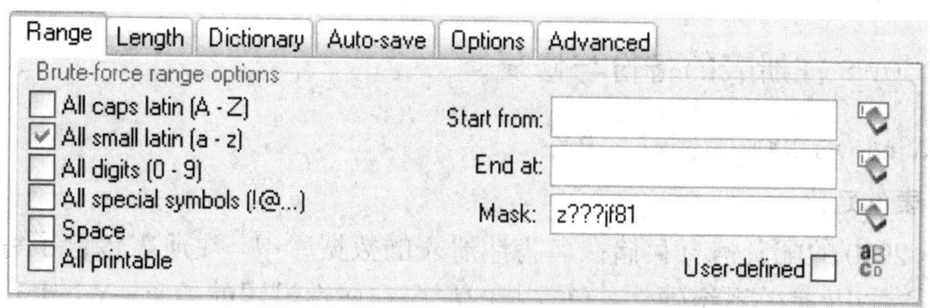

图 5-44　设置字符集范围和掩码

(5) 点选主界面(图 5-41)中的 Start(启动)按钮开始破解尝试。在主界面的下方可以看到破解的进程和破解的速度，如图 5-45 所示。

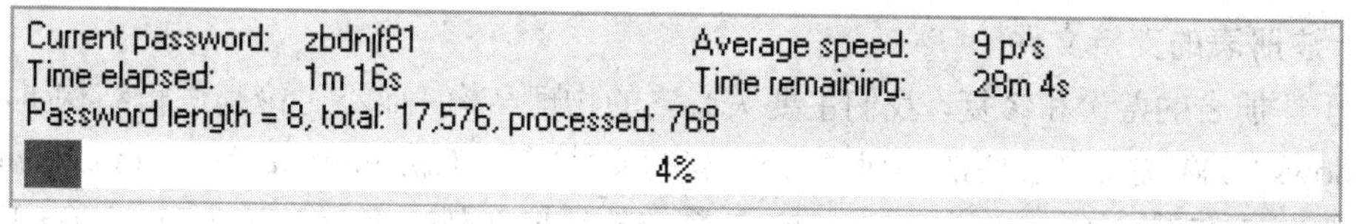

图 5-45　ARPR 破解密码的速度和进度

(6) 破解成功后，出现如图 5-46 所示的结果。(注：该例中的密码为“zimejf81”。)

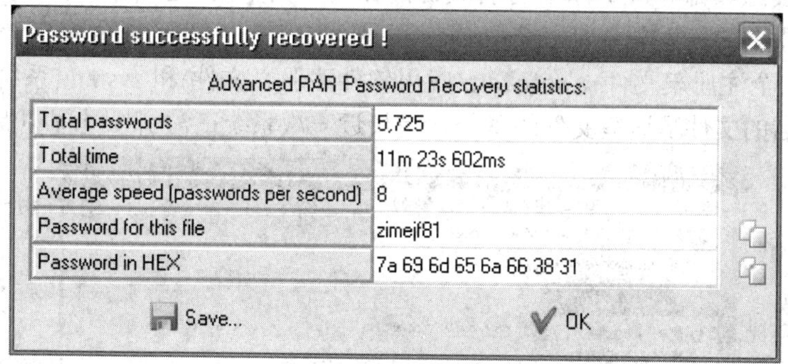

图 5-46　ARPR 破解成功后的结果

通过上述操作我们会发现，该例中虽已将字符集范围限定到较小，且设置了掩码，使实际的密码长度仅相当于 3 个字符，密码总数为 26^3=17 576 个，但仍然需要耗费大量的时间来进行密码破解。这说明，破解 RAR 口令的速度是相当慢的，和破解 Office 系列办公文档密码的速度有着天壤之别。但这从另一个侧面说明，Office 系列办公文档的密码加密强度很低，而 RAR 文档密码的加密强度相当高。因此，只要合理设置 RAR 文档密码，就可以非常有效地维护个人文档的安全。但同时也必须指出，如果用户忘记了自己 RAR 文档的密码，将会非常麻烦，甚至在实践意义上不可破解。

5.3　Windows 系统故障处理

影响 Windows 系统正常工作的软故障很多，有些是特定应用方向的，如网络故障。我们在此不介绍那些特定于相关应用领域的故障，因为那些故障需要应用相关的知识。我们把重点放在普通用户关心的问题上，如注册表、系统启动文件、病毒和木马、流氓软件和垃圾邮件等。

5.3.1　Windows 注册表的备份与修复

下面以 Windows 2000 为例进行介绍。

1．注册表的定义

Windows 2000 的配置信息存储在名为注册表的数据库中。注册表包含了每个计算机用户的配置文件，以及有关系统硬件、已安装的程序和属性设置的信息。Windows 2000 在运行过程中要一直引用这些信息。

因此，注册表是 Windows 2000 操作系统的核心与灵魂，存储和管理着整个操作系统、应用程序的关键数据，是整个操作系统中最重要的一部分。

2．注册表的支持文件

对于注册表的备份和修复，我们主要关心它的物理结构，而不讨论其逻辑结构(即键树)。在 Windows 2000 中，最主要的注册表文件(支持文件)在“%systemroot%\system32\config”目录下，如图 5-47 所示(注：%systemroot%是系统的环境变量，表示 Windows 2000 的安装路径，例如 C:\winnt，对 Windows XP 系统通常为 C:\windows)。此文件夹中的每一个文件都是注册表的重要组成部分，对系统有着关键的作用。其中没有扩展名的文件是当前注册表文件，也是最重要的，主要包括 default(缺省注册表文件)、SAM(安全账户管理器注册表文件)、security(安全注册表文件)、software(应用软件注册表文件)和 system(系统注册表文件)。以 .sav 为扩展名的文件是这些文件的备份，是最近一次系统正常引导过程中保存的。

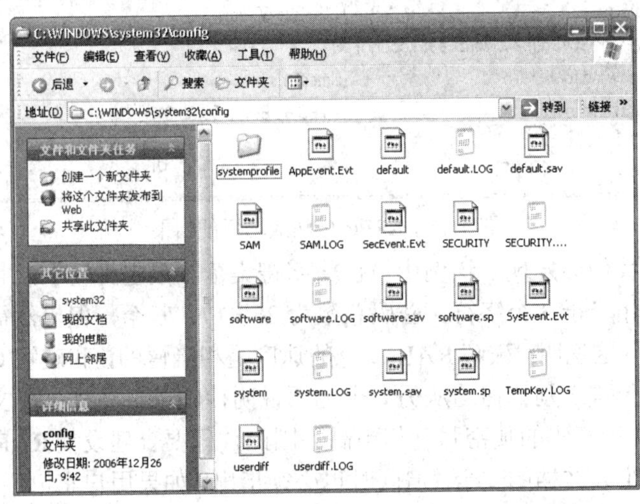

图 5-47　注册表主要的支持文件

其他的 Windows 2000 注册表文件在系统盘的\Documents and Settings\Default User 下，包括 Ntuser.dat 和 Ntuser.dat.log 等。

3．注册表所有文件的备份

用系统启动盘启动后，进入%systemroot%\system32\config 目录下，将所有文件复制并存放到安全的位置。该方法实际上是对注册表的关键性支持文件做了备份。如果引导卷(操作系统安装的分区)是 NTFS 文件系统，那么可以使用 ntfspro 或者恢复控制台来进入%systemroot%\system32\config 目录。(恢复控制台的启动比较麻烦，但 ntfspro 是第三方软件，其可靠性有待验证。)

4．注册表的整体导出

可用 regedit.exe 工具导出注册表，如图 5-48 所示，设置“导出范围”为“全部”(即整个注册表)，“保存类型”为 reg 文本文件。这样导出的 reg 文本包含了所有注册表信息，但它不同于注册表的支持文件。

图 5-48　注册表整体导出

5．重建注册表

注册表被破坏后，可通过以下两步来重建注册表。

(1) 为了恢复的安全性和可回溯，建议保存已经有问题的注册表文件。如果是 NTFS 文件系统，建议使用恢复控制台。备份完有问题的注册表后，删除%systemroot%\system32\config 下注册表的支持文件，然后将原先备份的注册表基础文件(通常是刚刚装完基本的系统后备份的文件)复制到%systemroot%\system32\config 下。这样系统就可以启动了，但这样会丢失大量信息。

(2) 启动 Windows 系统，用 regedit.exe 工具将备份的 reg 文本信息导入(合并)到注册表。可能会有信息重复的冲突，忽略即可。

这样重建后，注册表就恢复到了做 reg 文本备份时的状态。

6. 备份系统状态

可用备份工具 ntbackup.exe 备份系统的当前状态，操作为“开始”→“所有程序”→“附件”→“系统工具”→“备份”→“System State”，系统状态中包含了注册表但不仅仅是注册表，如图 5-49 所示。

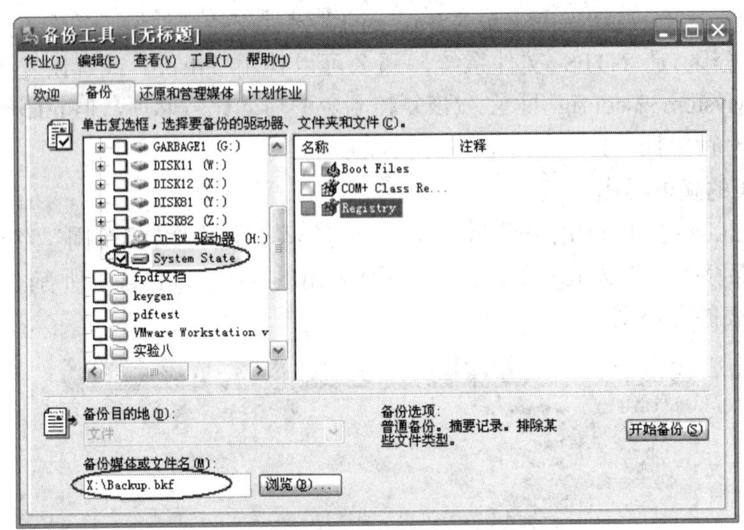

图 5-49　备份系统状态

注意：可通过 Windows 帮助和网上相关资料了解如何利用 ntbackup.exe 备份系统状态和还原系统状态。

7. 没有备份时的恢复

Windows 2000 会将最主要的注册表支持文件备份到“%systemroot%\repair”目录下，以便在出现故障时修复。但 systemroot%\repair 下的文件是系统第一次安装完成后保留的，若用于系统修复，会丢失显卡驱动配置等信息。因此可采用如下的方法：

如果有用 regedit.exe 做的 reg 备份或者 ntbackup.exe 做的 bkf 备份，可以使用“基础文件+reg 备份”或者“基础文件+bkf 备份”的方式来恢复(将%systemroot%\repair 下的文件作为基础文件)。否则只能再次安装必要的驱动程序和软件或者重装系统。

此外，如果你的系统开启了 Windows 自带的系统还原功能，则可以参考微软网站相应文档来将注册表恢复到过去的某个时间状态。

5.3.2　系统文件丢失后的修复

系统文件丢失或者损坏对操作系统的正常启动和工作会产生重要影响。在此我们先来大致了解一下操作系统的正常启动过程。下面以 Windows XP 操作系统的启动为例来介绍。

1. 系统启动过程

从按下计算机电源启动计算机到进入到桌面完成启动需经历如下几个阶段。

1) 预引导阶段

从按下计算机电源到操作系统启动之前这段时间，我们称之为预引导(Pre-Boot)阶段。

在这个阶段里，计算机首先运行 Power On Self Test (POST)检测系统的总内存以及其他硬件设备的现状，如果计算机系统的 BIOS(基本输入/输出系统)是即插即用的，那么计算机硬件设备将检验并完成配置。计算机的基本输入/输出系统定位计算机的引导设备后，MBR(Master Boot Record)被加载并运行。在预引导阶段，计算机将加载 Windows XP 的 NTLDR 文件。

2) 引导阶段

Windows XP Professional 引导阶段包含以下 4 个阶段：

首先，在初始引导加载器阶段(Initial Boot Loader)，NTLDR 将计算机微处理器从实模式转换为 32 位平面内存模式。在实模式中，系统为 MS-DOS 保留了 640 KB 的内存，其余内存均视为扩展内存；在 32 位平面内存模式中，系统视所有内存为可用内存。之后，NTLDR 启动内建的 mini-file system drivers，通过该步，使 NTLDR 可以识别每一个用 NTFS 或者 FAT 文件系统格式化的分区，以便发现并加载 Windows XP Professional。至此，初始引导加载器阶段就结束了。

其次，进入操作系统选择阶段。如果计算机安装了不止一个操作系统(也就是多系统)，而且正确设置了 boot.ini 使系统提供有操作系统的选择，则计算机显示器会显示一个操作系统选单，这是 NTLDR 读取 boot.ini 的结果。

boot.ini 中主要包含着如下内容：

```
[boot loader]
timeout=30
default=multi(0)disk(0)rdisk(0)partition(1)\WINDOWS
[operating systems]
multi(0)disk(0)rdisk(0)partition(1)\WINDOWS="Microsoft Windows XP Professional"
/fastdetect
multi(0)disk(0)rdisk(0)partition(2)\WINNT="Windows Windows 2000 Professional"
```

其中，multi(0)表示磁盘控制器，disk(0)rdisk(0)表示磁盘，partition(x)表示分区。NTLDR 就是从这里查找 Windows XP Professional 的系统文件的位置的。如果 boot.ini 中只有一个操作系统选项，或者 timeout 的值为 0，则系统不出现操作系统选择菜单，直接引导到那个唯一的系统或者默认的系统。在选择启动 Windows XP Professional 后，操作系统选择阶段结束，硬件检测阶段开始。

再次，在硬件检测阶段，ntdetect.com 将收集计算机硬件信息列表并将列表返回到 NTLDR，这样做的目的是便于以后将这些硬件信息加入到注册表 HKEY_LOCAL_MACHINE 下的 HARDWARE 中。

最后，硬件检测完成后，进入配置选择阶段。如果计算机含有多个硬件配置文件，可以通过按上下键在信息列表中选择；如果只有一个硬件配置文件，则计算机不显示该信息列表而直接使用默认的配置文件加载 Windows XP 专业版。

至此，引导阶段结束。该阶段中系统要用到的文件有 NTLDR、boot.ini、ntdetect.com、ntoskrnl.exe、Ntbootdd.sys 和 bootsect.dos (可选的)等。

3) 加载内核阶段

在加载内核阶段，NTLDR 加载称为 Windows XP 内核的 ntoskrnl.exe。系统首先加载

Windows XP 内核(但是没有将它初始化)，接着 NTLDR 加载硬件抽象层(HAL，hal.dll)，然后，系统继续加载 HKEY_LOCAL_MACHINE\SYSTEM 键，NTLDR 读取 select 键来决定哪一个 Control Set(控制集)将被加载。Control Set 中包含着设备的驱动程序以及需要加载的服务，而 NTLDR 加载的是 HKEY_LOCAL_MACHINE\SYSTEM\Services\... 下 Start 键值为 0 的最底层设备驱动。当作为 Control Set 镜像的 Current Control Set 被加载时，NTLDR 将传递控制给内核，初始化内核阶段即开始了。

4) 初始化内核阶段

在初始化内核阶段开始的时候，彩色的 Windows XP 的 logo 以及进度条显示在屏幕中央，在该阶段，系统完成启动的如下几项任务：

(1) 内核使用在硬件检测时收集到的数据创建 HKEY_LOCAL_MACHINE\HARDWARE 键。

(2) 内核通过引用 HKEY_LOCAL_MACHINE\SYSTEM\Current 的默认值复制 Control Set 创建 Clone Control Set。Clone Control Set 配置是计算机数据的备份，不包括启动中的改变，也不会被修改。

(3) 系统完成初始化以及加载设备驱动程序，内核初始化那些在加载内核阶段被加载的底层驱动程序，然后内核扫描 HKEY_LOCAL_MACHINE\SYSTEM\CurrentControlSet\Services\... 下 Start 键值为 1 的设备驱动程序。这些设备驱动程序在加载的时候便完成初始化，如果有错误发生，内核将使用 ErrorControl 键值来决定如何处理。当值为 3 时，错误标志为危急/关键，系统初次遇到错误会以 LastKnownGood Control Set 重新启动，如果使用 LastKnownGood Control Set 启动仍然产生错误，系统报告启动失败，错误信息将被显示，系统停止启动；当值为 2 时，错误情况为严重，系统启动失败并且以 LastKnownGood Control Set 重新启动，如果系统启动时已经在使用 LastKnownGood 值，它会忽略错误并且继续启动；当值为 1 时，错误为普通，系统会产生一个错误信息，但是仍然会忽略这个错误并且继续启动；当值为 0 时，忽略，系统不会显示任何错误信息而继续运行 Session Manager。启动了 Windows XP 高级子系统以及服务后，Session Manager 启动控制所有输入、输出设备以及访问显示器屏幕的 Win32 子系统和 Winlogon 进程，初始化内核完毕。

5) 登录

Winlogon.exe 启动 Local Security Authority 后，显示 Windows XP Professional 欢迎界面或者登录对话框。此时，系统还可能在后台继续初始化刚才没有完成的驱动程序。

Service Controller 最后执行以及扫描 HKEY_LOCAL_MACHINE\SYSTEM\CurrentControlSet\Services 来检查是否还有服务需要加载。Service Controller 查找 Start 键值为 2 或更高的服务，服务按照 Start 的值以及 DependOnGroup 和 DependOnService 的值来加载。

只有用户成功登录到计算机后，Windows XP 的启动才被认为已经完成。在成功登录后，系统拷贝 Clone Control Set 到 LastKnownGood Control Set，完成这一步骤后，才意味着系统已经成功引导。

2. 系统文件修复

下面介绍常见系统文件丢失或者损坏后的解决方法。

1) NTLDR 文件丢失或者损坏

在突然停电(断电)或在高版本系统的基础上安装低版本的操作系统时，很容易造成

NTLDR 文件的丢失或者损坏(低版本的 NTLDR 覆盖高版本的可以看做损坏)，在登录系统时通常会出现“NTLDR is Missing Press any key to restart”的故障提示，这可在“故障恢复控制台”中进行解决。方法如下：

插入 Windows XP 安装光盘，像通常安装系统一样，但不选择安装系统，而选择用故障恢复控制台修复(R)。出现恢复控制台后，根据提示选择要登录的系统并输入管理员密码登录。然后，在故障恢复控制台的命令状态下输入“copy x:\i386\ntldr c:\”命令并回车即可(“x”为光驱所在的盘符，这里假设系统卷为 c:)。

提示：如果 NTLDR 文件所在的分区(通常是激活的主分区)是 FAT 分区，也可以直接从 DOS 启动，从系统安装盘的 i386 目录下将 NTLDR 拷贝一份；如果是 NTFS 分区，可以通过加载 ntfspro 来实现 DOS 下对 NTFS 分区的访问。如果 NTLDR 并非丢失，而是文件损坏，建议先用 ren 命令重命名损坏的文件，然后从安装盘拷贝完好的文件。

2) ntdetect.com 文件丢失或者损坏

ntdetect.com 文件丢失或者损坏时，通常会出现“NTDETECT.COM 丢失或损坏(失败)”的提示。解决该问题的方法和解决 NTLDR 文件丢失或者损坏的方法基本相同，这里不再重复。

3) boot.ini 文件丢失或者数据错误

通常，boot.ini 文件丢失或者文件结构错误的时候，NTLDR 因为找不到正确结构的 boot.ini，就提示 boot.ini 文件找不到或者非法，然后默认从当前硬盘的第一个分区下查找 Windows 系统目录(对 Windows XP 是\Windows\system32 目录)。如果系统确实安装在第一个分区下，Windows 仍然能够正常启动；否则，因为找不到系统目录的位置，会出现找不到 ntoskrnl.exe 或 hal.dll 的提示(请参阅前述关于 Windows XP 启动过程的论述)。

如果 boot.ini 文件存在，并且结构正确，但是其中关于分区的指示 partition(x)的数字 x 不正确，则同样因为找不到系统目录的位置，会出现找不到 hal.dll 的提示(屏幕提示为 hal.dll 丢失或者损坏，但事实上是因为位置不正确而找不到)。例如，原来 Windows XP 系统安装在第 3 个分区 partition(3)，安装了“一键恢复 Ghost”后，系统无法正常启动。用 Diskman 软件观察分区后发现，“一键恢复 Ghost”增加了一个主分区，从而 Windows XP 所在分区变成了第 4 个分区，将 partition(3)修改成 partition(4)后，系统即正常启动。

对于 boot.ini 文件丢失或者数据错误问题，因为 boot.ini 只是一个一定格式的文本文件，所以我们可通过重建该文件或者修正该文件来解决。用 DOS 启动盘启动后，如果是 NTFS 分区，加载 ntfspro，然后用 edit.com 编辑 boot.ini 文件保存即可。

4) 非启动相关的系统文件丢失或损坏

对于单个的非启动相关的系统文件丢失或损坏，其处理方法是相同的，即从安装光盘解压一份完好的文件到对应的目录下。例如，compmgmt.msc 文件丢失或损坏会造成计算机管理不可用，这时，在“运行”窗口中输入“expand x:\i386\compmgmt.ms_ c:\windows\system32\compmgmt.msc”命令并回车执行(其中“x”为光驱的盘符)或者打开命令提示符，输入“expand x:\i386\compmgmt.ms_c:\windows\system32\compmgmt.msc”回车执行。同样，rundll32.exe 和 MFC42u.DLL 文件丢失或损坏，通常都会有相应提示，如图 5-50 和图 5-51 所示，从 i386 目录将 rundll32.ex_和 MFC42u.dl_解压到对应系统目录即可。

图 5-50　rundll32.exe 文件丢失或损坏的提示

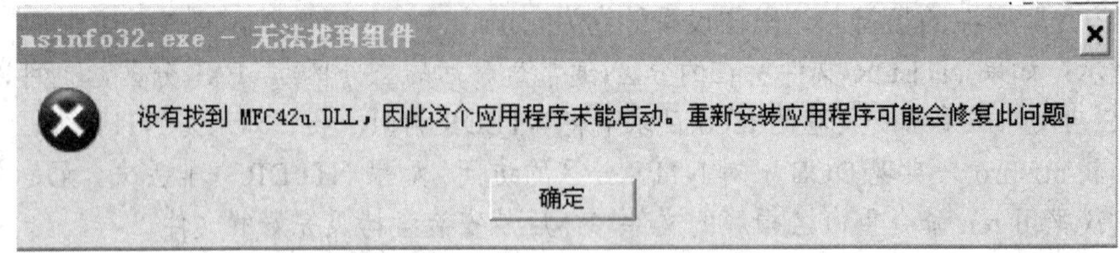

图 5-51　MFC42u.DLL 文件丢失或损坏的提示

提示：有些 DLL 文件复制到相应的目录后还需要进行注册，如 System32 文件夹中的 abc.dll 文件需要系统进行注册认证时，可在运行窗口中执行"regsvr32 c:\windows\system32\abc.dll"命令，然后进行组件的注册操作即可。

5) 另类文件丢失

这类故障出现时一般会给出一组 CLSID(Class IDoridentifier)注册码，而不是告诉用户所损坏或丢失的文件名称，因此经常会让一些用户感到不知所措。例如，在运行窗口中执行"gpedit.msc"命令来打开组策略时出现了"管理单元初始化失败"的提示窗口(见图 5-52)，点击"确定"也不能正常地打开相应的组策略(见图 5-53)，经过检查发现是因为丢失了 gpedit.dll 文件所致。虽然窗口中没有提示所丢失的文件名，但是在实际解决这类故障时也不是很难。

图 5-52　管理单元初始化失败

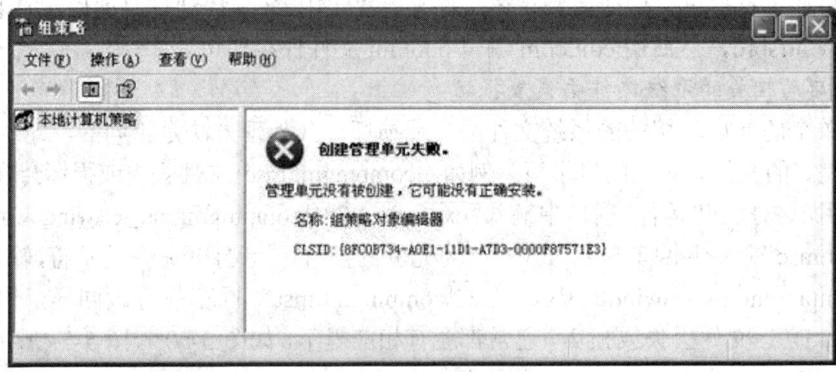

图 5-53　创建管理单元失败

事实上，窗口中的 CLSID 类标识就是一个解决问题的线索。因为注册表中会给每个对象分配一个唯一的标识，这样就可通过在注册表中查找来获得相关的线索。具体方法如下：

在“运行”窗口中执行“regedit”命令，然后在打开的注册表窗口中依次点击“编辑”→“查找”；在输入框中输入 CLSID 标识(本例中的 CLSID 标识是“{8FC0B734-A0E1-11D1-A7D3-0000F87571E3}”)，再在搜索的类标识中选中“InProcServer32”项；接着在右侧窗口中双击“默认”项，在“数值数据”中会出现“%SystemRoot%\System32\GPEdit.dll”，其中的 GPEdit.dll 就是本例所丢失或损坏的文件。这时，只要将安装光盘中的相关文件解压或直接复制到相应的目录中，即可完成修复。

以上所述都是在 Windows 系统可以正常登录的前提下的，而事实上，某些系统文件丢失或损坏后尽管有提示，但 Windows 已经无法启动。此时，可以进入故障恢复控制台，使用 expand 命令(在安装盘的 i386 目录下也包含了此命令)从安装盘解压对应的文件到系统目录下即可。

提示：尽管 expand.exe 为命令行命令，但它只能运行在 Windows 环境或者故障恢复控制台下，不能在 DOS 模式下运行。

6) 较多系统文件丢失或者异常

在遇到病毒或者其他某种故障后，如果有较多的系统文件丢失或异常(被病毒篡改)，再用 expand 就显得力不从心了，这时可使用 SFC 文件检测器命令，进行全面的检测并修复受损的系统文件。方法如下：

在“运行”窗口中执行“sfc/scannow”命令，此时 SFC 文件检测器将立即扫描所有受保护的系统文件(见图 5-54)，期间会提示用户插入 Windows 安装光盘。大约 10 分钟后，SFC 就会检测并修复好受保护的系统文件。

图 5-54　SFC 扫描受保护的系统文件

提示：如果没有 Windows XP 安装盘，但之前在硬盘上备份了安装盘文件，也可以按照如下设置，使 SFC 通过硬盘上的安装文件来恢复系统文件。

在注册表编辑器窗口中，依次展开“HKEY_LOCAL_MACHINE\Software\Microsoft\Windows\CurrentVersion\Setup”子键，然后在右侧窗口中修改 Installation Sources、ServicePackSourcePath 和 SourcePath 三个键值为硬盘上的系统安装程序路径。例如 Windows XP 的安装源文件存放在 G 盘 WinXP 文件夹中，那么修改以上三个键的键值为“G:\WinXP”。这样再使用 SFC 命令时，就可以直接使用硬盘上的安装文件来恢复系统，而不需要再插入安装光盘了。

5.3.3　病毒故障的手工处理

随着网络在我们的学习、工作和生活中的普及，各种电脑病毒也越来越猖獗。长时间上网就很有可能被攻击者在电脑中植入木马病毒。对于电脑病毒，虽然有杀毒软件和防火墙，但是手工处理也非常重要，尤其是杀毒软件不能清除或者杀毒软件本身被病毒感染或者禁用时。当然，病毒完全用手工来处理既费时费力，且容易遗漏，因此，这里说的病毒故障手工处理，并不排斥各种工具软件的使用。恰恰相反，在检测类工具软件和杀毒软件的辅助下，手工处理病毒和木马可以做到高效和彻底。

下面介绍手工处理病毒的一些基本方法：

(1) 检查网络连接情况。由于不少木马病毒会主动侦听端口，或者会连接特定的 IP 和端口，所以我们可以在没有用户认可的程序连接网络的情况下，通过检查网络连接情况来发现是否存在木马病毒。具体步骤是：点击“开始”→“运行”，输入“cmd”，然后输入“netstat -an”命令，查看所有和自己电脑建立连接的 IP 以及自己电脑侦听的端口。显示结果包含四部分，即 Proto(连接方式)、Local Address(本地连接地址)、Foreign Address(和本地建立连接的外部地址)和 State(当前端口状态)，如图 5-55 所示。通过该详细信息就可以完全了解电脑的网络连接情况。注：可以上网查阅资料来了解不同病毒可能利用的端口。

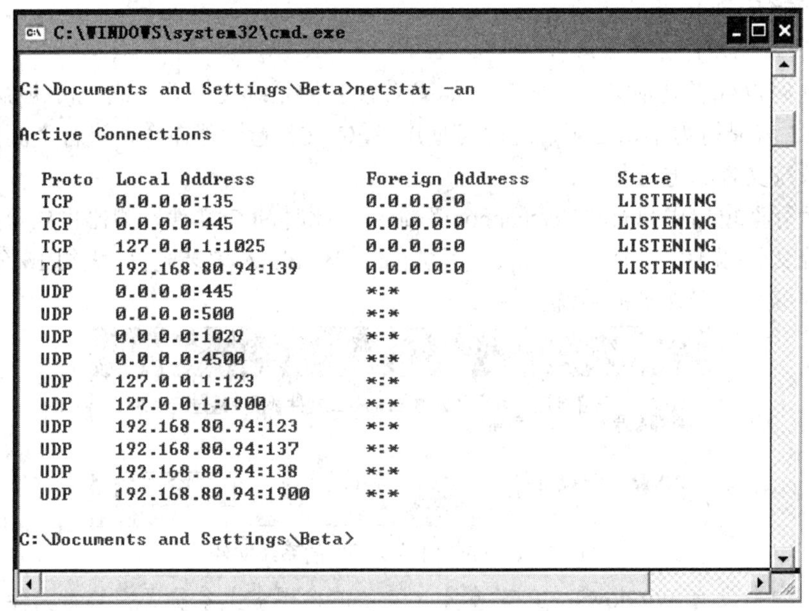

图 5-55　用 netstat 命令检查网络连接情况

(2) 查看目前运行的服务。服务是很多木马病毒用来保持自己在系统中永远能处于运行状态的方法之一。可以通过点击“开始”→“运行”，输入“cmd”，然后输入“net start”来查看系统中究竟开启了哪些服务。如果发现了不应该(不需要)开启的服务，可以进入计算机管理工具中的“服务”，找到相应的服务，停止并禁用它。一般病毒的服务名称是中文的或者很短。这里要求熟悉 Windows 系统本身的服务，并且了解自己安装的软件使用的服务。

(3) 检查系统启动项。由于注册表对于普通用户来说比较复杂，故木马病毒常隐藏于此。检查注册表启动项的方法如下：点击“开始”→“运行”，输入“regedit”，然后检查 HKEY_LOCAL_MACHINE\Software\Microsoft\Windows\CurrentVersion、HKEY_CURRENT_USER\Software\Microsoft\Windows\CurrentVersion 和 HKEY_USERS\Default\Software\

Microsoft\Windows\CurrentVersion 下所有以“run”开头的键值。

此外，Windows 安装目录下的 System.ini 也是木马病毒喜欢隐藏的地方。打开该文件，查看该文件的[boot]字段中是否有 shell=Explorer.exe file.exe 这样的内容，如有，则 file.exe 很可能就是木马程序。

(4) 检查系统账户。恶意的攻击者喜欢在电脑中留一个账户，以便控制你的计算机。他们采用的方法就是激活一个系统中的默认账户(但这个账户却很少使用)，然后把这个账户的权限提升为管理员权限。这个账户是系统中最大的安全隐患，恶意的攻击者可以通过该账户任意地控制你的计算机。针对这种情况，可以用以下方法对账户进行检测。

点击“开始”→“运行”，输入“cmd”，然后在命令行下输入“net user”，查看计算机上有哪些用户，如图 5-56 所示，再使用“net user 用户名”查看这些用户有什么权限。一般除了 Administrator 是 administrators 组的，其他都不应该属于 administrators 组。如果发现一个系统内置的用户属于 administrators 组，那几乎可以肯定你的电脑被入侵了。可以使用“net user 用户名/del”来删除该用户。

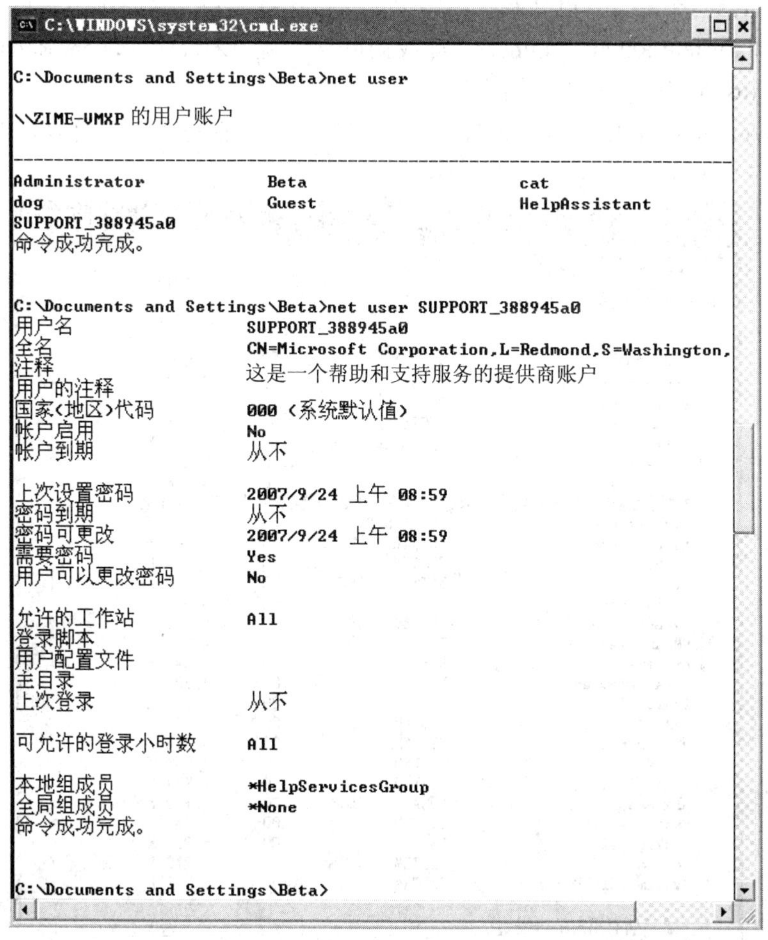

```
C:\WINDOWS\system32\cmd.exe

C:\Documents and Settings\Beta>net user

\\ZIME-UMXP 的用户账户

-------------------------------------------------------------------------------
Administrator            Beta                     cat
dog                      Guest                    HelpAssistant
SUPPORT_388945a0
命令成功完成。


C:\Documents and Settings\Beta>net user SUPPORT_388945a0
用户名                   SUPPORT_388945a0
全名                     CN=Microsoft Corporation,L=Redmond,S=Washington,
注释                     这是一个帮助和支持服务的提供商账户
用户的注释
国家(地区)代码           000 (系统默认值)
帐户启用                 No
帐户到期                 从不

上次设置密码             2007/9/24 上午 08:59
密码到期                 从不
密码可更改               2007/9/24 上午 08:59
需要密码                 Yes
用户可以更改密码         No

允许的工作站             All
登录脚本
用户配置文件
主目录
上次登录                 从不

可允许的登录小时数       All

本地组成员               *HelpServicesGroup
全局组成员               *None
命令成功完成。


C:\Documents and Settings\Beta>
```

图 5-56　用 net user 命令检查系统账户

以上方法主要是检查是否有木马病毒存在，如果检查出有木马病毒存在，可以按如下方法继续查杀木马病毒。

(5) 运行任务管理器，删除木马程序。

(6) 检查注册表中 Run、RunService 等几项，先用导出分支的方法备份，再将可疑的键值删除。

(7) 删除上述可疑键值对应的硬盘中的可执行文件。在不确定的时候，可以用重命名的方法代替删除，以便删除错误时恢复。一般这种文件都在 WINDOWS 或 WINNT、system、system32 这样的文件夹下，它们一般不会单独存在，很可能是由某个母文件复制过来的。检查 C、D、E 等盘下有无可疑的 .exe、.com 或 .bat 文件，有则删除之。

(8) 检查注册表 HKEY_LOCAL_MACHINE 和 HKEY_CURRENT_USER\Software\Microsoft\Internet Explorer\Main 中的几项(如 Local Page)，如果被修改了，改回即可。

(9) 检查 HKEY_CLASSES_ROOT\txtfile\shell\open\command 等几个常用文件类型的默认打开程序是否被更改，如果被更改则一定要改回。因为很多病毒就是通过修改 .txt 文件的默认打开程序而使病毒在用户打开文本文件时加载的。

下面介绍如何利用工具软件(查杀毒软件)来辅助病毒的手工查杀。杀毒软件可以选择 Norton Antivirus、瑞星、卡巴斯基等，防火墙可以选择瑞星、诺顿或者天网等，系统检测工具可以选择 System Repair Engineer 等。我们以一个例子来说明 System Repair Engineer 和 Norton Antivirus 客户端的基本使用方法。

(1) 在 Windows XP 中运行病毒样本 rundll32.exe，用任务管理器可以发现 rundll32.exe 消耗了大量的 CPU 资源，如图 5-57 所示。

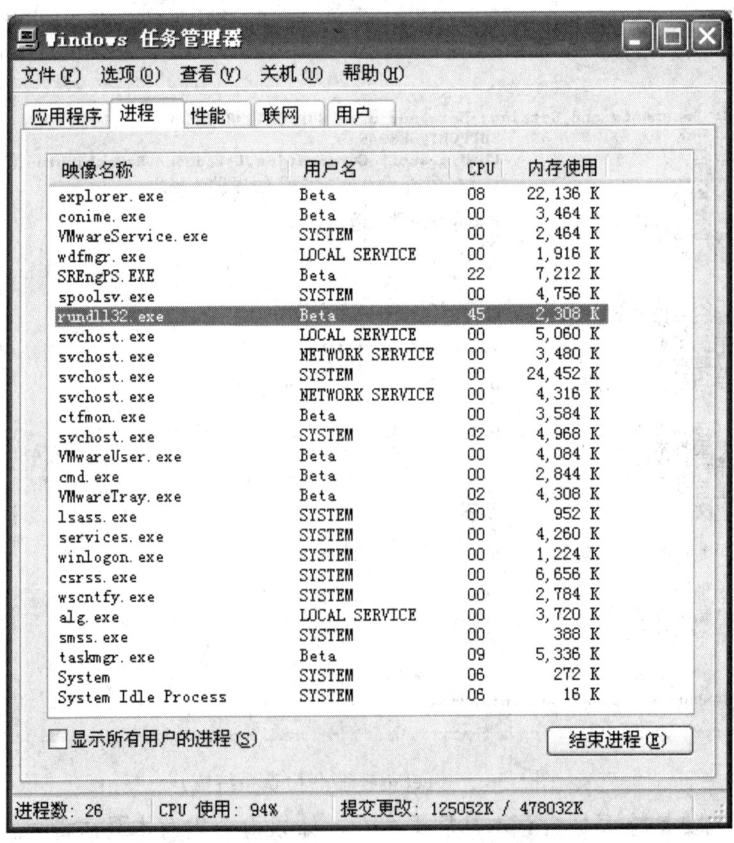

图 5-57　病毒进程 rundll32.exe 消耗 CPU 资源情况

(2) 运行 SREng(System Repair Engineer)，选择“智能扫描”，并选中“正在运行的进程”和“进程特权扫描”复选框，如图 5-58 所示。

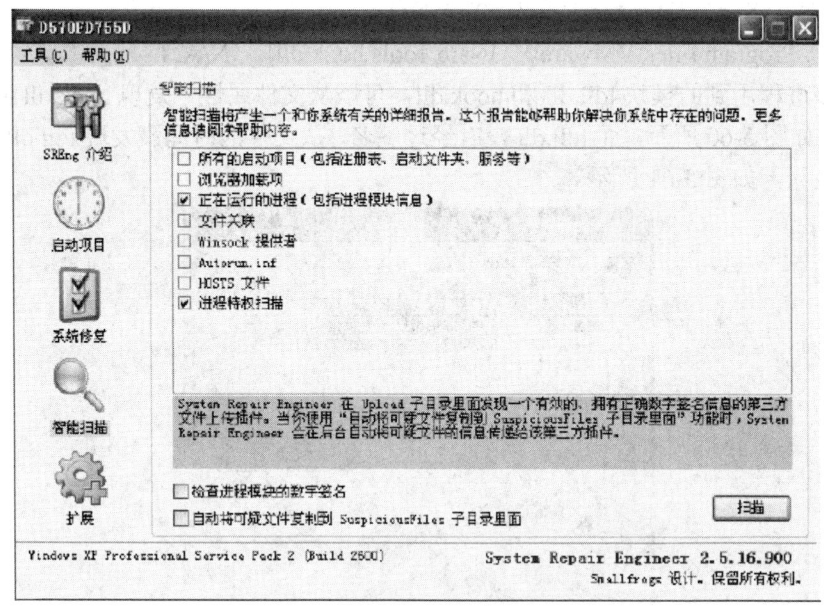

图 5-58　SREng 智能扫描

(3) 点击右下角的“扫描”按钮，SREng 开始扫描，如图 5-59 所示。

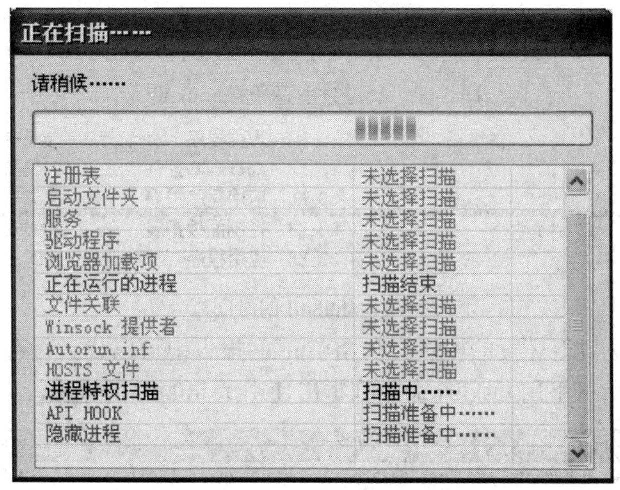

图 5-59　SREng 正在对系统进行扫描

(4) 扫描结束后，SREng 给出一个详细报告，保存该报告以便分析。从报告中发现以下异常情况。

进程特权扫描后显示：

特殊特权被允许：SeLoadDriverPrivilege [PID = 1336, C:\Documents and Settings\Beta\My Documents\rundll32_病毒样本\rundll32.exe]

从正在运行的进程中查找 PID 为 1336 的进程 rundll32.exe，发现如下结果：

[PID: 1336 / Beta][C:\Documents and Settings\Beta\My Documents\rundll32_病毒样本\rundll32.exe] [N/A,]

[C:\WINDOWS\system32\tdll.dll]　[N/A,]

[C:\Program Files\VMware\VMware Tools\hook.dll]　[N/A,]

查找该进程用到的模块 tdll.dll 和 hook.dll，可以从文件属性中发现 hook.dll 经过签名，是可信的，如图 5-60 所示。而 tdll.dll 没有经过签名，从文件的时间戳发现 tdll.dll 的最后修改时间是当天，如图 5-61 所示。

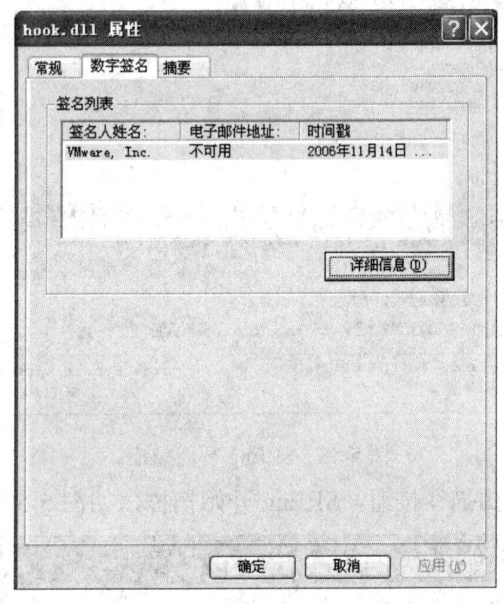

图 5-60　经过数字签名的 hook.dll

tcpsvcs.exe	19 KB	应用程序	2006-9-25 8:00
tdc.ocx	60 KB	ActiveX 控件	2006-9-25 8:00
tdll.dll	39 KB	应用程序扩展	2007-12-5 9:58
telephon.cpl	28 KB	控制面板扩展	2006-9-25 8:00
telnet.exe	83 KB	应用程序	2005-5-11 10:29

图 5-61　tdll.dll 的时间戳

因此，tdll.dll 是值得怀疑的模块。在 SREng 的报告中可以找到所有使用了该模块的进程，或者在命令提示符下用 tasklist 命令列举出使用了 tdll.dll 的进程，如图 5-62 所示。

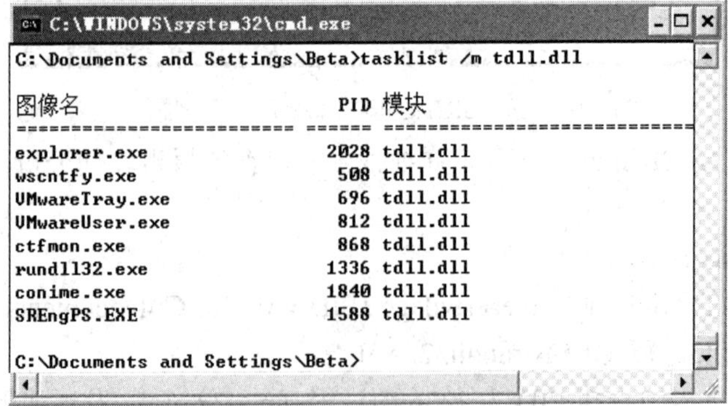

```
C:\WINDOWS\system32\cmd.exe
C:\Documents and Settings\Beta>tasklist /m tdll.dll

图像名                         PID 模块
========================= ====== ============================
explorer.exe                2028 tdll.dll
wscntfy.exe                  508 tdll.dll
VMwareTray.exe               696 tdll.dll
VMwareUser.exe               812 tdll.dll
ctfmon.exe                   868 tdll.dll
rundll32.exe                1336 tdll.dll
conime.exe                  1840 tdll.dll
SREngPS.EXE                 1588 tdll.dll

C:\Documents and Settings\Beta>
```

图 5-62　使用 tdll.dll 模块的所有进程

(5) 安装好 Norton Antivirus 企业版客户端，并且更新病毒特征代码库后，扫描计算机。很快，杀毒软件发现了该病毒，并将它进行了隔离，如图 5-63 和图 5-64 所示。

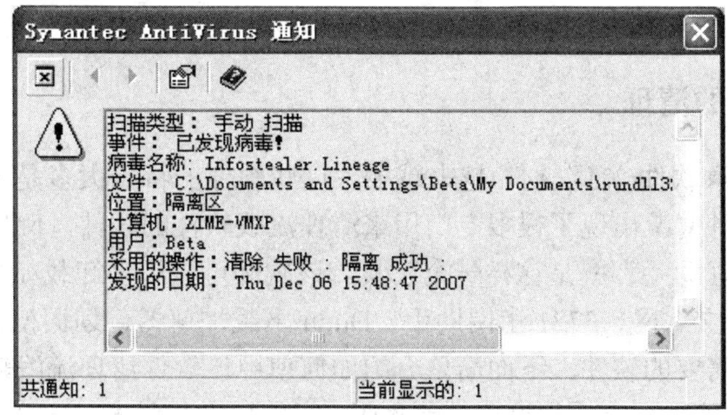

图 5-63　Norton Antivirus 发现该病毒的通知

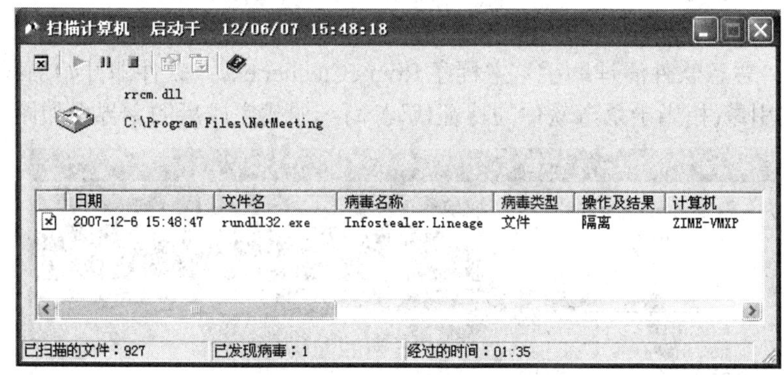

图 5-64　Norton Antivirus 隔离了病毒

说明：

(1) 有些病毒喜欢以线程方式挂钩(Hook)到 Explorer.exe 进程，从而实现隐藏自己的目的。这时用 SREng 或者 tasklist /m 命令可以发现 Explorer.exe 进程中异常的模块，建议杀死 Explorer.exe 进程，在“无桌面”的状态下清理病毒。

(2) 有些病毒具有一定的防杀能力，例如一打开任务管理器它就将其关闭，注册表编辑器 Regedit.exe 一打开就立刻被关闭，某些知名杀毒软件被禁用，查杀木马软件一发现就被删除等。此时，可以在 Windows 启动时按下 F8 键，进入带命令提示符的安全模式，用 tasklist、taskkill 命令来代替任务管理器的功能。

(3) 例中的杀毒软件成功隔离了病毒，但很多时候，杀毒软件可以发现病毒，却始终无法隔离或删除它，或者不能删除干净，尤其是一些挂钩了 winlogon.exe 进程的病毒。因为 winlogon.exe 这样的进程属于 Windows 运行不可缺少的，所以一方面杀毒软件在删除着病毒体，而另一方面病毒线程在监控着系统，一旦发现病毒体被删除，立刻产生新的病毒体。这时可以尝试用一些杀毒软件提供的“粉碎”病毒体的功能，或者自己来粉碎病毒体：用 WinHex 和 Runtime’s DiskExplorer for NTFS 把病毒文件的数据擦除或者删改(删改更好，因为可以抑制病毒体再次产生，起到免疫作用)。如果无效，建议记录病毒文件名称，进入恢复控制台将病毒文件删除(为了操作的可回溯性，重命名更安全)。

(4) 手工处理病毒，通常需要进入安全模式，但一些病毒会修改注册表，造成安全模式无法进入。此时可以用恢复注册表的方法来首先保证能够进入安全模式，可参考 5.3.1 节注册表修复的内容。

5.3.4　流氓软件的清理

现在网上的恶意软件(流氓软件)越来越多，这些软件的特点大多是强制安装，而且不容易卸载。针对这种情况出现了很多专门用来清理流氓软件的软件，例如由 Tomm 软件编写的“恶意软件清理助手”就是这样一个工具。该软件可以用来卸载如一搜工具条、完美网译通、CNNIC 中文上网、3721 上网助手、Dudu 下载加速器、划词搜索等看上去有用，但很多时候用户不需要的软件。下面简单介绍如何使用该软件清理流氓软件。

提示：“恶意软件清理助手”为纯绿色软件，不需要安装程序，直接把从网上下载的压缩包解压到一个文件夹下即可正常使用。同时，因为恶意软件清理助手不写注册表，不往系统目录写文件，故卸载时直接删除所在文件夹即可。

(1) 启动“恶意软件清理助手”主程序 RogueCleaner.exe，软件即开始加载用来清理各种流氓软件的引擎(相当于杀毒软件的特征代码库)，加载完成后的主界面如图 5-65 所示。

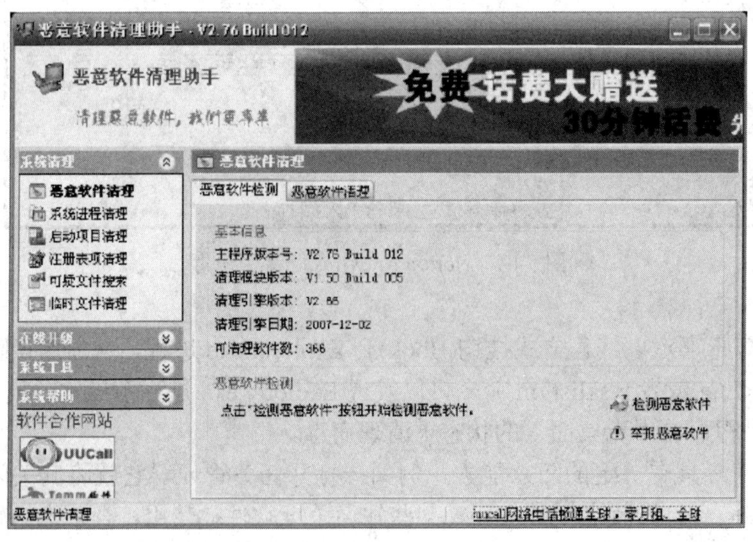

图 5-65　软件主界面

(2) 点击右下角的“检测恶意软件”按钮即开始检测恶意软件，如图 5-66 所示为软件正在进行检测。

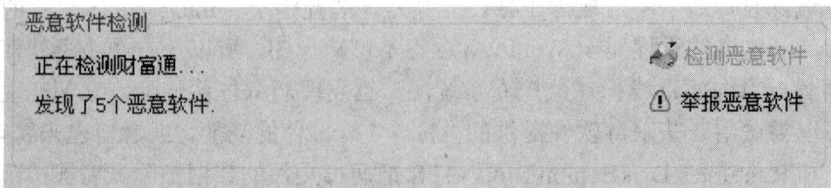

图 5-66　检测是否存在恶意软件

(3) 检测完后，自动进入清理选项页，如图 5-67 所示。

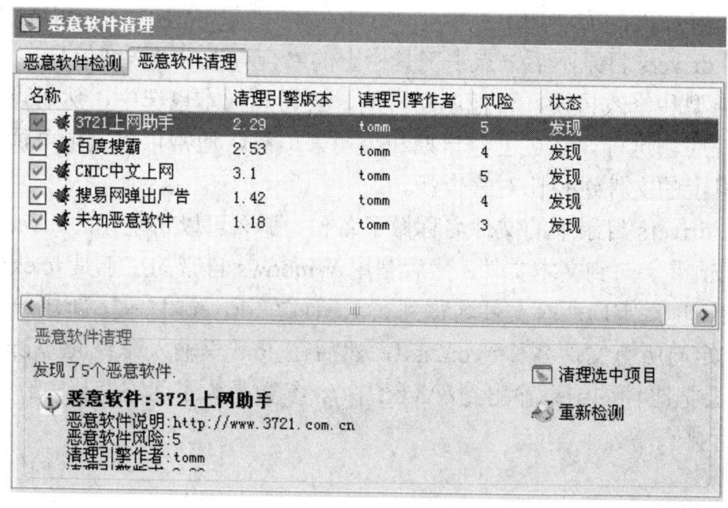

图 5-67　选择需要清理的软件

(4) 所有检测到的恶意软件都将被默认选中；如果确定某个软件是自己所需要的，则可以去掉对应检查框中的√。点击右下角“清理选中项目”，开始清理选中的恶意软件。该工具通常可以清理流氓软件，对于不能清理的则会给出提示，建议用户用 DOS 环境的清理工具进行清理。

对流氓软件的清理，既可以通过专门的工具进行，也可以手工进行。恶意软件清理工具软件的优点是操作简便，比较适合一般用户，但工具软件也有失效的时候，这时需仔细分析流氓软件的特点，有针对性地进行手工处理。

常规方法对流氓软件不起作用，是因为流氓软件利用系统驱动模式将文件和对应的注册表项进行了保护和实时监控，从而使文件被使用或者不被使用都不能被删除掉，而且注册表中的启动项 HKEY_LOCAL_MACHINE\Software\Microsoft\Windows\CurrentVersion\Run 也是无法被删除的。即使表面上把它删除了，刷新一下就发现它还存在。

在系统驱动模式的保护下，即使想创建一个相同名称的 dll 文件也是不允许的。例如，被系统驱动程序保护的某个 dll 文件 C:\xxx\xxx.dll，无论在哪个目录下，都无法新建一个 xxx.dll 文件。被加载的伪装成系统驱动程序的文件存放在 C:\windows\system32\drivers 下，其下的文件较多，查找起来比较费时，可以根据创建时间和公司等信息来查找，但有的流氓软件会伪装成 MS 公司的版本(如 CNNIC)。

一旦删除了对应的 sys 文件后再清除注册表里 HKEY_LOCAL_MACHINE\SYSTEM\CurrentControlSet\Services 中对应文件名的键值后(这里包含着系统启动时要加载的驱动程序和服务)，即使正常进入系统也可以把那些文件直接删除掉。

从“开始”→“所有程序”→“附件”→“系统工具”→“系统信息”→“软件环境”中可以得到非常有用的信息，如果在加载的模块里看不到流氓软件里所包含的模块而又无法删除，那么这就是以上所说的情况。因此，大家在装好系统和一些必要的软件后，最好对 drivers 文件夹下的文件做一个详单备份。方法为：单击“开始”→“运行”，输入“cmd”，再输入命令“dir /b c:\windows\system32\drivers >>c:\1.txt”(/b 参数是为了省略那些详细的文件信息，以便用 fc 进行比对)。这样，drivers 下的所有文件就备份到了 c:\1.txt 中。一旦发现有上述情况，可以用文本比对的方法找出多出来的 sys 系统驱动文件进行逐一排查。

手工查找可疑文件的方法如下：

(1) 定位到 drivers 目录下后，点击工具栏上的“查看”→“详细信息”，默认的显示是名称、大小、类型和修改日期，再把创建日期、公司和版本也选中，然后点击上面的大小或日期栏进行排序。这样，通过创建日期和公司等信息，通常可以发现可疑文件。当然，也可以与正常机上的文件进行比对来查找。

(2) 如果对 drivers 目录下的文件名称做了备份，那么可以将现在的 diveres 目录下的文件名再一次用 dir 重定向到文本文件，然后利用 Windows 自带的小工具 fc.exe 来完成比对。

例如：先用 dir 重定向所有文件名称到 c:\1.txt，在 drivers 目录下新建一个 xxx.sys，再次用 dir 命令重定向所有文件名称到 c:\2.txt，然后在 cmd 里输入命令 fc/w c:\1.txt c:\2.txt>> c:\3.txt。该命令会把比较的结果输出到 c:\3.txt 中(/w 参数是为了忽略空格)。最后打开 c:\3.txt，就可以逐个进行排查了。

5.3.5 垃圾邮件的预防

对于如何预防垃圾邮件，互联网协会有关专家介绍了以下几种常用方法：

(1) 给自己的信箱起个“好名字”。如果你的用户名过于简单或者过于常见，则很容易被当作攻击目标。许多人习惯于用自己姓名的拼音作为用户名，但一般过于简单，很容易被垃圾邮件发送者捕捉到。因此在申请邮箱时，不妨起个保护性较强的用户名，如英文和数字的组合，尽量长一点，从而可以少受垃圾邮件骚扰。

(2) 避免泄露你的邮件地址。在浏览页面时，切记不要随处登记你的邮件地址，也不要轻易告诉别人，朋友之间互相留信箱地址时可采取变通的方式，如你的地址若是 abc@XXX.net，则可改写为 abc#XXX.net，这样朋友一看便知，而 E-mail 收集软件则不能识别，可防止被垃圾邮件攻击。

(3) 不要随便回应垃圾邮件。当收到垃圾邮件时，无论对方是何种语气，千万不要回应，因为你一旦回复，就等于告诉了垃圾邮件发送者你的地址是有效的，这样会招来更多的垃圾邮件。最好的办法就是不予理睬，把发件人列入拒收名单。

(4) 借助反垃圾邮件的专门软件。市面上一般都有这种软件，如可用 Bounce Spam Mail 软件给垃圾邮件制造者回信，告之所发送的信箱地址是无效的，可免受垃圾邮件的重复骚扰；McAfee Spam Killer 软件也可以防止垃圾邮件，同时自动向垃圾邮件制造者回复“退回”等错误信息，以防止再次收到同类邮件。

(5) 使用好邮件管理和过滤功能。Outlook Express 和 Foxmail 都有良好的邮件管理功能，用户可通过设置过滤器中的邮件主题、来源、长度等规则对邮件进行过滤。垃圾邮件一般都有相对统一的主题，如“促销”、“sex”等，若不想收到这类邮件，可将过滤主题设置为包含这些关键字的字符。现在的 Web 邮箱一般都具有这种功能。

(6) 学会使用远程邮箱管理功能。一些远程邮箱监视软件能够定时检查远程邮箱，显示主题、发件人、邮件大小等信息，可以根据这些信息判断哪些是正常邮件，哪些是垃圾邮件，从而可直接从邮箱里删除垃圾邮件，而不用每次把一大堆邮件下载到自己的本地邮箱后再删除。

(7) 选择服务好的网站申请电子邮箱。中国暂时还没有针对垃圾邮件的立法，也没有主导开发反垃圾邮件的新技术，垃圾邮件的监测主要是靠互联网使用者的信用和服务提供商来对垃圾邮件进行过滤的。好的服务提供商更有实力发展自己的垃圾邮件过滤系统。

(8) 使用有服务保证的收费邮箱。收费邮箱的稳定性优于免费邮箱。随着技术更完善的新服务的出现，如现在很多人十分乐于使用的 QQ，将会逐渐分流电子邮件的使用。同时，未来双向认证的电子邮件系统的出现也会使垃圾邮件渐渐远离人们的生活。

思 考 题

1．文档修复的含义是什么？

2．使用 OfficeRecovery 可以修复所有的 Word、Excel 文档吗？

3．RAR 文档的恢复记录有什么作用？给 RAR 文档设置的恢复记录大小能否调节？

4．密码重置和密码解密有什么区别？有什么办法可维护 Windows 系统的登录密码安全？

5．微软的办公文档密码强度如何？RAR 文档的密码强度如何？如何使用密码破解软件来了解自己设置的密码的强度？

6．密码破解软件的攻击方式一般有哪几种，哪一种是最基本的攻击方式？

7．Windows 注册表的支持文件主要包括哪些文件？

8．备份注册表的所有文件和导出整个注册表一样吗？用备份工具 ntbackup.exe 备份系统状态又如何呢？

9．有备份时如何修复注册表？没有备份时又如何修复注册表？

10．有人认为病毒故障的手工处理是指不使用任何工具软件和杀毒软件来杀毒，这种想法是否可取？

11．结合自己的实际经验说明如何做才能尽可能预防垃圾邮件的侵扰。

第 6 章　硬盘修复工具 PC-3000

6.1　PC-3000 简介

6.1.1　关于 ACE 实验室

ACE 实验室成立于 1991 年，由两位俄罗斯工程师莫洛佐夫和塔拉赫杰卢共同创立。莫洛佐夫和塔拉赫杰卢均毕业于塔甘罗格国立无线电技术大学，早年就职于前苏联电子工业部罗斯托夫微技术研究所。后来，研究所的工程师在莫洛佐夫和塔拉赫杰卢的带领下组建了 ACE 实验室，专门从事硬盘研究。目前 ACE 拥有 79 位工程师，他们当中的大多数都来自俄罗斯最著名的大学。

ACE 的 PC-2000 是世界上第一个硬盘维修和数据恢复工具，现在的 PC-3000 是其主要产品，为 SATA/PATA/IDE、SAS/SCSI 和 SSD/Flash 等不同类型的存储介质提供高效的解决方案。

6.1.2　PC-3000 硬盘修复工具

PC-3000 硬盘修复工具包括 Express、UDMA、Portable 和 SAS/SCSI 四款套件。

1．Express 套件

PC-3000 Express 如图 6-1 所示，它是针对 SATA/IDE 规格的硬盘软硬件修复解决方案，支持希捷、西数、富士通、三星、昆腾、IBM、日立、东芝等厂商的产品，容量为 500 MB～4 TB，尺寸有 3.5 英寸、2.5 英寸、1.8 英寸和 1.0 英寸。Express 套件与 Data Extractor Express 软件相配合从硬盘恢复数据。

图 6-1　PC-3000 Express

2．UDMA 套件

PC-3000 UDMA 控制卡如图 6-2 所示。UDMA 采用单槽 PCI-Express 板卡结构，设有 2 个 SATA 接口和 1 个 PATA 接口。UDMA 可连接 2 个 SATA 设备或 1 个 SATA 和 1 个 PATA 设备。UDMA 支持两个设备同时工作，但受限于单通道 PCI-Express 总线架构，第 2 个设备的速度下降了约 20%。UDMA 价格较 Express 便宜，同时维持了较高的性能，对中小规模数据恢复公司颇有吸引力。

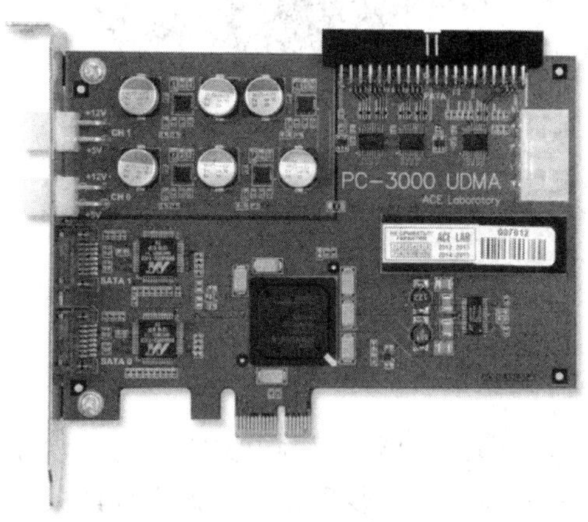

图 6-2　PC-3000 UDMA 控制卡

3．Portable 套件

PC-3000 Portable 套件如图 6-3 所示。Portable 套件是移动型的硬盘修复解决方案，最大特点是可以将笔记本电脑作为工作平台完成硬盘修复。Portable 套件可以连接 1 个 SATA 或 1 个 PATA 设备，最高速率达 33 MB/s。

图 6-3　PC-3000 Portable 套件

4．SAS/SCSI 套件

PC-3000 SAS/SCSI 控制器如图 6-4 所示。SAS/SCSI 套件面向的是 SCSI 接口的存储设备，它占用 2 个 PCI-Express 槽位，同时支持 4 个 SCSI 设备，最高传输速率达 300 MB/s。SAS/SCSI 套件和 Data Extractor SAS 配合恢复硬盘数据。

图 6-4　PC-3000 SAS/SCSI 控制器

6.2　PC-3000 修复硬盘

一个硬盘包括三个部分，即硬盘体、印刷电路板和内部软件，任何一部分受损将导致硬盘无法工作。PC-3000 具有诊断、修复受损的硬盘组件，关闭失效磁头，拦截对受损介质区域的访问以及访问用户数据等诸多功能。下面结合 PC-3000 Shell V12 进行简单介绍。

6.2.1　系统安装

首先按照用户说明书安装好硬件和软件，然后登录 http://update.acelab.ru/UpdateSrv/创建个人账号并完成注册。PC-3000 安装后会产生后缀名为 .arf 的激活申请文件，将 .arf 文件上传到 http://license.acelab.ru/index.php 网站，然后下载激活文件(*.act)。最后运行 PC-3000，导入激活文件。注意，系统激活后不要再改变 PC-3000 测试板所在的槽位，否则要重新申请激活，整个过程会比较麻烦。

6.2.2　程序集成环境

PC-3000 Shell V12 程序集成环境如图 6-5 所示，包括通用工具、硬盘厂商和硬盘型号。

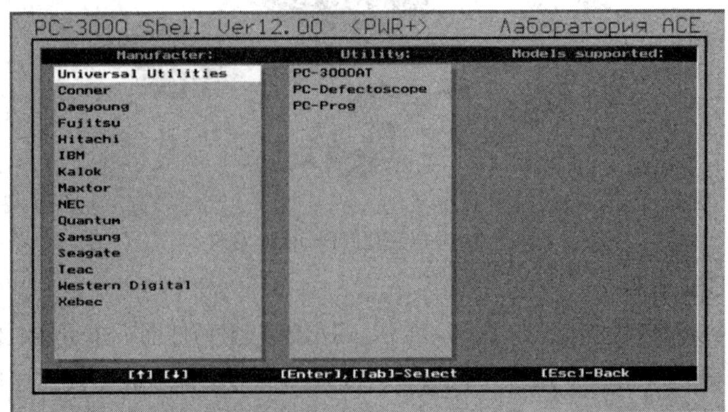

图 6-5　PC-3000 集成环境

PC-3000 通用工具由 PC-3000AT、PC-Defectoscope 和 PC-Prog 三部分组成。选择 PC-3000AT，其主界面如图 6-6 所示。PC-3000AT 是 PC-3000 的基本模块，包含硬盘操作方式选择(Drive type selection,LBA/CHS)、硬盘测试(Drive test)、控制器测试(Controller test)、混合测试(Complex test)、硬盘缺陷重定位(Defects relocation)、格式化(Formatting)等功能。

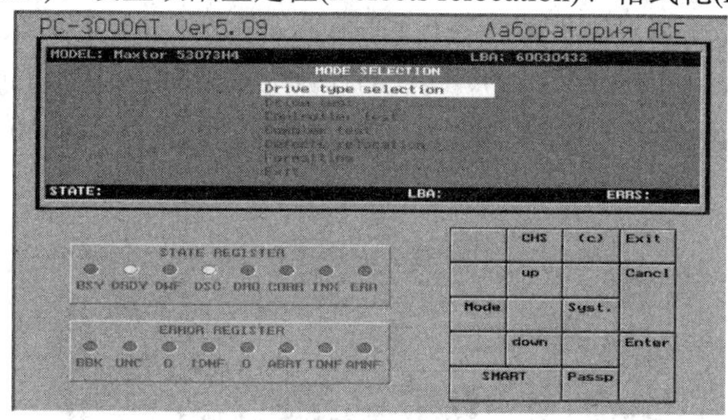

图 6-6　PC-3000AT 主界面

PC-Defectoscope 工具对硬盘进行精密扫描并标记出硬盘缺陷。扫描前先选择编址模式(LBA/CHS)，这里选择 LBA，然后设置扫描地址(start/end LBA)、测试次数(verification passes amount)、开启缓存(disable cache)、执行写入(perform writing)等选项，如图 6-7 所示。执行检测后缺陷信息保存在文件里。

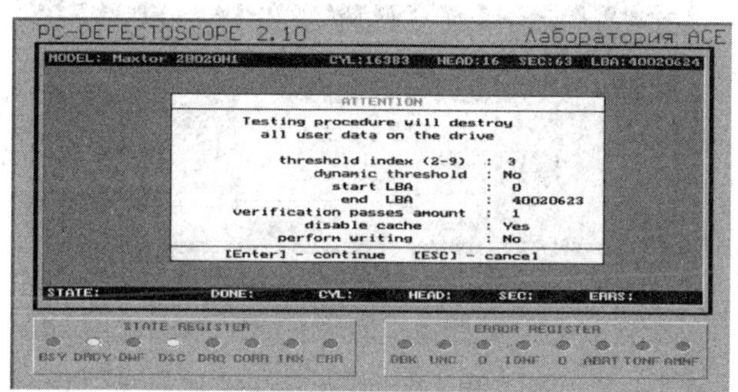

图 6-7　PC-Defectoscope 界面

PC-Prog 提供计算机主板或硬盘 EPROM 芯片编程功能。

除了通用工具之外，PC-3000 还按照厂商和硬盘型号提供专门的维修模块。图 6-8 显示了迈拓硬盘的维修程序模块。

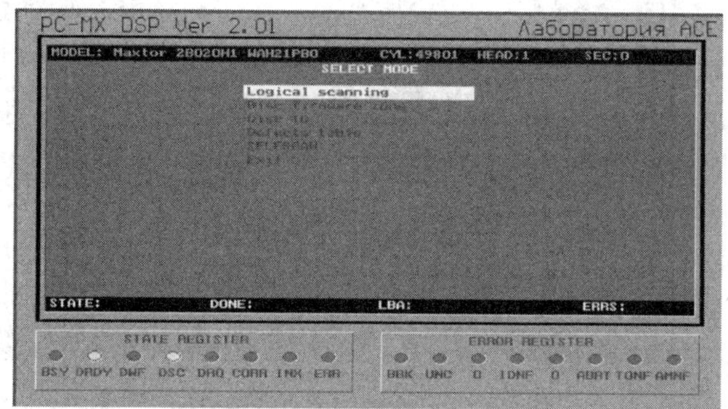

图 6-8　迈拓硬盘的维修程序模块

图 6-8 中的第二项功能是固件操作(Disc firmware zone)，对硬盘维修相当重要，操作比较复杂。固件操作主要包括读写内存缓冲区(Work with memory buffer)、SA 区(系统服务区)操作(Work with SA)、LDR 文件加载(LDR-file loading)、LDR 文件创建(LDR-file creation)、安全子系统(Security subsystem)和工作复位(Suppress Reset while utility work)，如图 6-9 所示。在系统服务区，可以对固件信息进行测试(Checking of disc FW structure)、对 SA 区表面测试和写测试(SA surface checking)、读写固件区模块(Reading/Writing of the modules)、修复模块(Modules repairing)、扇区地址再生变换(Translator regeneration)、控制硬盘马达(Spindle stop)，如图 6-10 所示。

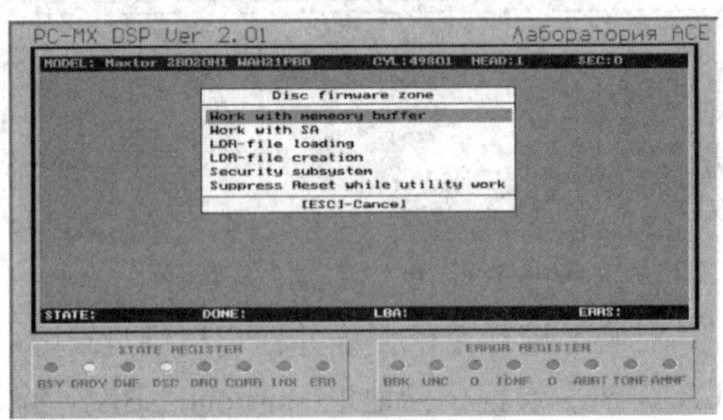

图 6-9　固件操作界面

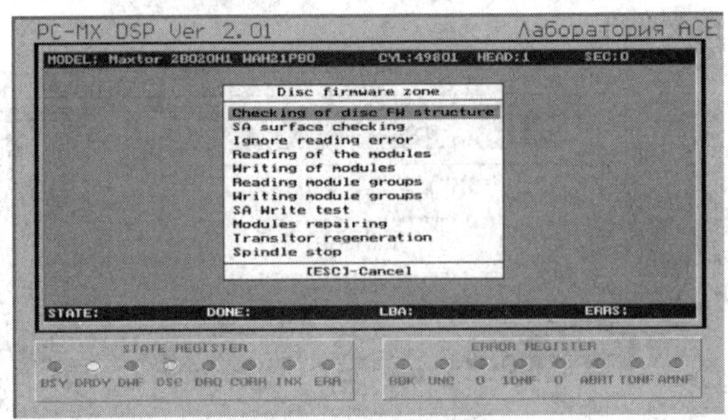

图 6-10　系统服务区操作界面

PC-3000 允许用户浏览硬盘缺陷列表(工厂缺陷列表(View P-List)和增长缺陷列表(View G-List))，转移、清除缺陷列表(Move G-List defects to P-List,Erase G-List and P-List)，将精确扫描结果导入缺陷列表(Import from Defectoscope)，以 LBA 方式增加缺陷列表(Add LBA defect)，手工增加缺陷磁道(Add track)等，如图 6-11 所示。

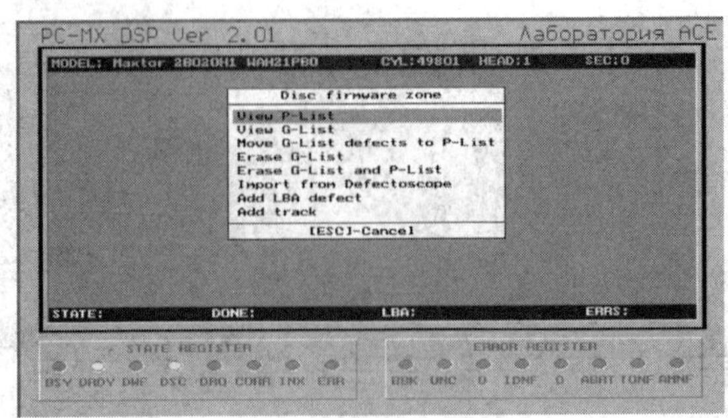

图 6-11　硬盘缺陷列表管理界面

6.3　固态硬盘修复工具

近年来固态硬盘(Solid State Disk)开始广泛使用，它是由固态电子存储芯片阵列而制成的硬盘，由控制单元和存储单元(FLASH 芯片、DRAM 芯片)组成。固态硬盘在接口的规范和定义、功能及使用方法上与普通硬盘完全相同，在产品外形和尺寸上也完全与普通硬盘一致。ACE 提供了针对固态硬盘的维修工具 PC-3000 Flash SSD Edition，如图 6-12 所示。

图 6-12　PC-3000 Flash SSD Edition

PC-3000 Flash SSD Edition 需要使用 PC-3000 Express(或 UDMA、Portable)套件的硬盘控制器，通过 SATA 接口直接连接固态硬盘，恢复固态硬盘数据。此外，Flash SSD Edition 还能恢复 U 盘、存储卡等移动存储设备的数据，但要将存储芯片脱焊后插入闪存读卡器上才能实现。

6.4　数据提取器恢复文件

数据提取器(Data Extractor)是 ACE 实验室的专业数据恢复工具，它通过 PC-3000 检测板 ATA0 端口恢复存储设备上的数据。数据提取器的主要功能有：

(1) 对物理故障硬盘进行数据恢复。

(2) 对逻辑故障硬盘进行数据恢复。

(3) 上述两种故障并发时的数据恢复。

硬盘物理故障指磁介质表面或磁头装置损坏，硬盘系统服务区信息损坏，硬盘地址译码器故障。硬盘逻辑故障指导致操作系统不能访问用户数据的逻辑结构损坏，驱动器或操作系统失效以及用户误操作或计算机感染病毒导致的故障。数据提取器对故障硬盘建立完全或部分数据拷贝，并将其保存到另一硬盘或映像文件中，这样可减轻设备负荷，减少恢复数据所需的时间。

6.4.1　恢复 FAT 文件

运行数据提取器，打开其主界面。

(1) 在数据提取器的主界面中，点击“Task”菜单，打开新建任务向导(Task creation)，如图 6-13 所示，选择 ATA0 端口设备。

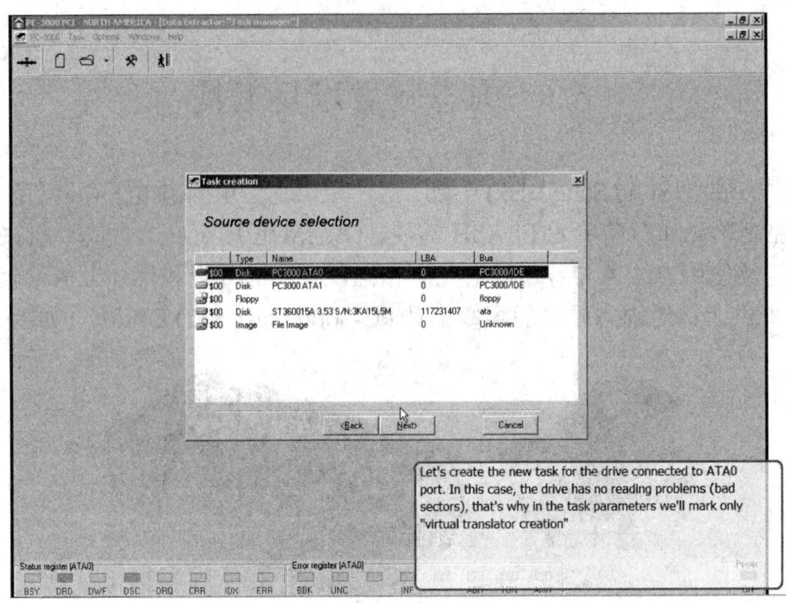

图 6-13　新建 FAT 文件数据恢复任务

(2) 点击“Next”按钮，在任务选项窗口勾选硬软件重置(Hardware reset, Software reset)、读取驱动器 ID(Read drive ID)、创建虚拟译码器(Create Virtual Translator)选项，然后创建数据恢复任务。

(3) 在任务窗口，显示任务对应的硬盘分区文件目录，如图 6-14 所示。本例中的根目录完好，子目录文件夹逻辑结构已损坏。数据提取器具有将任务挂载到资源管理器中的功能，在工具条面板上点击“Mount task as a drive”按钮，数据恢复任务窗口就会转换为一个逻辑盘符出现在 Windows 资源管理器中，如图 6-15 所示。

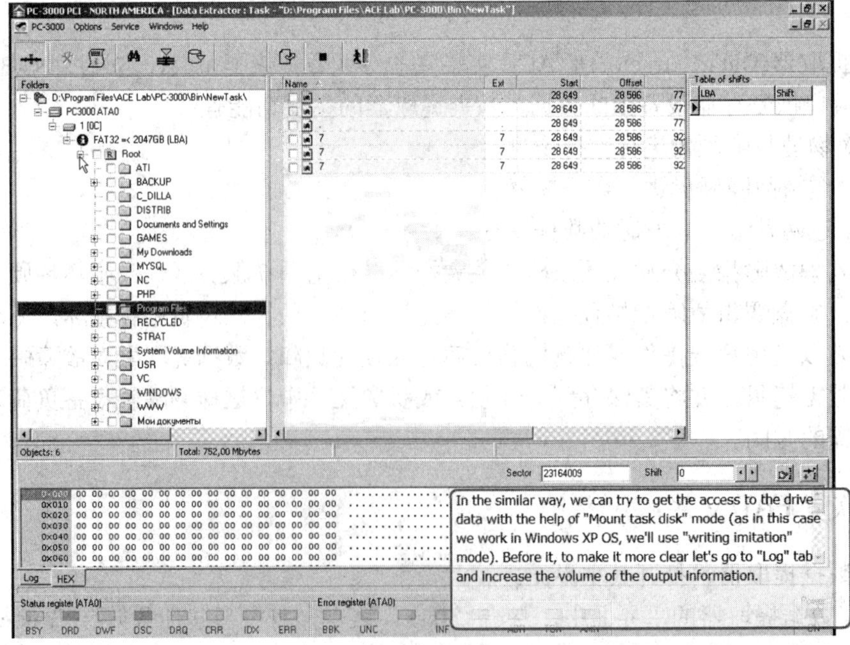

图 6-14　数据恢复任务窗口

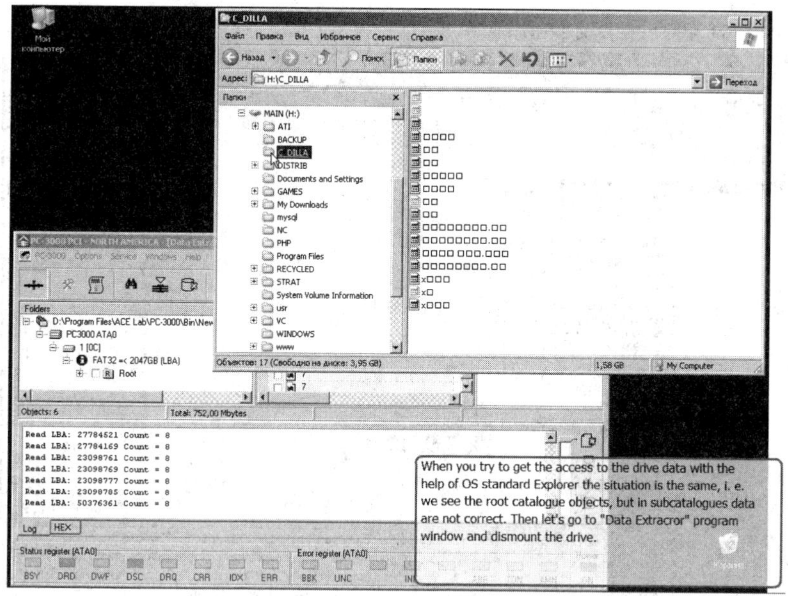

图 6-15　任务挂载为逻辑盘

(4) 经过上述操作后，初步可以判断硬盘 FAT32 分区结构并没有被破坏，主要问题是子目录下的文件丢失了。为慎重起见，还需要检查一下分区结构。右键点击任务窗口的“FAT32=<2047GB(LBA)”，在弹出的菜单中选择“Partition Map”，出现的界面如图 6-16 所示。

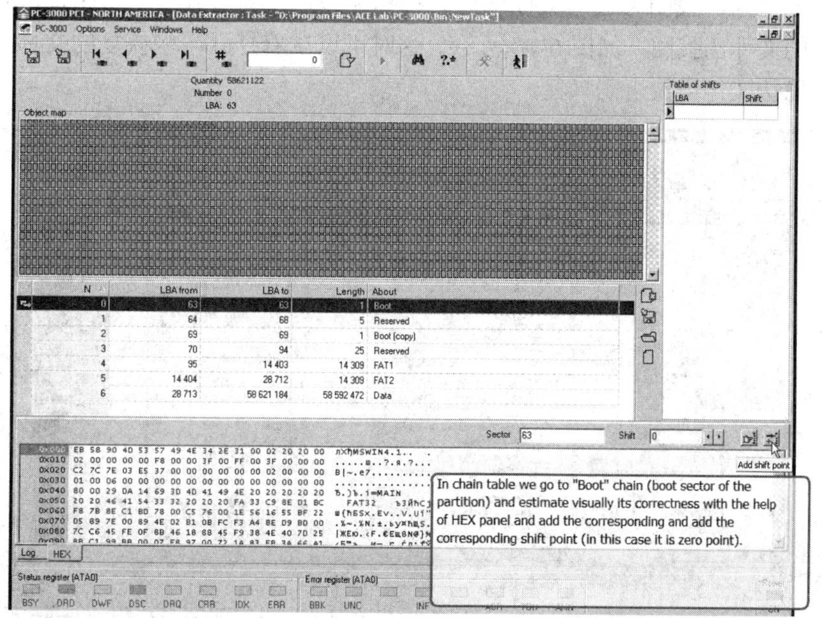

图 6-16　分区图

(5) 用户可分别检查引导扇区、引导扇区备份、FAT 表、FAT 表备份和数据区，确认引导扇区无错误后，返回图 6-14 所示界面。在“FAT32=<2047GB(LBA)”项上点击鼠标右键，在弹出的菜单中选择“Create virtual translator”→“Seek shift points for subdirectories”项，

如图 6-17 所示，修复子目录文件簇链。

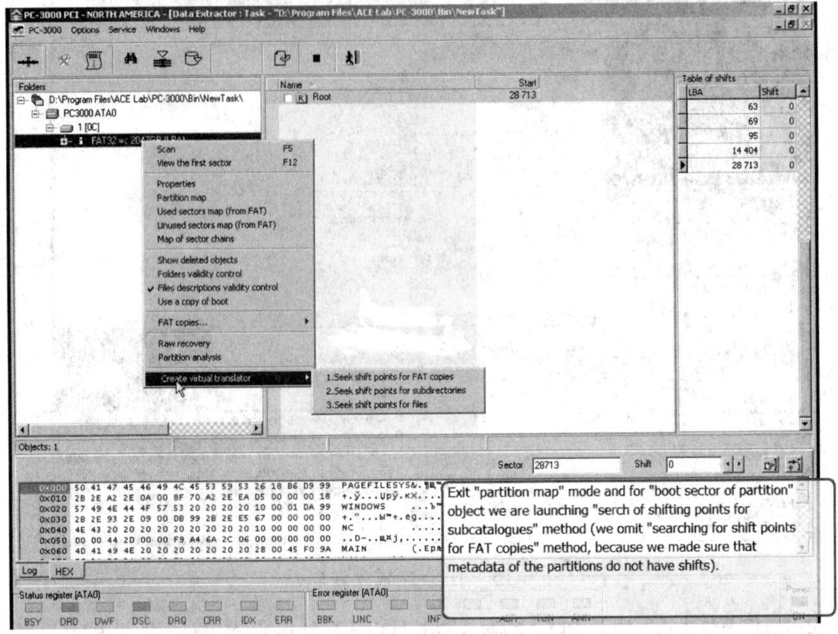

图 6-17　扫描子目录和文件

数据提取器(Data Extractor)开始递归处理当前分区整个文件系统，根据分区大小，用时从数分钟到数小时不等。子目录处理完毕后，重复上一步，选择“Seek shift points for files”菜单项，扫描文件，找回丢失的文件簇链。扫描完毕后重新打开文件目录，Program Files 目录下丢失的文件已找回，如图 6-18 所示。这时可以试着打开一些恢复的文件，查看内容是否完整，确认文件已被正确恢复。

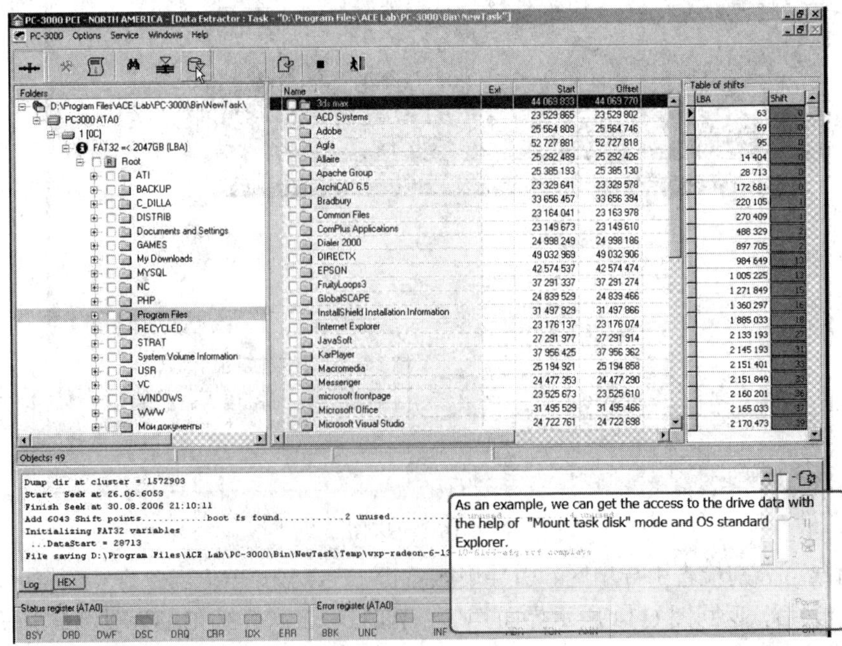

图 6-18　修复后的文件目录

6.4.2　恢复 NTFS 文件

运行数据提取器，打开其主界面。

(1) 新建数据恢复任务，其操作步骤同恢复 FAT 文件。

(2) 在 NTFS 分区建立虚拟译码器(Create virtual translator for NTFS partition)。右键选择第二个分区(分区类型编码为 07，是 NTFS 分区)，在弹出的菜单中选择“Create virtual translator for NTFS partition”项，如图 6-19 所示。

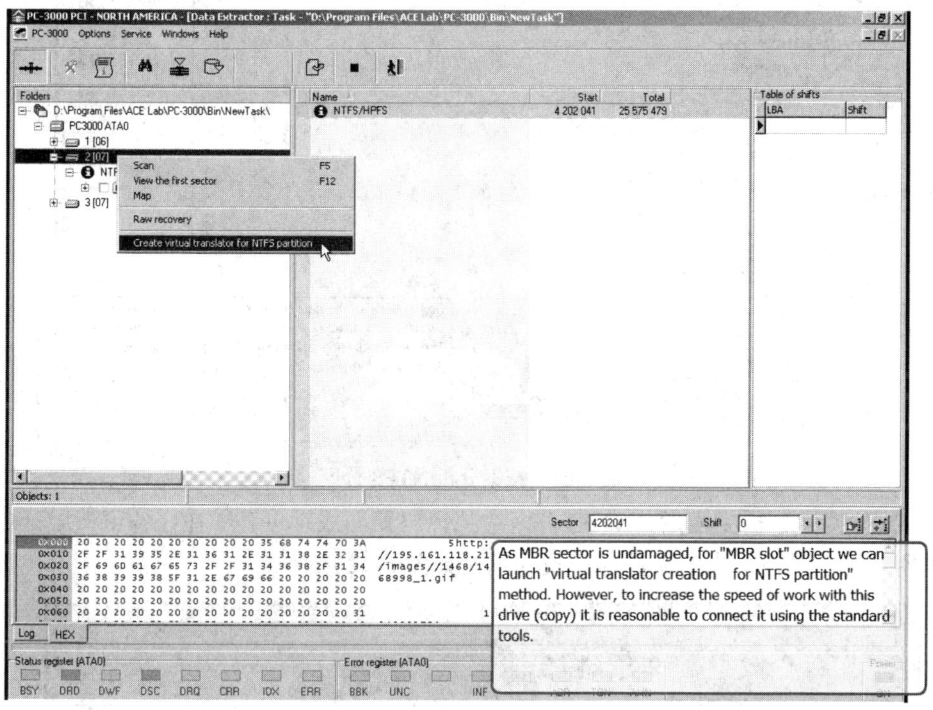

图 6-19　创建 NTFS 虚拟译码器

(3) 在弹出的范围选择对话框中输入搜索 LBA 地址范围(Initial LBA，Final LBA)、搜索元数据的偏移量范围(Maximum shift)和文件的偏移量范围(Maximum file shift)，如图 6-20 所示。

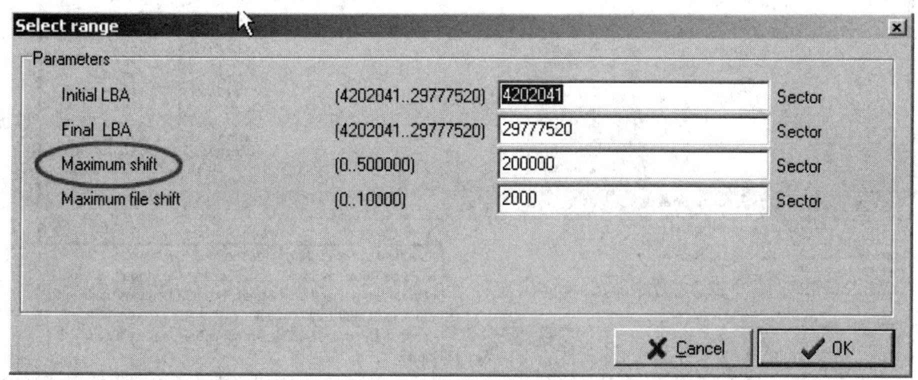

图 6-20　设置搜索范围

(4) 系统开始搜索数据、分析 MFT 表、分析文件偏移量，直至搜索范围内的数据都被处理完。处理过程如图 6-21 所示。

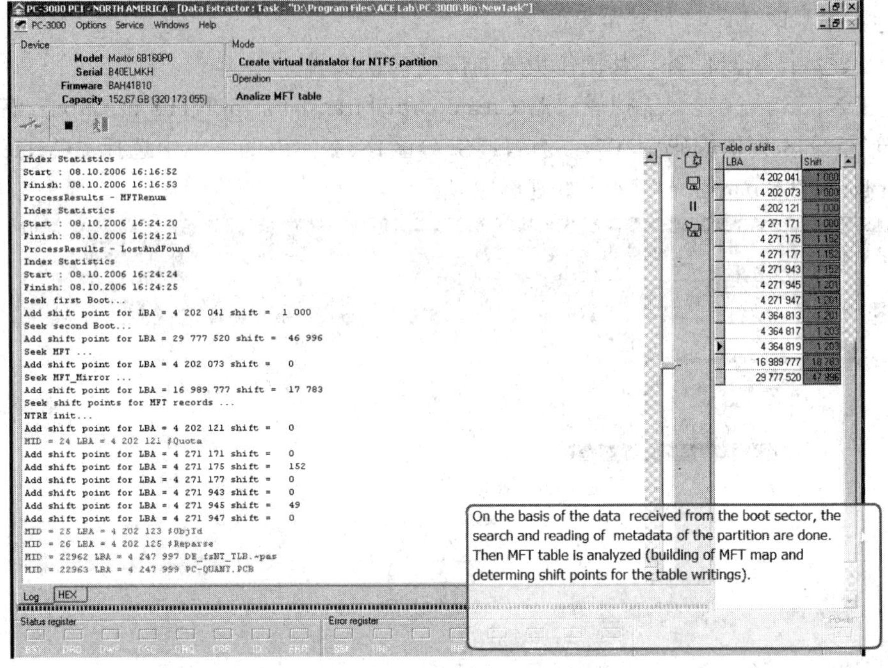

图 6-21　搜索分析 NTFS 分区

(5) 文件搜索分析完成后，NTFS 分区虚拟译码器即成功创建。在任务窗口展开虚拟地址译码器，可以发现丢失的文件也被找回了，如图 6-22 所示。

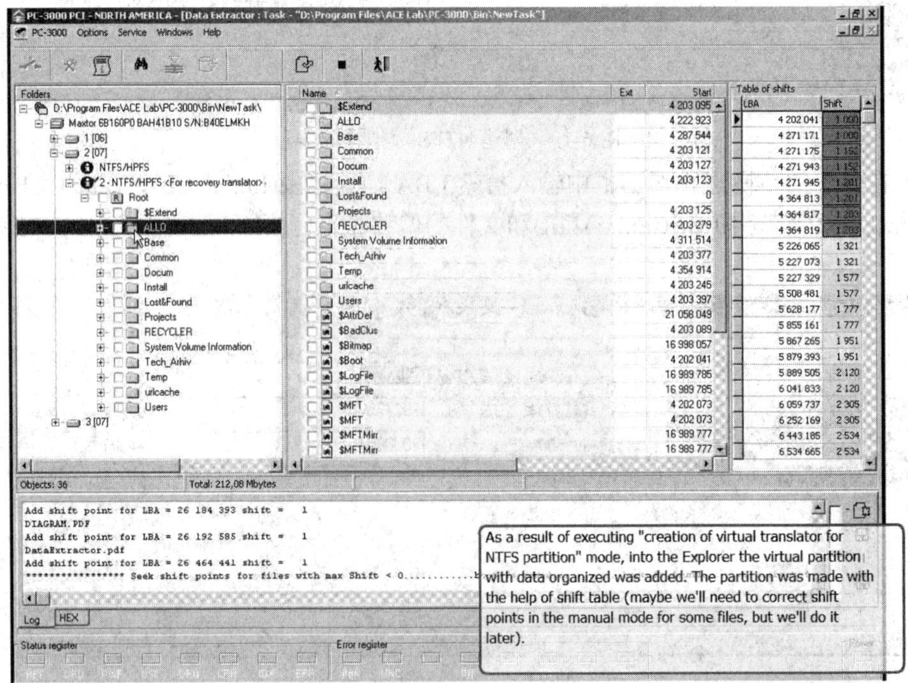

图 6-22　修复的 NTFS 文件

可以打开已恢复的文件进行检查确认，并在虚拟译码器右键菜单中选择“Statistics”进行统计。

上面介绍的都是自动恢复文件，下面以 PDF 文件为例，简单介绍手工恢复文件的方法。

(1) 点选虚拟译码器右键菜单项“List of no-resident files”，打开非常驻文件列表，点击工具面板上的通配符按钮 ?.* ，输入“pdf”，查询出所有 PDF 文件。

(2) 逐一浏览 PDF 文件，观察任务窗口下半部的文件数据区是否包含“%PDF”特征字符串，如果没有就表示该文件需要进行恢复，如图 6-23 所示。

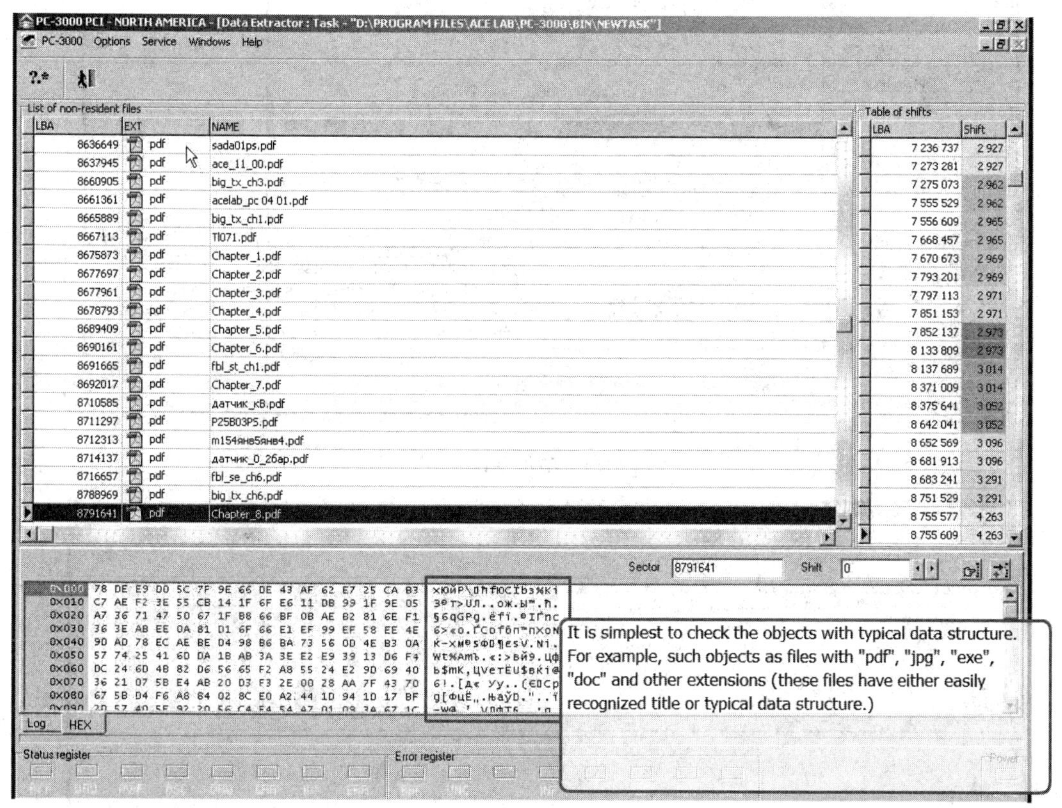

图 6-23　发现需要修复的 PDF 文件

(3) 点击偏移量列表框右边的箭头按钮，查看其他几个扇区是否包含 PDF 文件头。如果也没有，点击右边的“Searching for shift”按钮，在查询规则界面(Criteria)内点击右键菜单“Add”，增加查询匹配规则“Adobe PDF”，如图 6-24 所示。

(4) 点击工具面板中的“Start”按钮，系统将自动查找数据扇区，查询结果显示在“Results”列表框中。检查列表框内的数据是否包含 PDF 文件头，如果是 PDF 数据，则右击“Result”列表框中的数据记录，在弹出菜单中选择“Add Shift Point”将扇区加入文件元数据结构，完成文件恢复，如图 6-25 所示。

恢复其他类型的文件也可采用类似的方法，例如恢复 JPG 文件，判定文件头是否包含“JFIF” 特征字符串。

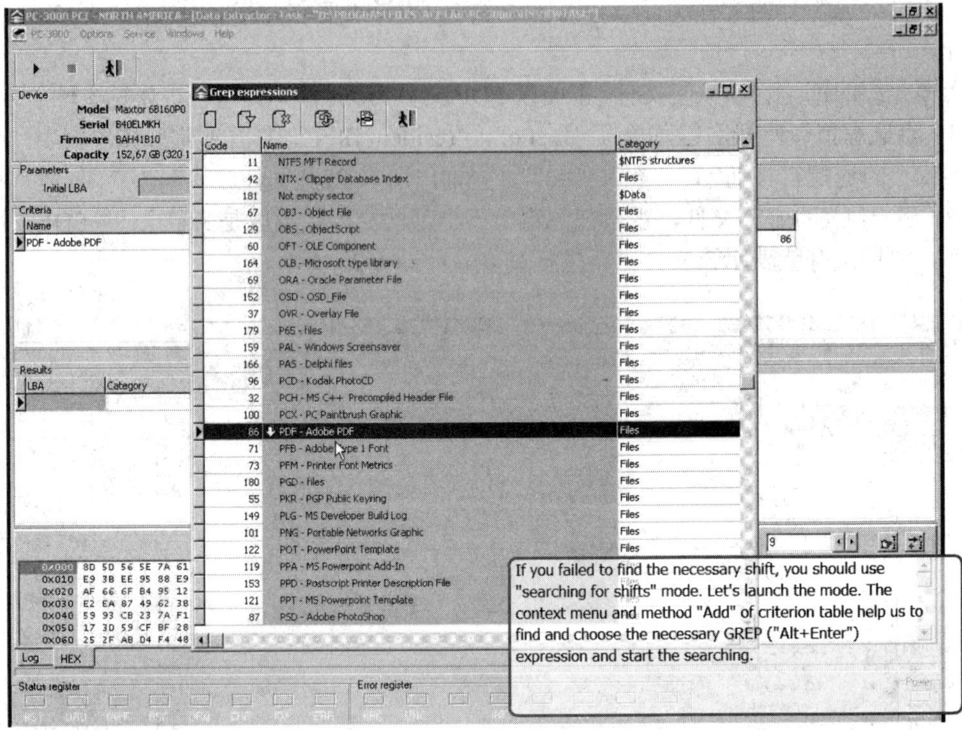

图 6-24　增加匹配规则

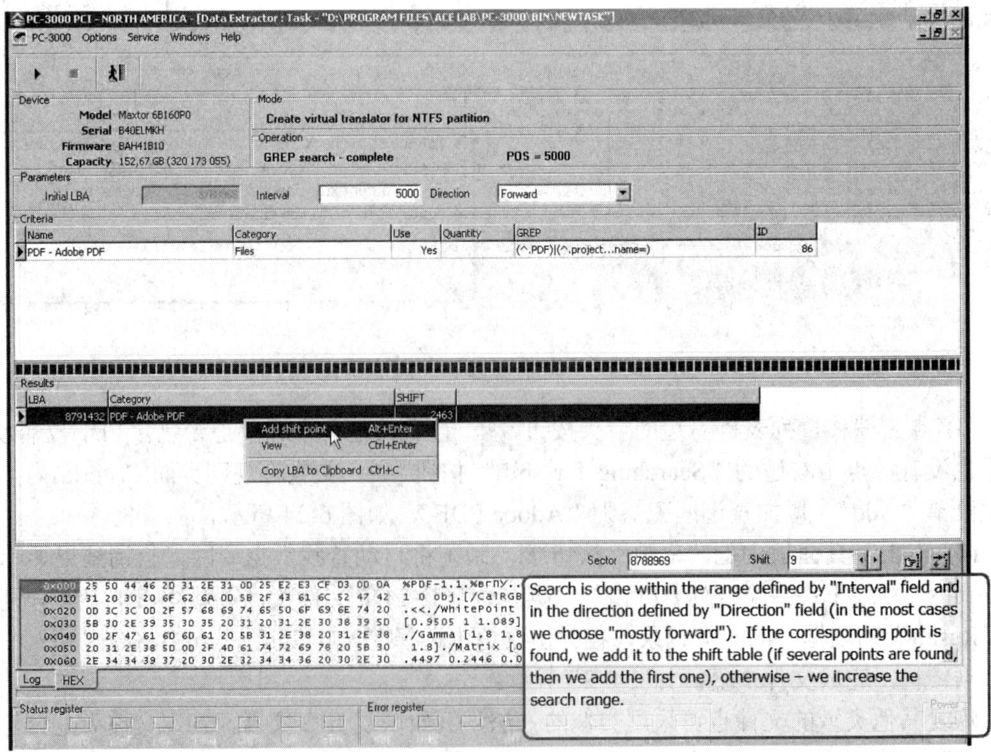

图 6-25　手工修复文件

思　考　题

1．请简述 PC-3000 修复工具包含哪几种套件，分别应用在哪些场合。
2．请描述数据提取器恢复 FAT 分区文件的过程。
3．请描述数据提取器恢复 NTFS 分区文件的过程。

第7章　Linux文件系统

Linux 属于类 UNIX 操作系统，它在源代码上兼容绝大部分 UNIX 标准，是一个支持多用户、多进程、多线程、实时性较好，且功能强大、稳定的操作系统。Linux 可以运行在 X86 PC、Sun Sparc、Digital Alpha、680x0、Power PC、MIPS 等平台上，是目前所能运行于硬件平台上的最广泛的操作系统。

7.1　Linux 基础

7.1.1　Linux 简介

Linux 诞生于 1990 年，最初的开发者是芬兰赫尔辛基大学的一名学生，名叫 Linus Torvalds。

从 Linux 的起源来说，Linus Torvalds 最初的灵感和想法都是来自 Minix 系统。Minix 是一个微型的 UNIX 操作系统，完全免费并且开源，其开发者是荷兰的 Andy Tanenbaum 教授。他编写该操作系统的目的出于操作系统的教学和演示，因此他一直拒绝在 Minix 中加入不必要的特性而使其变得复杂。但很多爱好者热衷于改进 Minix，Linus Torvalds 正是其中之一。

Linus Torvalds 最初只是用汇编语言编写了一个在 80386 保护模式下处理多任务切换的程序，后来从 Minix 得到灵感，进一步产生了一个“疯狂”的想法，即编写一个比 Minix 更出色的 Minix，于是便开始编写了一些硬件的设备驱动程序，一个小的文件系统。这样，0.0.1 版本的 Linux 就诞生了，但是它只具有操作系统内核的雏形，甚至不能运行，必须在有 Minix 的机器上编译以后才能运行。

随着 Linus Torvalds 工作的不断进行，他决定抛开 Minix，并于 1991 年 10 月 5 日发布了 Linux 0.0.2 版。在这一版本中，已经可以运行 BASH 命令 Shell 和 GCC 编译器了。1991 年 11 月，Linux 0.10 版本推出，但早期的 Linux 只有很少的一些程序。直到 0.12 版本之后，版本号直接跳到了 0.95，Linux 开始逐渐接近一个真正成熟的系统。

从一开始，Linus Torvalds 就决定自由扩散 Linux，他将源代码完全公开，很快，Linux 引起了“黑客”的注意，并通过计算机网络加入了 Linux 内核开发，这使 Linux 天生就成为了“黑客”青睐的系统。而 Linux 内核的开发也被认为是真正的系统编程。

由于一批高水平“黑客”的加入，Linux 发展迅猛，Linux 1.0 已经是一个功能完备的操作系统，而且它的内核写得紧凑高效，可以充分发挥硬件的性能，在 4 MB 内存的 80386 机器上也能很好表现。Linux 开发的版本号命名惯例是，中间的数字为偶数就代表稳定版，中间的数字是奇数则代表开发版。因此 Linux 经历了以下几个稳定版本，它们的版本号和维护者分别如下：1.0.x、1.2.x、2.0.x 由 David Weinehall 负责维护；2.2.x 由 Alan Cox 负责维护；2.4.x 由 Marcelo Tosatti 负责维护；2003 年 12 月 18 日推出 Linux 2.6.0，由 Linus Torvalds 自己负责维护……如今，Linux 内核已进入 3.x 时代！

在 Linux 的发展历史中，Linux 加入 GNU 并遵循 GPL(GNU General Public License, GNU 通用公共许可证)无疑具有重要意义，此举大大加强了 GNU 和 Linux，几乎所有应用的 GNU 库/软件都移植到了 Linux 中，这完善并提高了 Linux 的实用性。而且 GPL 不排斥自由软件的商业行为，现在越来越多的公司在 Linux 上开发商业软件或把其他 UNIX 平台的软件移植到 Linux 上来。

商家的加盟弥补了纯自由软件的不足和发展障碍，这使得 Linux 操作系统的使用逐渐普及。不同的软件厂商根据自己的特点发布不同的 Linux 发行版，以方便企业的选择和使用，例如，比较有名的发行版有 Red Hat、Slackware、Debian、SuSE、OpenLinux、TurboLinux、RedFlag(红旗 Linux)、Mandarke、BluePoint(蓝点 Linux)等。传统的 Linux 发行版在服务器领域较有特色，而国内的 Linux Deepin(深度 Linux)在 Linux 桌面用户体验上进行了较好探索。

7.1.2 Linux 常用命令

Linux 的命令功能非常强大，要学好并用好也非一朝一夕能完成的。由于本书并非专门针对 Linux，所以以下仅对最常使用的一些命令，分类给出简单的使用提示或说明。

1. 文件和目录操作命令

文件和目录操作命令如表 7-1 所示。

表 7-1　文件和目录操作命令

格　式	作　用
cd /home	进入(切换到)/home 目录
cd ..	返回上一级目录(即当前目录的父目录)
cd ../..	返回上两级目录，等价于两次执行 cd ..
cd 或 cd ~	进入个人的主目录
cd -	返回上次所在的目录
pwd	显示工作路径
ls	查看目录中的文件(注意：未指明时，文件包含了目录)
ls -F	查看目录中的文件(后面添加指示符/、@用来区分文件、目录或链接)
ls -l	使用较长格式列出信息(显示文件和目录的详细资料)
ls -a	显示所有文件(包含隐藏文件)
ls *[0-9]*	显示包含数字的文件名和目录名(即使用正则匹配)
tree	显示文件和目录由当前目录开始的树形结构
mkdir dir1	在当前工作目录下创建一个名叫 dir1 的目录
mkdir dir1 dir2	同时创建两个目录(dir1 和 dir2 均为当前工作目录的子目录)
mkdir -p /tmp/dir1/dir2	创建一个目录，在必要时创建目标目录的上层目录(选项-p 等价于--parents，即若创建 dir2 时其父目录 dir1 如果不存在，就创建它)

续表

格　式	作　用
rm -f file1	删除一个叫做 file1 的文件(-f，--force 选项忽略提示)
rmdir dir1	删除一个叫做 dir1 的目录(该目录应为空目录)
rm -rf dir1	删除一个叫做 dir1 的目录且同时删除其内容(即递归操作且不提示)
rm -rf dir1 dir2	同时删除两个目录(dir1 和 dir2)及它们的内容
mv dir1 new_dir	移动一个目录，mv 也用于移动文件，重命名文件和目录也用此方式
cp file1 file2	复制一个文件
cp dir/ * .	复制一个目录下的所有文件到当前工作目录
cp -a /tmp/dir1	复制一个目录到当前工作目录(-a 选项等于-dR，即不追踪符号链接，递归复制目录及其子目录内的所有内容)
cp -a dir1 dir2	复制一个目录
ln -s file1 lnk1	创建一个指向文件或目录的软链接(即符号链接)
ln file1 lnk1	创建一个指向文件或目录的物理链接(即硬链接)
touch -t 1412251220 file1	修改一个文件或目录的时间戳(YYMMDDhhmm)，例子中的文件 file1 的最后修改时间将变成 2014 年 12 月 25 日 12 时 20 分
file file1	输出文件的 MIME 类型
iconv -l	列出已知的编码
iconv -f from -t to inputFile -o outputFile	文件编码转换(将文件 inputFile 从编码 from 转换到 to，转换后的内容输出到文件 outputFile)

2. 文件搜索命令

文件搜索命令如表 7-2 所示。

表 7-2　文件搜索命令

格　式	作　用
find / -name file1	从/ (文件系统根)开始搜索文件和目录(例子中为文件 file1)
find / -user user1	从/开始搜索属于用户 user1 的文件和目录(例子中为文件 user1)
find /home/user1 -name *.bin	在目录 /home/user1 中搜索后缀名为 .bin 的文件
find /usr/bin -type f -atime +100	搜索在过去 100 天内未被使用过的执行文件(/usr/bin 目录下的文件为执行文件，-atime +100 表示最后访问时间距当前时间超过 100 天)
find /usr/bin -type f -mtime -10	搜索在 10 天内创建或者被修改过的文件(-mtime -10 表示最后修改时间距当前时间不足 10 天)
find / -name *.rpm -exec chmod 755 '{}' \;	从/开始搜索以 .rpm 为后缀名的文件并修改其权限为 755(-exec 表示对找到的文件执行后续命令，'{}'表示对于找到的集合中的每个元素依次读取，\; 表示结束读取当前命令的参数)
find / -xdev -name *.rpm	搜索以 .rpm 为后缀名的文件，忽略光驱、U 盘等可移动设备(-xdev 选项本意是忽略和当前文件系统不同的其他文件系统)
locate *.ps	寻找以 .ps 结尾的文件(未指明目录表示当前工作目录)
whereis halt	显示一个二进制文件、源码或 man 的位置
which halt	显示一个二进制文件或可执行文件的完整路径

3．挂载或卸载文件系统命令

挂载或卸载文件系统命令如表 7-3 所示。

表 7-3　挂载或卸载文件系统命令

格　式	作　　用
mount /dev/hda2 /mnt/hda2	挂载一个叫做 hda2 的分区，目录/mnt/hda2 应当已存在
umount /dev/hda2	卸载一个叫做 hda2 的分区，应先确认从挂载点(如/mnt/hda2)退出
fuser -km /mnt/hda2	当设备繁忙时强制卸载(杀死访问块设备的进程)
umount -n /mnt/hda2	运行卸载操作而不写入/etc/mtab 文件
mount /dev/fd0 /mnt/floppy	挂载一个软驱
mount /dev/cdrom /mnt/cdrom	挂载一个光驱(CDROM 或 DVDROM)
mount /dev/hdc /mnt/cdrecorder	挂载一个光驱(CDRW 或 DVDRW)
mount -o loop file.iso /mnt/cdrom	挂载一个 ISO 镜像文件
mount -t vfat /dev/hda5 /mnt/hda5	挂载一个 Windows FAT32 分区(NTFS 分区用-t ntfs)
mount /dev/sda1 /mnt/usbdisk	挂载一个 U 盘或闪存设备
mount -t smbfs -o username=user, password=pass //WinClient/share /mnt/share	挂载一个 Windows 网络共享(即文件系统类型为 smbfs，和 SMB 相应的选项用-o 指定)

4．磁盘空间命令

磁盘空间命令如表 7-4 所示。

表 7-4　磁盘空间命令

格　式	作　　用
df –h	显示已经挂载的分区列表
ls -lSr | more	以尺寸大小排列文件和目录
du -sh dir1	估算目录 dir1 已经使用的磁盘空间
du -sk * | sort –rn	以容量大小为依据依次显示文件和目录的大小

5．系统操作命令

系统操作命令如表 7-5 所示。

表 7-5　系统操作命令

格　式	作　　用
arch 或者 uname -m	显示机器的处理器架构
uname -r	显示正在使用的内核版本
dmidecode -q	显示硬件系统部件(SMBIOS/DMI)
hdparm -i /dev/sda	罗列一个 SATA 磁盘的架构特性
hdparm -tT /dev/sda	在磁盘上执行测试性读取操作
cat /proc/cpuinfo	显示 CPU 信息
cat /proc/interrupts	显示中断
cat /proc/meminfo	校验内存

续表

格　式	作　用
cat /proc/swaps	显示哪些 swap(交换分区)被使用
cat /proc/version	显示内核的版本
cat /proc/net/dev	显示网络适配器及统计
cat /proc/mounts	显示已加载的文件系统
lspci -tv	罗列 PCI 设备
lsusb -tv	显示 USB 设备
date	显示系统日期
cal 2014	显示 2014 年的日历表
date 041217002014.00	设置日期和时间(MMDDhhmmYY.ss)
clock -w	将时间修改保存到 BIOS
shutdown -h now	关闭系统(now 表示立即关闭，也可用+m 表示延时 m 分钟)
init 0 或 telinit 0	关闭系统
shutdown -h hh:mm	按预定时间 hh 时 mm 分关闭系统
shutdown -c	取消按预定时间关闭系统
shutdown -r now 或 reboot	重新启动系统
logout	注销

6．用户操作命令

用户操作命令如表 7-6 所示。

表 7-6　用户操作命令

格　式	作　用
groupadd　group_name	创建一个新群组
groupdel　group_name	删除一个群组
groupmod -n new_group_name old_group_name	重命名一个群组
useradd -c "Name Surname" -g admin -d /home/user1 -s /bin/bash user1	创建一个隶属于 admin 群组的用户
useradd user1	创建一个新用户
userdel -r user1	删除一个用户(选项 -r 用于排除主目录)
usermod -c "User FTP" -g system -d /ftp/user1 -s /bin/nologin user1	修改用户属性
passwd	修改口令
passwd user1	修改一个用户的口令(只允许 root 进行此操作)
chage -E 2014-12-31 user1	设置用户口令的失效期限
pwck	检查用户及其认证信息的完整性
grpck	检查组文件的完整性
newgrp group_name	登录到一个新的群组以改变新创建文件的预设群组

7. 文件的权限命令

文件的权限命令如表 7-7 所示。

表 7-7 文件的权限命令

格 式	作 用
ls -lh	显示权限
ls /tmp | pr -T5 -W$COLUMNS	将终端划分成 5 栏显示
chmod ugo+rwx directory1	设置目录的所有人、群组以及其他人拥有读、写和执行权限
chmod go-rwx directory1	去除群组与其他人对目录的读、写和执行权限
chown user1 file1	改变一个文件的所有人属性
chown -R user1 directory1	改变一个目录的所有者属性并同时改变该目录下所有文件的属性
chgrp group1 file1	改变文件的群组
chown user1:group1 file1	改变一个文件的所有者和群组属性
find / -perm -u+s	罗列一个系统中所有使用了 SUID 控制的文件
chmod u+s /bin/file1	设置一个二进制文件的 SUID 位(运行该文件的用户也被赋予和所有者同样的权限)
chmod u-s /bin/file1	禁用一个二进制文件的 SUID 位
chmod g+s /home/public	设置一个目录的 SGID 位(类似 SUID，但 SGID 针对目录)
chmod g-s /home/public	禁用一个目录的 SGID 位
chmod o+t /home/public	设置一个目录的 STIKY 位(只允许合法所有者删除文件)
chmod o-t /home/public	禁用一个目录的 STIKY 位

8. 文件的特殊属性命令(用“+”设置属性，用“-”进行取消)

文件的特殊属性命令如表 7-8 所示。

表 7-8 文件的特殊属性命令

格 式	作 用
chattr +a file1	只允许以追加方式读写文件
chattr +c file1	允许这个文件被内核自动压缩/解压
chattr +d file1	在进行文件系统备份时，dump 程序将忽略此文件
chattr +i file1	设置成不可变的文件(不能删除、修改、重命名或者链接)
chattr +s file1	允许一个文件被安全地删除
chattr +S file1	一旦应用程序对这个文件执行了写操作，系统立刻把修改的结果写入磁盘
chattr +u file1	若文件被删除，系统会允许用户在以后恢复这个被删除的文件
lsattr	显示特殊的属性

9. 文件打包和压缩命令

文件打包和压缩命令如表 7-9 所示。

表 7-9　文件打包和压缩命令

格　式	作　　用
bzip2 file1	压缩名为 file1 的文件成 bz2 格式
bunzip2 file1.bz2	解压 file1.bz2
gzip file1	压缩名为 file1 的文件成 gz 格式
gzip -9 file1	压缩名为 file1 的文件成 gz 格式，采用最大压缩率
gunzip file1.gz	解压 file1.gz
rar a file1.rar test_file	将文件 test_file 压缩成 file1.rar 包
rar a file1.rar file1 file2 dir1	同时压缩 file1、file2 和目录 dir1 到 file1.rar
rar x file1.rar	解压 file1.rar
unrar x file1.rar	解压 file1.rar
tar -cvf archive.tar file1	将 file1 打包到非压缩的 tar 包
tar -cvf archive.tar file1 file2 dir1	创建一个包含了 file1、file2 和目录 dir1 的 tar 包
tar -tf archive.tar	显示一个 tar 包中的内容
tar -xvf archive.tar	释放一个 tar 包
tar -xvf archive.tar -C /tmp	将压缩包释放到/tmp 目录下
tar -cvfj archive.tar.bz2 dir1	创建一个 bzip2 格式的压缩包
tar -xvfj archive.tar.bz2	解压一个 bzip2 格式的压缩包
tar -cvfz archive.tar.gz dir1	创建一个 gzip 格式的压缩包
tar -xvfz archive.tar.gz	解压一个 gzip 格式的压缩包
zip file1.zip file1	创建一个 zip 格式的压缩包
zip -r file1.zip file1 file2 dir1	将几个文件和目录同时压缩成一个 zip 格式的压缩包
unzip file1.zip	解压一个 zip 格式的压缩包

10. rpm 软件包管理命令(Fedora、Redhat 等系统)

rpm 软件包管理命令如表 7-10 所示。

表 7-10　rpm 软件包管理命令

格　式	作　　用
rpm -ivh package.rpm	安装一个 rpm 包
rpm -U package.rpm	更新一个 rpm 包但不改变其配置文件
rpm -F package.rpm	更新一个确定已经安装的 rpm 包
rpm -e package.rpm	删除一个 rpm 包
rpm -qa	显示系统中所有已经安装的 rpm 包
rpm -qa | grep httpd	显示所有名称中包含 httpd 字样的 rpm 包

续表

格　式	作　　用
rpm -q package_name --whatrequires	显示与一个 rpm 包存在依赖关系的列表
rpm -qf /etc/httpd/conf/httpd.conf	确认所给的文件由哪个 rpm 包所提供
rpmbuild --rebuild package_name.src.rpm	从一个 rpm 源码构建一个 rpm 包
yum install package_name	下载并安装一个 rpm 包
yum localinstall package_name.rpm	安装一个 rpm 包，使用自己的软件仓库来解决所有依赖关系
yum update package_name	更新一个 rpm 包
yum remove package_name	删除一个 rpm 包
yum list	列出当前系统中安装的所有包
yum search package_name	在 rpm 仓库中搜寻软件包
yum clean packages	清理 rpm 缓存，删除下载的包
yum clean headers	删除所有缓存的头文件
yum clean all	删除所有缓存的包和头文件

11. deb 软件包管理命令(Debian、Ubuntu 等系统)

deb 软件包管理命令如表 7-11 所示。

表 7-11　deb 软件包管理命令

格　式	作　　用
dpkg -i package.deb	安装/更新一个 deb 包
dpkg -r package_name	从系统删除一个 deb 包
dpkg -l	显示系统中所有已经安装的 deb 包
dpkg -l | grep httpd	显示所有名称中包含 httpd 字样的 deb 包
dpkg -S /bin/ping	确认所给的文件由哪个 deb 包提供
apt-get install package_name	安装/更新一个 deb 包
apt-cdrom install package_name	从光盘安装/更新一个 deb 包
apt-get update	升级列表中的软件包
apt-get upgrade	升级所有已安装的软件
apt-get remove package_name	从系统删除一个 deb 包
apt-get check	确认依赖的软件仓库正确
apt-get clean	从下载的软件包中清理缓存
apt-cache search searched-package	返回包含所要搜索字符串的软件包名称

12. 文本操作命令

文本操作命令如表 7-12 所示。

表 7-12　文本操作命令

格　式	作　用
cat file1	从第一个字节开始正向查看文件的内容
tac file1	从最后一行开始反向查看一个文件的内容
more file1	查看一个长文件的内容
less file1	类似 more，但允许反向操作
head -2 file1	查看文件的开头两行
tail -2 file1	查看文件的最后两行
tail -f /var/log/messages	实时查看被添加到一个文件中的内容
grep ^Aug /var/log/messages	在文件/var/log/messages 中查找以 Aug 开头的词汇
sed '/^$/d' example.txt	从 example.txt 文件中删除所有空白行
dos2unix filedos.txt fileunix.txt	将一个文本文件的格式从 MSDOS 转换成 UNIX
unix2dos fileunix.txt filedos.txt	将一个文本文件的格式从 UNIX 转换成 MSDOS

13. 文件系统命令

文件系统命令如表 7-13 所示。

表 7-13　文件系统命令

格　式	作　用
badblocks -v /dev/hda1	检查磁盘 hda1 上的坏磁块
fsck /dev/hda1	修复/检查 hda1 磁盘上 linux 文件系统的完整性
e2fsck -j /dev/hda1	修复/检查 hda1 磁盘上 ext2 文件系统的完整性
fsck.ext3 /dev/hda1	修复/检查 hda1 磁盘上 ext3 文件系统的完整性
fsck.ext4 /dev/hda1	修复/检查 hda1 磁盘上 ext4 文件系统的完整性
fsck.vfat /dev/hda1	修复/检查 hda1 磁盘上 fat 文件系统的完整性
mke2fs -j /dev/hda1	在 hda1 分区创建一个 linux ext3(日志型)文件系统
mkfs -t vfat 32 -F /dev/hda1	创建一个 FAT32 文件系统
mkswap /dev/hda3	创建一个 swap 文件系统
swapon /dev/hda3	启用一个新的 swap 文件系统
dump -0aj -f /tmp/home0.bak /home	制作一个/home 目录的完整备份
dump -1aj -f /tmp/home0.bak /home	制作一个/home 目录的交互式备份
restore -if /tmp/home0.bak	还原一个交互式备份
dd if=/dev/sda of=/tmp/file1	备份磁盘内容到一个文件

7.2 Linux 文件管理

我们知道，Windows 平台下最常用的文件系统有 FAT32 和 NTFS，Windows 支持的其他类型的文件系统虽然有一些，但总的来说数目并不多。由于 Linux 是完全开源的，因此随着 Linux 的不断发展，它所支持的文件系统不断得到扩充。Linux 系统内核可以支持十多种文件系统，包括 JFS、ReiserFS、Ext/Ext2/Ext3/Ext4、ISO9660、XFS、Minix、MSDOS、UMSDOS、VFAT、NTFS、HPFS、NFS、SMB、SysV、PROC 等，而现在 Linux 最常用的是 Ext3 文件系统和最新的 Ext4 文件系统。

要理解 Linux 文件系统，主要需要先了解 Linux 磁盘分区和目录、挂载的基本原理、文件存储结构、软链接和硬链接，以及常见目录的含义。

7.2.1 Linux 目录

无论哪一种 Linux 发行版，它们的目录结构基本上都是一样的。我们通常认为，Windows 的目录结构是树形的，但准确地说，Windows 的文件目录结构是多个并列的树形结构：在顶部是不同的分区(逻辑盘)，如 C:、D:、E:、F: 等，在分区内部，目录结构呈树形。每个分区的类型就是每个分区所用的文件系统。而 Linux 的文件目录结构是单一的树状结构，这棵树以“/”为根，整棵树描述了文件系统的拓扑结构，整棵树中可以包含具有不同文件系统的多个分区。

Linux 下磁盘分区和目录的相互关系如下：

(1) 任何一个分区都必须挂载到某个目录才能被真正利用。

(2) 目录是文件系统在逻辑上区分数据时使用的概念，而分区是物理上对数据所在位置的区分。

(3) 磁盘分区必须挂载到 Linux 目录树的某个具体目录上后才能进行读写操作。

(4) 根目录是所有 Linux 的文件和目录所在的地方，它必须挂载了某个磁盘分区(从而 Linux 系统至少需要一个分区)

例如，图 7-1 是 Linux 系统中可能存在的一种目录和分区关系：其中根目录对应挂载一个 Ext4 文件系统的分区，经常使用的目录/home 和/var 分别挂载一个 Ext3 分区和一个 Ext4 分区，属于 Windows 操作系统的 NTFS 文件系统类型的分区 DATA1 和 FAT32 文件系统类型的分区 DATA2 分别挂载到了/media/hp/DATA1 和/media/hp/DATA2 下。

Linux 系统将所有分区整合到统一的目录树是通过挂载实现的。Linux 中的所谓“挂载”(Mount)，指的是当需要使用某个设备时，例如要读取硬盘中的一个格式化好的分区或光盘等设备时，必须先把这些设备对应到某个目录上，而这个目录就称为“挂载点”(Mount Point)，通过挂载动作，就可以读取这些设备了。挂载(Mount)将物理分区的细节屏蔽掉了，用户只需要统一的逻辑概念，即“一切皆文件”。尽管 NTFS 中基于重解析点(Reparse Points)的卷挂载点(Volume Mount Points)技术也可以将一个分区挂载到 NTFS 分区的某个空目录上，但 Linux 中的挂载是更统一的概念，连一些设备也通过挂载成了文件。

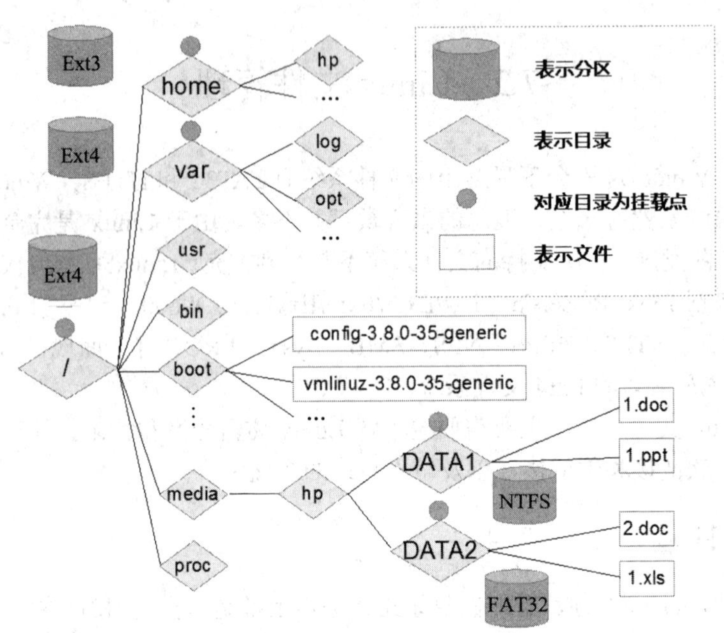

图 7-1　Linux 目录和分区图示

Linux 系统中常用的一些目录的含义如表 7-14 所示。

表 7-14　Linux 系统中常用目录的含义

默认目录	描　　述
/bin	存放 Linux 的常用命令，比如 ls、cp、mkdir 等命令
/boot	存放 Linux 的内核及引导系统程序所需要的文件，比如 vmlinuz、initrd.img 文件都位于这个目录中。一般情况下，GRUB 或 LILO 系统引导管理器也位于这个目录中；启动装载文件存放位置，如 kernels、initrd、grub。该目录常常是一个独立的分区
/dev	存放 Linux 系统中使用的所有外部设备，如声卡、磁盘以及/dev/null、/dev/console、/dev/zero、/dev/full 等。它实际上是访问这些外部设备的端口
/etc	存放系统管理的各种配置文件和子目录，例如网络配置文件、文件系统、系统配置文件、设备配置信息、用户设置信息等；一些服务器的配置文件在这里，用户账号及密码配置文件也在这里；/etc/opt 是/opt 对应的配置文件，/etc/X11 是 XWindows 系统配置文件，/etc/xml 是 XML 配置文件……
/home	存放用户的主目录，每个账号分配一个工作目录，包含个人配置文件和个人环境变量等。该目录常常是独立的分区
/lib	存放系统动态链接共享库，几乎所有的应用程序(包括 bin 和 sbin)都会用到该目录下的共享库，类似 Windows 系统 DLL 所在目录
/lost+found	该目录在大多数情况下是空的，但当突然停电或者非正常关机后，有些文件就临时存放在这里
/media	可拆卸的媒介挂载点，如 CD-ROMs、移动硬盘、U 盘，系统默认会挂载到这里。在 Linux 下访问 Windows 系统的分区，也常常将分区挂载到这一位置

续表

默认目录	描　　述
/mnt	该目录在一般情况下也是空的，可以临时将别的文件系统挂载到该目录下
/opt	存放可选的应用程序包
/proc	操作系统运行时，进程信息及内核信息存放在这里，可以在该目录下获取系统信息，这些信息是在内存中由系统自己产生的。/proc 目录伪装成文件系统 proc 的挂载目录，但 proc 并非真正的文件系统，其定义可以参见/etc/fstab
/root	超级用户 root 的主目录
/sbin	和 bin 类似，其中是一些可执行文件，但一般存放系统管理员的系统管理程序
/tmp	用来存放不同程序执行时产生的临时文件
/usr	用户的很多应用程序和文件都存放在该目录下，如/usr/bin 为非必需的普通用户可执行命令，/usr/include 为标准头文件，/usr/lib 为/usr/bin 和 usr/sbin 的库文件，/usr/sbin 为非必需的系统命令，/usr/src 为内核源码，/usr/X11 R6 表示 X Window System Version 11 Release 6
/srv	存放一些服务启动后需要提取的数据

从原理上说，Linux 中一切皆文件，目录是一种特殊的文件。此外，Linux 还有称之为链接(Link)的特殊文件，由 ln 命令产生。Linux 中的链接分为两种，一种称为硬链接(Hard Link)；另一种称为符号链接(Symbolic Link)，即软链接。

硬链接指通过索引 i-节点来进行链接，即多个文件名指向同一 i-节点。硬链接的作用是允许一个文件拥有多个有效路径名，用户可以建立硬链接到重要文件，实现防止误删除的功能。文件只有在与之相关的所有硬链接文件均被删除后其本身才可能真正删除，仅删除源文件不影响所有硬链接文件，仅删除硬链接文件也不影响源文件。值得注意的是，不允许给目录创建硬链接，也不可以在不同文件系统的文件间建立链接。

符号链接(软链接)的作用类似 Windows 的快捷方式。软链接是一个特殊的文本文件，其中包含另一文件的位置信息，可以指向任意一个文件系统的任意一个文件，甚至是一个不存在的文件。操作系统会自动把对符号链接的操作转换为对源文件的操作，这一点和硬链接作用类似。但是，符号链接是完全独立的一个文件，同时，其有效性依赖于源文件是否存在。也就是说，符号链接拥有自己的 i-节点，删除符号链接，对源文件无影响，而源文件一旦删除，符号链接将失效(文件存在但没有意义)。

需要指出的是，Windows 操作系统中的 NTFS 文件系统支持符号链接或软链接(称为连接点，Junction)和硬链接，它们的功能和 Linux 的符号链接和硬链接基本相当，但不完全相同。遗憾的是，早期 Windows 并没有完善的支持 NTFS 链接功能的工具，以至于 NTFS 链接功能并未被用户普遍接受，绝大部分用户只了解应用层面的“快捷方式”。如果读者对 NTFS 链接功能感兴趣，可以参考相关资料，并了解 Windows 7/8 的 mklink 命令。

7.2.2　Linux 文件

由于目录本质上也是文件，所以，我们将从文件系统层面对 Linux 中的目录和文件进行的分析放在这一部分。同时，本书并非专门针对文件系统进行理论分析的著作，所以，以下主要介绍如何借助 WinHex 软件对 Ext4 文件系统进行分析，以便读者对 Ext4 文件系统有整体的了解。对于 Ext4 文件系统中的各种数据结构和技术细节，请读者自行参阅有关资料。

图 7-2 显示的是笔记本电脑硬盘的分区情况(通过 Windows 7 系统“磁盘管理”所见)，其中包含了 3 个主分区和一个扩展分区，扩展分区内包含 4 个逻辑盘。3 个主分区安装的操作系统分别为 Windows 7 (64 位)、Windows 7 (64 位，测试用)、Linux(64 位)。

磁盘 0 基本 931.51 GB 联机	(N:) 97.65 GB NT 状态良好 (活 Win7-1	(C:) 58.60 GB N 状态良好 (系 Win7-2	39.07 GB 状态良好 (主 Linux	DATA1 (D:) 195.32 GB N 状态良好 (逻辑	DATA2VHD 292.97 GB NT 状态良好 (逻辑	DATA3VM 97.66 GB NT 状态良好 (逻辑	(G:) 150.21 GB N 状态良好 (逻辑

图 7-2 磁盘管理中的分区情况

硬盘采用了传统的 MBR 磁盘方式，没有采用 GPT 磁盘分区或者 LDM 动态磁盘方式。在 Windows 系统中，MBR 磁盘分区仍然是个人电脑硬盘分区普遍采用的方式，动态磁盘主要用于超大硬盘、阵列和服务器。Apple(苹果)电脑则普遍采用 GPT 分区方式。希望了解 GPT 和 LDM 的读者可自行参考相关书籍(例如，《数据恢复技术深度揭秘》，刘伟编著)。

前述分区情况在 MBR 中对应的分区表如图 7-3 所示。

```
00000001A0  64 00 20 45 72 72 6F 72  0D 0A 00 BB 01 00 B4 0E
00000001B0  CD 10 AC 3C 00 75 F4 C3  21 3F 85 EB 00 00 80 00
00000001C0  08 01 07 FE FF FF C8 3E  00 00 B0 D6 34 0C 00 FE
00000001D0  FF FF 07 FE FF FF 78 15  35 0C 70 19 53 07 00 FE
00000001E0  FF FF 83 FE FF FF E8 2E  88 13 D0 3A E2 04 00 FE
00000001F0  FF FF 0F FE FF FF 7E A8  6A 18 E2 AE 05 5C 55 AA
扇区 0 / 1953525168        偏移量:        B0        = 225  选块:
```

图 7-3 MBR 中的分区表

图中横线所注的 16 个字节对应 Linux 操作系统所在分区，其中，字节 83 为分区类型指示，83H 表示 Linux 分区类型。使用 WinHex 的模板 Master Boot Record 查看 MBR 分区，可以得到更容易阅读的结果。图 7-4 显示的是模板查看到的分区表第 3 项(即 Linux 分区)的结果。

分区表项 #3

1DE	80 = 活动分区	00
1DF	起始磁头	254
1E0	起始扇区	63
1E0	起始柱面	1023
1E2	分区类型指示 (hex)	83
1E3	结束磁头	254
1E4	结束扇区	63
1E4	结束柱面	1023
1E6	本分区前扇区数 3	327692008
1EA	本分区扇区数 3	81935056

图 7-4 WinHex 模板显示的 Linux 分区表项

通过 WinHex，可以直接定位到 Linux 分区的头部(WinHex 在新的窗口打开“磁盘 0，分区 3”对象)。仔细观察 Linux 分区头部的 3 个扇区(即扇区 0、扇区 1、扇区 2)，可以发现：扇区 0 和扇区 1 为空扇区，从扇区 2 开始有非零数据存在。原来，扇区 0 和扇区 1 是用来存放引导程序的，由于引导程序 GRUB 安装到了 MBR 上，所以，Linux 分区开始的 2 个扇区就是空的。如果将 GRUB 之类引导程序放到 Linux 分区头部而非硬盘头部，则扇区 0 和扇区 1 就不是空扇区了。要想深入 Linux 分区(指 Ext4 文件系统)，有必要对 Ext4 文件系统的整体结构有所了解。

Ext4 文件系统是在 Ext3 文件系统的基础上发展而来的，所以，Ext4 文件系统也将整个分区划分为若干个块组(Block Group)，每个块组又划分成一个个块(Block)。对同一分区而言，每个块的大小相同，每个块组中的块数相同。块是文件系统中数据的分配单元，每个块有唯一的编号，即块号。Ext3/Ext4 的块和 Windows 中的簇(Cluster)类似，但 Windows 中没有和块组接近的概念。

每个块组从前往后通常包含以下几个部分：2 个保留扇区(用于引导程序或为空)、超级块(Super Block，SB)、块组描述符表(Group Descriptor Table，GDT)、块位图、i-节点位图、i-节点表、数据块。由于现在的文件系统往往较大，文件系统普遍采用稀疏超级块方式，即只有在块组号是 3、5、7 的幂的块组(如 1、3、5、7、9、25、49 等)内才对 SB 和 GDT 进行备份。所以，块组内的布局主要为两种，如图 7-5 所示。

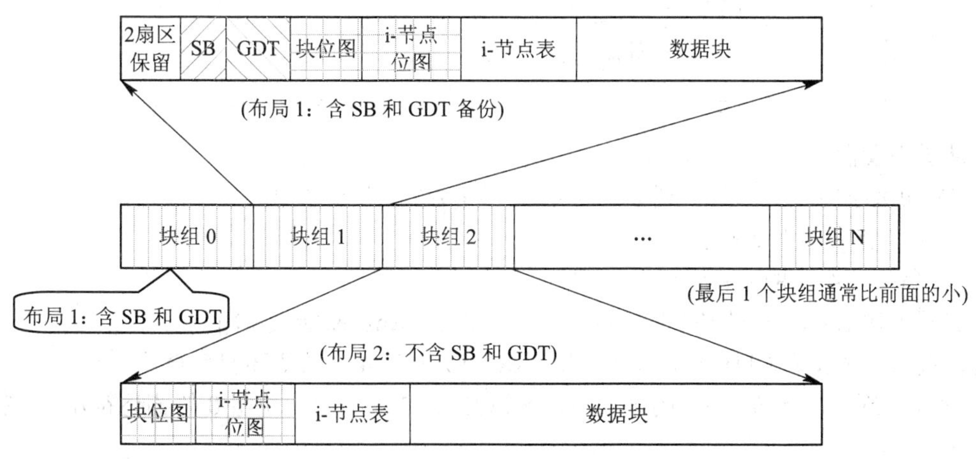

图 7-5 块组的结构

可以借用 Windows 系统中 NTFS 文件系统的有关概念来理解 Ext4 文件系统的块组：块组开头的 2 个保留扇区类似 NTFS 的引导扇区中的引导代码部分，要么是引导代码，要么为空。超级块(SB)类似 NTFS 的引导扇区中的 BPB 参数部分，它主要记录和文件系统相关的各种参数。块组描述符表(GDT)中的各项主要用来定位每个块组中块位图、i-节点位图、i-节点表等各部分的位置。NTFS 中不存在类似块组的概念，从而也不需要类似块组描述符表的结构。块位图用来描述本块组中块的分配情况，它的作用和 NTFS 中的元文件$Bitmap 类似。i-节点位图和 i-节点表联合起来的作用类似 NTFS 中的主文件表(MFT)，但 MFT 的文件记录中包含了文件名，而 Ext4 的文件名需要从根节点开始搜索目录项(在数据块中)得到。下面通过使用 WinHex 手工查找文件/boot/grub/gfxblacklist.txt 来了解 Ext4 文件系统中文件的存放情况。

在 NTFS 的 MFT 中，最先开始的一些文件记录是“特殊的”(为文件系统元文件)，其中第 6 个为根目录文件$Root。类似的，Ext4 的前 10 个 i-节点是特殊的，其中 2 号 i-节点分配给根目录“/”，因此，我们先去找到“/”。

WinHex 打开“磁盘 0，分区 3”对象(Linux 分区)，位置定位到扇区 2(块组 0 的超级块)，用模板“Ext2/Ext3/Ext4 超级块”查看该扇区，如图 7-6 所示。

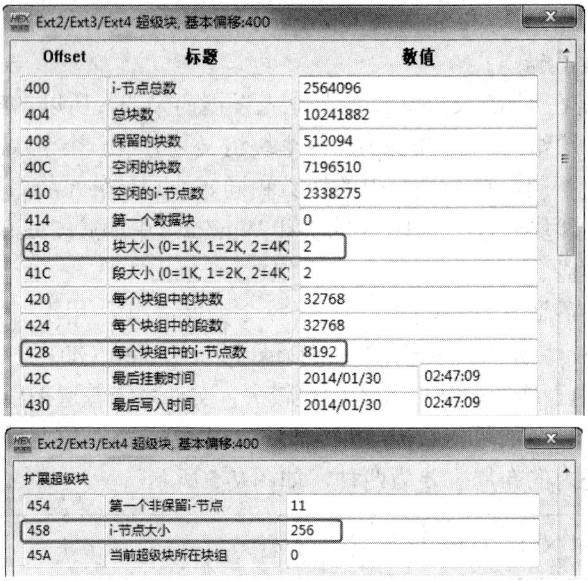

Ext2/Ext3/Ext4 超级块, 基本偏移:400

Offset	标题	数值	
400	i-节点总数	2564096	
404	总块数	10241882	
408	保留的块数	512094	
40C	空闲的块数	7196510	
410	空闲的i-节点数	2338275	
414	第一个数据块	0	
418	块大小 (0=1K, 1=2K, 2=4K)	2	
41C	段大小 (0=1K, 1=2K, 2=4K)	2	
420	每个块组中的块数	32768	
424	每个块组中的段数	32768	
428	每个块组中的i-节点数	8192	
42C	最后挂载时间	2014/01/30	02:47:09
430	最后写入时间	2014/01/30	02:47:09

Ext2/Ext3/Ext4 超级块, 基本偏移:400

扩展超级块

454	第一个非保留i-节点	11
458	i-节点大小	256
45A	当前超级块所在块组	0

图 7-6 WinHex 模板显示块组 0 的超级块(部分)

从图中我们获得了如下信息：

(1) 块大小为 4K 字节(类型 2 表示 4K，即 4096 字节或 8 扇区)。

(2) i-节点大小为 256 字节。

(3) 每个块组中的 i-节点数为 8192。

根据上述信息，位置定位到扇区 8(即 1 号块，WinHex 能直接将块号转换成扇区号)，这就是块组描述符表 GDT 的开头了。用模板“Ext3/Ext4 块组描述符”查看开头的 32 个字节(每个块组对应一个 32 字节的描述符，所以开头 32 字节对应块组 0 的描述符)，如图 7-7 所示。

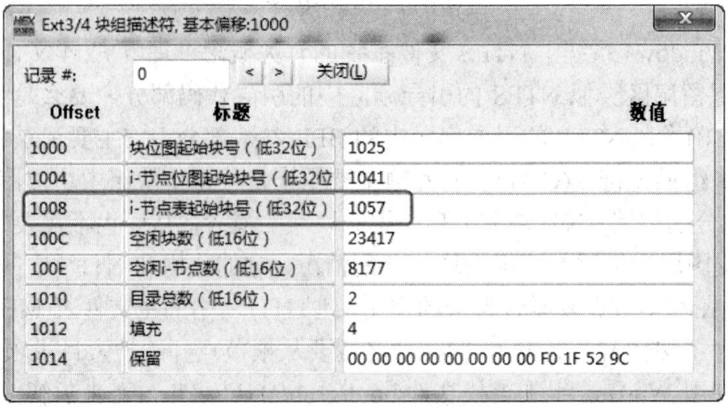

Ext3/4 块组描述符, 基本偏移:1000

记录 #: 0 < > 关闭(L)

Offset	标题	数值
1000	块位图起始块号 (低32位)	1025
1004	i-节点位图起始块号 (低32位	1041
1008	i-节点表起始块号 (低32位)	1057
100C	空闲块数 (低16位)	23417
100E	空闲i-节点数 (低16位)	8177
1010	目录总数 (低16位)	2
1012	填充	4
1014	保留	00 00 00 00 00 00 00 00 F0 1F 52 9C

图 7-7 WinHex 模板显示块组 0 的块组描述符

从图中可知：0 号块组的 i-节点表从块 1057 开始，块位图和 i-节点位图的起始块号也可获得。WinHex 定位到块 1057(即 8456 扇)，从块 1057 起始位置开始向后偏移 256(100H)字节(因为每个 i-节点大小为 256 字节)，就到了 2 号节点(根节点)的起始位置。

图 7-8 为用 WinHex 模板“Ext3/Ext4 i-节点”查看 2 号节点对应的 256 字节得到的结果。可以知道文件系统启用了 Extents 特性，Extent 树只有叶子节点(也即树根)，并且节点中只有 1 个 Extent：从 9249 块开始，仅 1 块。

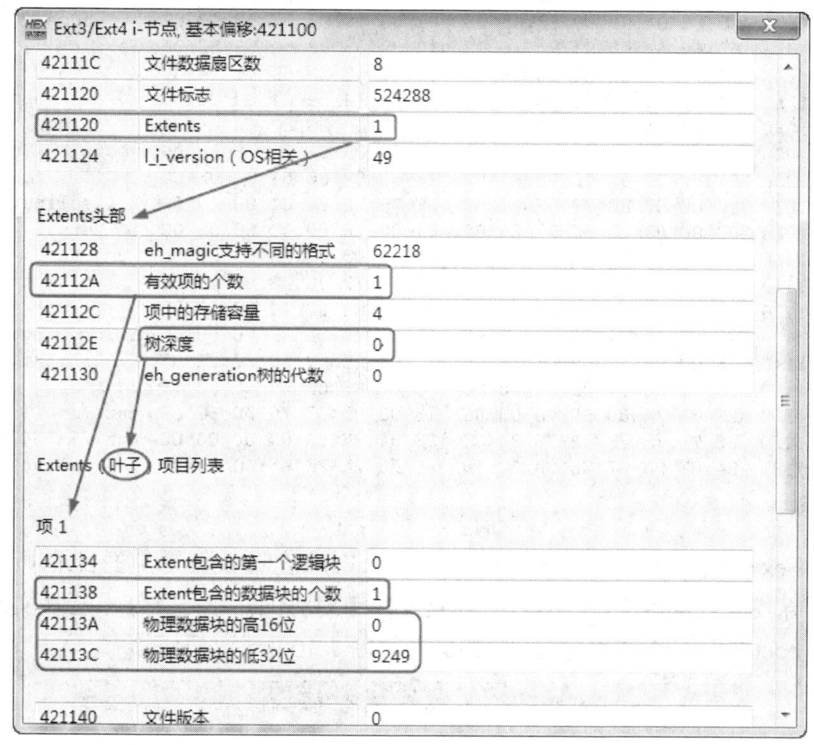

图 7-8　WinHex 模板显示 2 号 i-节点(根节点)

值得注意的是，Ext4 文件系统用 Extent 树(盘区树)代替了逻辑块映射(12 个直接块指针和 3 个间接块指针，共 15 × 4 = 60 字节)。Extent 树中的每个节点都有一个 12 字节(相当于 3 个 DWORD)的头部。如果节点是内部节点，头部后紧跟着若干个 Extent 索引项(每项 12 字节)；如果节点是叶子节点，头部后紧跟着若干个 Extent 数据结构(每项 12 字节)。整个 Extent 树的根节点位于 i-节点偏移 0x28 到 0x63 处，可以存储文件的前 4 个 Extent 而不需要额外的元数据块(头部和 4 个 Extent 共 60 字节)。Ext4 文件系统的 Extent 和 NTFS 的 Run 非常类似，读者可以自行比较异同。

WinHex 定位到块 9249，来到根目录区，如图 7-9 所示，可以发现根目录下所有文件和目录的名字。Ext4 的根目录区和 FAT32 的根 FDT 有很大差别：根目录区中的目录项长度不是固定的，每项都有一个字段来指示自己的长度，和 NTFS 属性类似，根据这一长度从当前项跳转到下一项。目录项除了提供文件名和区别目录或文件外，根本没有文件大小、第一个数据块、时间等信息。要获得文件的其他信息，必须通过目录项提供的 i-节点号，回到 i-节点表去了解对应文件的详细信息。

```
硬盘 0, 分区 3
Offset     0  1  2  3  4  5  6  7   8  9  A  B  C  D  E  F
002421000  02 00 00 00 0C 00 01 02  2E 00 00 00 02 00 00 00        .
002421010  0C 00 02 02 2E 2E 00 00  0B 00 00 00 14 00 0A 02      ..
002421020  6C 6F 73 74 2B 66 6F 75  6E 64 00 00 01 00 02 00  lost+found
002421030  0C 00 03 02 65 74 63 00  01 00 04 00 10 00 05 02      etc
002421040  6D 65 64 69 61 00 00 00  01 00 08 00 0C 00 03 02  media
002421050  62 69 6E 00 01 00 18 00  0C 00 04 02 62 6F 6F 74  bin         boot
002421060  01 00 06 00 0C 00 03 02  64 65 76 00 01 00 0A 00          dev
002421070  0C 00 04 02 68 6F 6D 65  01 00 10 00 0C 00 03 02      home
002421080  6C 69 62 00 01 00 20 00  10 00 05 02 6C 69 62 36  lib         lib6
002421090  34 00 00 00 01 00 24 00  0C 00 03 02 6D 6E 74 00  4     $     mnt
0024210A0  01 00 14 00 0C 00 03 02  6F 70 74 00 01 00 0C 00          opt
0024210B0  0C 00 04 02 70 72 6F 63  01 00 1A 00 0C 00 04 02      proc
0024210C0  72 6F 6F 74 01 00 16 00  0C 00 03 02 72 75 6E 00  root        run
0024210D0  01 00 22 00 0C 00 04 02  73 62 69 6E 01 00 0E 00    "      sbin
0024210E0  10 00 07 02 73 65 6C 69  6E 75 78 00 01 00 1C 00      selinux
0024210F0  0C 00 03 02 73 72 76 00  01 00 1E 00 0C 00 03 02      srv
002421100  73 79 73 00 02 00 14 00  0C 00 03 02 74 6D 70 00  sys         tmp
002421110  02 00 04 00 0C 00 03 02  75 73 72 00 02 00 18 00          usr
002421120  0C 00 03 02 76 61 72 00  10 00 00 00 14 00 0A 07      var
002421130  69 6E 69 74 72 64 2E 69  6D 67 00 00 0F 00 00 00  initrd.img
002421140  18 00 0E 07 69 6E 69 74  72 64 2E 69 6D 67 2E 6F      initrd.img.o
002421150  6C 64 00 00 0C 00 00 00  28 00 07 07 76 6D 6C 69  ld        (   vmli
002421160  6E 75 7A 00 0D 00 00 00  18 00 0D 07 76 6D 6C 69  nuz         vmli
002421170  6E 75 7A 2E 32 35 34 37  33 34 37 33 0D 00 00 00  nuz.25473473
002421180  84 0E 0B 07 76 6D 6C 69  6E 75 7A 2E 6F 6C 64 00  I   vmlinuz.old
```

图 7-9　根目录区

用 WinHex 的模板“Ext3/Ext4 目录项(目录入口)”查看 boot 对应的目录项(可以在模板中挨个向后寻找或直接定位，注意目录项是 4 字节对齐的，不足 4 字节会在文件名后添加空字节 00): boot 对应的 i-节点号为 1572865，如图 7-10 所示。

Ext3/Ext4 目录项 (目录入口) , 基本偏移:2421054

记录 #: 0　< >　关闭(L)

Offset	标题	数值
2421054	i-节点号	1572865
2421058	目录项长度	12
242105A	文件名长度	4
242105B	类型(1=文件,2=目录,7=符号	2
242105C	文件名	boot

图 7-10　WinHex 模板查看目录项 boot

让我们来计算一下 1572865 号节点的位置：每个块组的 i-节点数为 8192，1572865÷8192=192…1，所以 1572865 号节点是块组 192 的 i-节点表的第 1 个节点。WinHex 定位回到块 1(块组描述符表 GDT 头部)，再向后偏移 $192 \times 32 = 6144$(1800H)字节，并用模板“Ext3/Ext4 块组描述符”查看，得到块组 192 的 i-节点表起始块号 6291488。WinHex 定位到块 6291488 偏移$(1-1) \times 256 = 0$ 字节处，即 1572865 号节点的位置。

类似前面读取根目录区，用模板“Ext3/Ext4 i-节点”读取 1572865 号节点的数据，可知该节点对应数据共 1 个 Extent，即从块 6299680 开始，共 1 块。后续的工作是类似的：定位到块 6299680，找出目录项 grub(即/boot/grub)对应 i-节点号 1572867，转到 1572867 号节点，找出该节点数据，共 1 个 Extent(从块 6299682 开始，共 1 块)。转到块 6299682，找出目录项 gfxblacklist.txt(即/boot/grub/gfxblacklist.txt)对应 i-节点号 1572873。转到 1572873 号节点，找出该节点数据，共 1 个 Extent(从块 6326545 开始，共 1 块)。定位到块 6326545，可见图 7-11 所示的文件/boot/grub/gfxblacklist.txt。

硬盘 0, 分区 3

Offset	0	1	2	3	4	5	6	7	8	9	A	B	C	D	E	F	
608911000	23	20	47	52	55	42	20	67	66	78	70	61	79	6C	6F	61	# GRUB gfxpayloa
608911010	64	20	62	6C	61	63	6B	6C	69	73	74	2E	20	20	54	68	d blacklist. Th
608911020	65	20	66	6F	72	6D	61	74	20	69	73	20	61	20	73	65	e format is a se
608911030	71	75	65	6E	63	65	20	6F	66	20	6C	69	6E	65	73	20	quence of lines
608911040	6F	66	20	74	68	65	0A	23	20	66	6F	6C	6C	6F	77	69	of the # followi
608911050	6E	67	20	66	6F	72	6D	2C	20	75	73	69	6E	67	20	6C	ng form, using l
608911060	6F	77	65	72	2D	63	61	73	65	20	68	65	78	61	64	65	ower-case hexade
608911070	63	69	6D	61	6C	20	66	6F	72	20	61	6C	6C	20	49	44	cimal for all ID
608911080	20	63	6F	6D	70	6F	6E	65	6E	74	73	3A	0A	23	0A	23	components: # #
608911090	20	20	20	76	56	45	4E	44	4F	52	64	44	45	56	49	43	vVENDORdDEVIC
6089110A0	45	73	76	53	55	42	56	45	4E	44	4F	52	73	64	53	55	EsvSUBVENDORsdSU
6089110B0	42	44	45	56	49	43	45	62	63	42	41	53	45	43	4C	41	BDEVICEbcBASECLA
6089110C0	53	53	73	63	53	55	42	43	4C	41	53	53	0A	23	0A	23	SSscSUBCLASS # #
6089110D0	20	42	6C	61	63	6B	6C	69	73	74	20	6C	69	6E	65	73	Blacklist lines

图 7-11　文件/boot/grub/gfxblacklist.txt 的内容(部分)

由前面的示例分析，Ext4 文件系统对文件的管理步骤大致如下：从超级块获取各种参数，然后每个文件(包括目录)对应 i-节点表的一个节点和目录区的一个目录项，同时，块组描述符表中对应块组描述符帮助定位 i-节点表的位置。整个过程可以用图 7-12 来示意。

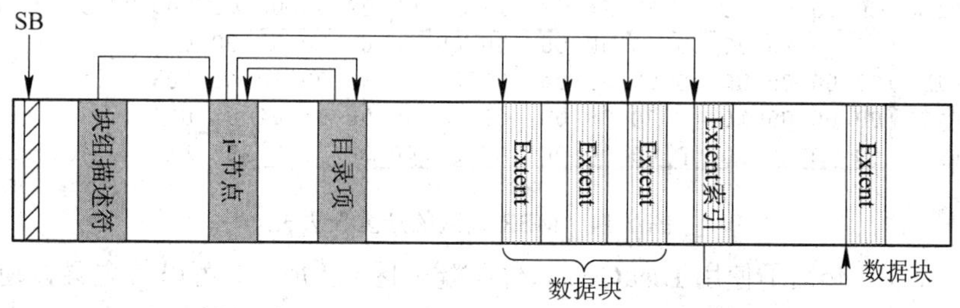

图 7-12　Ext4 文件系统对文件管理的示意图

7.3　Linux 中的数据恢复

7.3.1　Linux 分区恢复

使用 MBR 磁盘结构的 Linux 系统，其分区结构与 Windows 系统下的 MBR 磁盘分区结构完全一样，所以 Linux 系统 MBR 扇区的分区表被破坏后的修复也类似。下面用一个例子加以说明。

一台装有 Linux 系统的计算机，在被断电强行关机后无法再次启动，出现如图 7-13 所示现象。

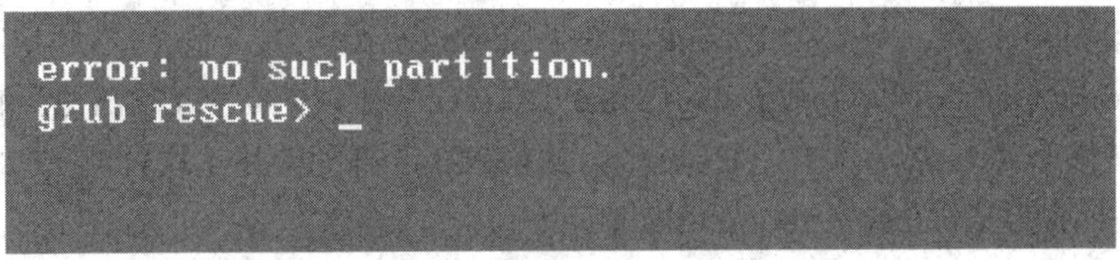

```
error: no such partition.
grub rescue> _
```

图 7-13　Linux 系统分区表损坏后的现象

上述现象表明，引导程序 grub 是安装在 MBR 中的，并且 grub 无法发现分区来实现正常引导启动系统。将该计算机硬盘取出连接到另一计算机的 Windows 系统下(或者用 WinPE 工具光盘启动，将 WinHex 安装/拷贝到虚拟盘)，用 WinHex 打开该硬盘，发现 MBR 扇区的分区表部分已经损坏(全部变成字节 00)，如图 7-14 所示。

```
Offset      0  1  2  3  4  5  6  7   8  9  A  B  C  D  E  F
0000000000  EB 63 90 10 8E D0 BC 00  B0 B8 00 00 8E D8 8E C0   ? ? ..   ..u....
0000000010  FB BE 00 7C BF 00 06 B9  00 02 F3 A4 EA 21 06 00   .|?.?. ?..u....
0000000020  00 BE BE 07 38 04 75 0B  83 C6 10 81 FE FE 07 75  . .8.u. . ?u....
0000000030  F3 EB 16 B4 02 B0 01 BB  00 7C B2 80 8A 74 01 8B   .???|  .......
0000000040  4C 02 CD 13 EA 00 7C 00  00 EB FE 00 00 00 00 00  L.??|.. ........
0000000050  00 00 00 00 00 00 00 00  00 00 00 80 01 00 00 00  ...........€....
0000000060  00 00 00 00 FF FA 90 90  F6 C2 80 74 05 F6 C2 70  ....     t. p.
0000000070  74 02 B2 80 EA 79 7C 00  00 31 C0 8E D8 8E D0 BC  t.   |..1   ?.
0000000080  00 20 FB A0 64 7C 3C FF  74 02 88 C2 52 BB 17 04  .  d|< t. R?.
0000000090  80 27 03 74 06 BE 88 7D  E8 17 01 BE 05 7C B4 41  €'.t. }?.?|
00000000A0  BB AA 55 CD 13 5A 52 72  3D 81 FB 55 AA 75 37 83   U?ZRr= U 7
```

(中间部分省略)

```
00000001B0  CD 10 AC 3C 00 75 F4 C3  17 A0 07 00 00 00 00 00  ??.u .?......?ea
00000001C0  00 00 00 00 00 00 00 00  00 00 00 00 00 00 00 00  ................
00000001D0  00 00 00 00 00 00 00 00  00 00 00 00 00 00 00 00  ................
00000001E0  00 00 00 00 00 00 00 00  00 00 00 00 00 00 00 00  ................
00000001F0  00 00 00 00 00 00 00 00  00 00 00 00 00 00 55 AA  ..............U
```

图 7-14　MBR 扇区的分区表丢失

在第 1 章中，介绍了使用 DiskGen 软件重建分区表，所以，可以首先尝试使用 DiskGen 搜索丢失的分区。但是，DiskGen 软件重建分区表存在一个问题：无论是自动搜索还是以交互方式搜索，按柱面搜索速度快但可能漏掉需要搜索的分区，而按扇区搜索速度太慢。另外，对于多次分区的磁盘，DiskGen 无法识别哪些有引导标记 55 AA 的扇区是需要的。所以，根据分区和文件系统的有关知识进行手工分析仍然是必需的，同时，分区内的数据比分区信息重要得多。基于上述原因，接下来使用 WinHex 软件分析后面的结构是否破坏。

Linux 系统一般采用 Ext 文件系统，而 Ext 文件系统以超级块开头(因为保留的引导扇区常常是空的)，所以可以往下搜索超级块。和 DiskGen 搜索 55 AA 引导扇区标记类似，因为 Ext 文件系统的超级块中有固定的文件系统签名，即十六进制数值“53 EF”(在扇区偏移 56 或 38H 处)，所以在 WinHex 中搜索设置，很快就在 2050 号扇区找到了签名值，如图 7-15 所示。

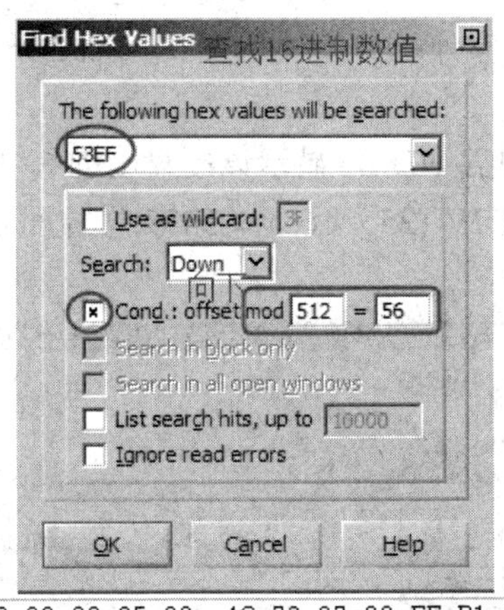

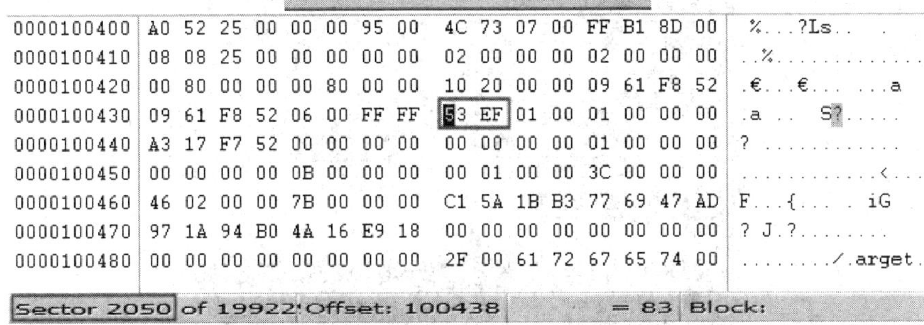

0000100400 A0 52 25 00 00 00 95 00 4C 73 07 00 FF B1 8D 00
0000100410 08 08 25 00 00 00 00 00 02 00 00 00 02 00 00 00
0000100420 00 80 00 00 00 80 00 00 10 20 00 00 09 61 F8 52
0000100430 09 61 F8 52 06 00 FF FF 53 EF 01 00 01 00 00 00
0000100440 A3 17 F7 52 00 00 00 00 00 00 00 00 01 00 00 00
0000100450 00 00 00 00 0B 00 00 00 00 01 00 00 3C 00 00 00
0000100460 46 02 00 00 7B 00 00 00 C1 5A 1B B3 77 69 47 AD
0000100470 97 1A 94 B0 4A 16 E9 18 00 00 00 00 00 00 00 00
0000100480 00 00 00 00 00 00 00 00 2F 00 61 72 67 65 74 00
Sector 2050 of 19922 Offset: 100438 = 83 Block:

图 7-15 搜索超级块的文件系统签名

通过模板查看并分析超级块的结构可以看出该 Linux 系统使用的是 Ext4 文件系统。找到如下信息：该文件系统包含的块数为 9764864，块大小为类型 2(即 4K 字节或 8 扇区)。所以，该文件系统的总扇区数为 9764864×8=78118912 扇区。

因为 Ext4 文件系统的超级块位于分区内第 3 个扇区(分区内 2 号扇区)，搜到的超级块在整个硬盘 2050 号扇区，说明该分区起始于整个硬盘 2048 号扇区，大小约为 78118912 个扇区(实际大小可能比这个值大 1～7 个扇区，因为这几个扇区不能划分为一块)。该分区的具体大小可以在分析下一个分区的起始位置时计算确定。

用第 1 个分区的起始扇区号 2048 加上该分区大小的估值 78118912，结果为 78120960，这应该是下一个分区的起始位置附近了。用 WinHex 跳转到磁盘的 78120960 号扇区，结果都是 0 数据，并且往后翻很多扇区也均为 0 数据，这和“下一个分区的起始位置附近”这样的结论相去甚远。

可以猜想：是否在第 1 个分区和下一个分区之间有大量空间未被使用，或者这里存放了未激活的交换分区。由于真正的数据总是在文件系统内的，因此继续搜索有效的文件系统。和前述类似，从 78120960 号扇区开始，在扇区偏移 56 处搜索文件系统签名“53 EF”。结果，在 87891970 号扇区再次发现超级块。这时，有两种选择，一种是解读新发现的超级块，计算该分区的起始位置和大小，然后继续寻找下一个有效的文件系统；另一种是猜想刚发现的分区已经是第一个逻辑盘，向上查找扩展分区 EBR 中的分区表，利用扩展分区 EBR 内的分区表来找后续分区。

这里先尝试后一种策略：从 87891967(=87891970−3)号扇区开始反向(即向上)在扇区偏移 510 处搜索引导扇区标记“55 AA”。结果，在 87891966 号扇区发现了 EBR 扇区。这时也有两种选择，一种是继续用 WinHex 的 MBR 模板分析 EBR 扇区，手动跳到下一个 EBR，找出分区表链在扩展分区内的部分；另一种是换成 DiskGen，帮助查找分区表链。下面使用 DiskGen 来分析。

使用 DiskGen 软件打开硬盘 HD0，显示该硬盘 C/H/S 参数为 124014/255/63，所以，87891966 号扇区在 87891966 DIV (255 × 63) = 5471 号柱面附近。按图 7-16 所示设置来搜索丢失的分区。

图 7-16　设置 DiskGen 搜索丢失的分区

搜索后发现 3 个逻辑分区，文件系统均为 Ext4。(注意：因为 Ext4 文件系统比较新，所以 DiskGen 可能显示文件系统类型为 Ext3，而两者的大部分特性是一样的，因此对恢复分区没有影响。)这时，不能将这一结果直接写入盘，否则，扩展分区项在分区表的第一项，即使在后面添加主分区的信息，也会因为主分区位置变化而导致 grub 引导程序无法正常引导。

因为已经找到了第 1 个分区主分区和后面一些逻辑盘，中间大量为空字节空间，暂时不考虑，所以，先用 WinHex 写入第 1 个分区的信息，如图 7-17 所示。

Master Boot Record, Base Offset: 0

Offset	Title	Value
0	Master boots	EB 63 90 10 8E D0 BC
Partition Table Entry #1		
1BE	80 = active p	80
1BF	Start head	0
1C0	Start sector	1
1C0	Start cylinder	0
1C2	Partition type	83
1C3	End head	0
1C4	End sector	1
1C4	End cylinder	0
1C6	Sectors prece	2048
1CA	Sectors in pa	78118912
Partition Table Entry #2		
1CE	80 = active p	00

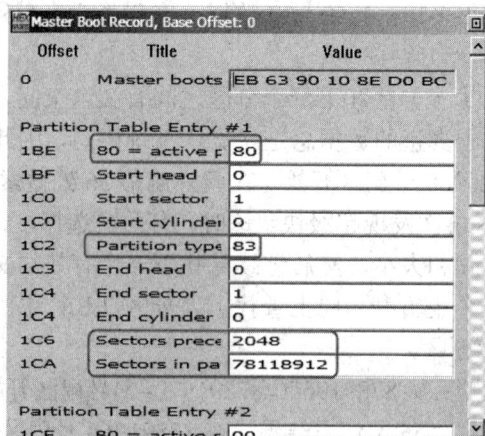

图 7-17　WinHex 模板内手动填写分区表第一项

对于扩展分区，可以计算后在 WinHex 手动写入，或者用 DiskGen 按前述说明重新查找一次扩展分区(不变动已有的主分区)并写入即可。经测试，发现 Linux 系统正常启动。用有关命令查看交换分区使用情况和挂载点情况，如图 7-18 所示。

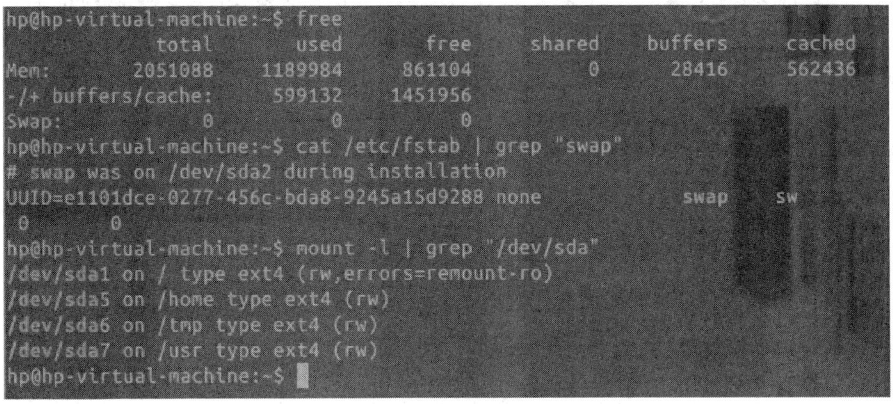

```
hp@hp-virtual-machine:~$ free
             total       used       free     shared    buffers     cached
Mem:       2051088    1189984     861104          0      28416     562436
-/+ buffers/cache:     599132    1451956
Swap:            0          0          0
hp@hp-virtual-machine:~$ cat /etc/fstab | grep "swap"
# swap was on /dev/sda2 during installation
UUID=e1101dce-0277-456c-bda8-9245a15d9288 none            swap    sw
 0       0
hp@hp-virtual-machine:~$ mount -l | grep "/dev/sda"
/dev/sda1 on / type ext4 (rw,errors=remount-ro)
/dev/sda5 on /home type ext4 (rw)
/dev/sda6 on /tmp type ext4 (rw)
/dev/sda7 on /usr type ext4 (rw)
hp@hp-virtual-machine:~$
```

图 7-18　交换分区使用和挂载点查看

从检查的结果发现，交换分区 swap 指向/dev/sda2(第 2 个主分区)但未被使用(未激活)，第 1 个主分区/dev/sda1 挂载的是文件系统根，3 个逻辑盘/dev/sda5、/dev/sda6、/dev/sda7 分别挂载到/home、/tmp、/usr。至此，硬盘分区情况已经清楚。至于交换分区，如果需要使用，完全可以重新修改分区表，在 Linux 系统内激活交换分区，或者直接将剩余空间分成一个区作为交换分区，但需要修改有关配置，再激活交换分区。这些修改和分区恢复关系不大，此处略过。

7.3.2　Linux 文件恢复

Linux 下文件删除后能否恢复呢？对于这个问题，同样可以从 Linux 下文件删除时文件系统底层数据的变化来了解。限于篇幅，本书不对此问题进行展开，感兴趣的读者可以参考刘伟所著的《数据恢复技术深度揭秘》一书及前述对 Linux 下文件的管理方式的分析，使用 WinHex 软件来进行分析。我们在此给出基本结论：Linux 系统下 Ext3/Ext4 文件系统中某个文件被删除后，其目录项中的文件名和 i-节点号依然存在，但对应的 i-节点中文件大小和块指针(或 Extent 树根节点)被清零，数据块数据不变。从数据块数据不变来看，存在文件恢复的可能性，但用于定位数据块的重要信息被清除了，所以，Ext3/Ext4 文件系统下文件删除后恢复是比较困难的。然而，Ext3/Ext4 是日志型文件系统，日志中可能会有新近删除文件的有关信息，利用日志将有机会使删除的文件成功恢复。

总的来说，用于 Linux 系统 Ext3/Ext4 文件系统的数据恢复工具比较少，其中一些商业软件包括国外的 R-Studio、Stellar Phoenix Linux、Quick Recovery for Linux 等，国内的达思科技的 D-Recovery for Linux 等。Linux 是开源的操作系统，所以非商业使用，但可以使用一些开源的 Linux 数据恢复软件，这里介绍 TestDisk(含 PhotoRec)和 extundelete。

从 hp 的主目录下删除一些图片和文档。

1. TestDisk 恢复文件

(1) 从网址 http://www.cgsecurity.org/wiki/TestDisk_Download 下载 TestDisk & PhotoRec,

(笔者的 Linux 为 64 位选 x86_64)。将 TestDisk 解压到/tmp，如图 7-19 所示。

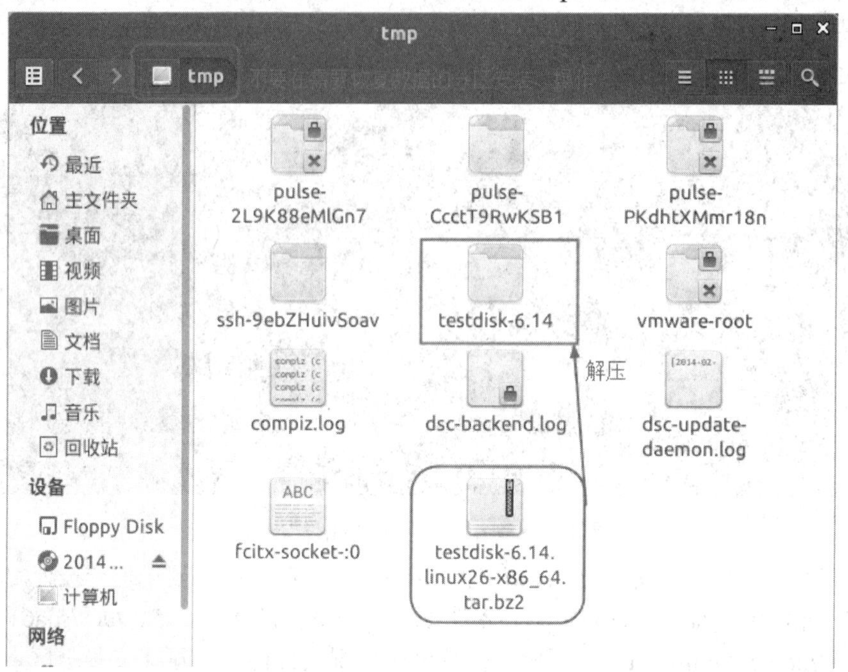

图 7-19　TestDisk 解压到/tmp

注意：被删除的文件在/home，它属于分区/dev/sda5，/tmp 属于分区/dev/sda6，它们在不同的分区。数据恢复中，严格的做法是将需要恢复文件的分区卸载，然后再以只读方式挂载，如果只有一个分区，就应该将硬盘拆下安装到另一机器再只读挂载。

(2) 打开终端，以管理员方式运行 TestDisk 中的 PhotoRec(TestDisk 通常用于恢复分区，PhotoRec 用于恢复文件)，如图 7-20 所示。

```
hp@hp-virtual-machine:/tmp/testdisk-6.14$ sudo ./photorec_static
```

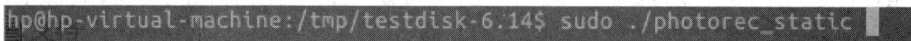

图 7-20　终端中以管理员身份运行 PhotoRec

(3) 选择对哪个硬盘的哪个分区进行扫描来恢复文件，并且需要指定被扫描的分区的文件系统和扫描的范围，最后开始扫描过程，如图 7-21 所示。

```
Pass 1 - Reading sector     637048/39059456, 69 files found
Elapsed time 0h00m51s - Estimated time to completion 0h51m15
txt: 21 recovered
gz: 18 recovered
jpg: 14 recovered
png: 7 recovered
gif: 5 recovered
tx?: 3 recovered
swf: 1 recovered
```

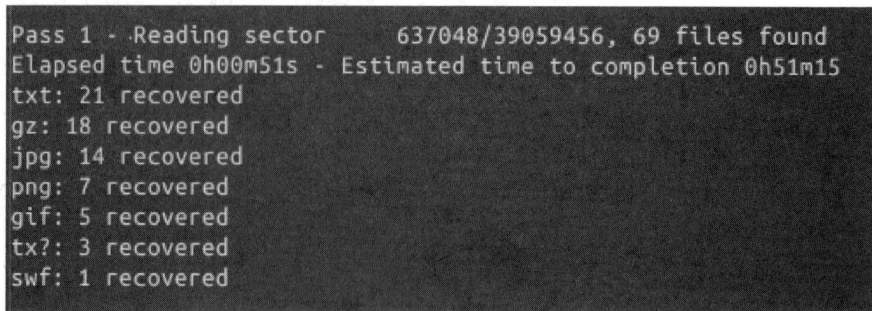

图 7-21　PhotoRec 从空闲空间扫描被删的文件

总的来说，PhotoRec 可以找回部分数据，但数据比较凌乱，而且文件名均是软件重新命名的，无法和原始文件对应，所以，效果不是十分理想。

2. extundelete 恢复文件

同样，应该在第一时间将需要恢复文件的分区卸下，如果是根所在分区，则可以强行断电来阻止进一步的数据覆盖，然后把硬盘安装到另一机器并只读挂载需要恢复文件的分区。

(1) 从 http://extundelete.sourceforge.net 网站下载最新版本的 extundelete 到/tmp(建议同时认真阅读该网站提供的文档信息)。注意：extundelete 提供的是源码，所以必须自行编译安装。

(2) 打开终端，输入 sudo apt-get install e2fsprogs e2fslibs-dev，以管理员身份安装 extundelete 依赖的两个软件包。需要指出的是，笔者的深度 Linux 是基于 Ubuntu 的类 Debian 发行版，如果你使用的是类 Redhat 发行版，应使用 yum 来安装软件包。用 dumpe2fs 查看 e2fsprogs 的版本是否是 1.41 或更新版本，以确保支持 Ext4 文件系统。之后，在终端输入 sudo apt-get install build-essential 安装编译源码所需的 g++和 make 工具。

(3) 准备工作就绪，工作目录切换到/tmp，用命令 tar -xjf extundelete-0.2.4.tar.bz2 解压(笔者所用为 0.2.4 版)，再分别输入命令 cd extundelete-0.2.4/、./configure、sudo make 来生成 extundelete 可执行文件。最后一步 make 也可以用 sudo make install 将 extundelete 安装成命令行应用程序来使用。

(4) 用 sudo extundelete /dev/sda5 --restore-all 来恢复 sda5 分区(即第 1 逻辑盘)的数据。程序运行结束后，会在/tmp/extundelete-0.2.4/目录下生成一个名为 RECOVERED_FILES 的目录。这个目录下的文件就是 extundelete 恢复的文件。

从实际效果来说，extundelete 确实能恢复一些文件，但不是全部。同样令人头痛的是，很多文件都是被重命名的，如果是文本文件，还可以尝试用 grep 命令来辅助确认，而对于二进制文件，则很难识别文件的“真面目”。所以，即使有再多的数据恢复软件，也不如小心保护和备份自己的数据，毕竟，硬盘有价，数据无价。

7.3.3 文件系统修复

Linux 的 Ext4 文件系统损坏问题主要可以分为两类：一类是局部的 i-节点损坏，造成文件系统完整性受损。这时，可以用恢复文件的方法来恢复文件，或者不考虑数据，用 fsck 命令来检查并修复文件系统。关于 fsck 的用法，读者可以查阅 7.1.2 节的有关表格以及 fsck 命令的手册或网上的相关资料。另一类是超级块损坏，从而整个文件系统无法挂载。

在 Linux 系统运行时，由于软件或临时性的硬件信号干扰，可能导致超级块损坏，从而使文件系统运行出错，无法被挂载及数据无法访问。造成这一现象的原因很明显：Ext4 文件系统的超级块存储了大量文件系统的结构参数，若参数不正确，则整个文件系统将无法解析，数据无法被识别和利用。如何恢复超级块的道理也容易明白：除了块 0 的主超级块，有不少备份超级块，它们之间大部分数据是相同的。

下面用一个实例来说明如何使用备份超级块恢复主超级块(以下实例参考了刘伟所著《数据恢复技术深度揭秘》一书中的实例模拟)。

一台计算机使用 Deepin Linux(深度 Linux)系统，某次因突然“断电”(我们用 sda5 主超级块损坏模拟)导致再一次启动时出现如图 7-22 所示现象。

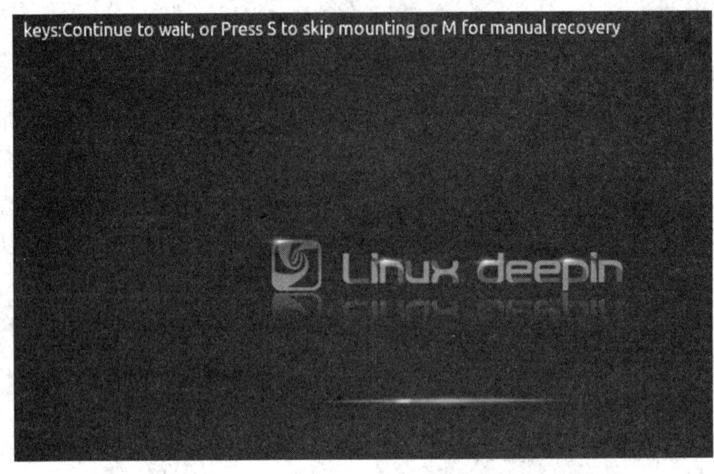

图 7-22　Linux 系统/home 分区主超级块损坏的现象

从图中可以看到，Linux 在尝试启动，但出现挂载问题。按“S”键跳过，出现登录对话框，但输入正确口令始终无法登录。在 WinPE 下用 WinHex 分析/home 处挂载的分区(第 1 个逻辑盘)，发现其超级块所在的 2 号扇区已经全部变成了“00”(同时 WinHex 无法识别该分区的文件系统类型，显示为“?”)。

Ext4 文件系统的超级块在很多块组中都有备份(即使是稀疏超级块方式的也有很多备份)，因此可以找到 1 个备份来修复主超级块。因为 Ext4 超级块在 38H～39H 偏移处有文件系统签名“53 EF”，所以，从该分区头部开始向下在扇区偏移 56 处寻找十六进制字节“53 EF”(具体设置可参考图 7-15)。

通过搜索，在 262144 号扇区找到了超级块，其内容如图 7-23 所示。

Offset	0	1	2	3	4	5	6	7	8	9	A	B	C	D	E	F
008000000	00	A0	12	00	00	80	4A	00	99	B9	03	00	C5	A8	48	00
008000010	F5	9F	12	00	00	00	00	00	02	00	00	00	02	00	00	00
008000020	00	80	00	00	00	80	00	00	00	20	00	00	00	00	00	00
008000030	A4	17	F7	52	00	00	FF	FF	53	EF	00	00	01	00	00	00
008000040	A4	17	F7	52	00	00	00	00	00	00	00	00	01	00	00	00
008000050	00	00	00	00	0B	00	00	00	00	01	01	00	3C	00	00	00
008000060	42	02	00	00	7B	00	00	00	72	A9	FA	08	C2	61	42	54
008000070	90	40	85	23	F6	C0	48	93	00	00	00	00	00	00	00	00
008000080	00	00	00	00	00	00	00	00	00	00	00	00	00	00	00	00
008000090	00	00	00	00	00	00	00	00	00	00	00	00	00	00	00	00
0080000A0	00	00	00	00	00	00	00	00	00	00	00	00	00	00	00	00
0080000B0	00	00	00	00	00	00	00	00	00	00	00	00	00	00	00	00
0080000C0	00	00	00	00	00	00	00	00	00	00	00	00	00	00	FE	03
0080000D0	00	00	00	00	00	00	00	00	00	00	00	00	00	00	00	00
0080000E0	08	00	00	00	00	00	00	00	00	00	00	00	36	84	1A	EE
0080000F0	09	59	4F	12	99	1F	E4	ED	CB	8B	7F	CA	01	01	00	00
008000100	0C	00	00	00	00	00	00	00	A4	17	F7	52	0A	F3	02	00
008000110	04	00	00	00	00	00	00	00	00	00	00	00	FF	7F	00	00
008000120	00	80	20	00	FF	7F	00	00	01	00	00	00	FF	FF	20	00
008000130	00	00	00	00	00	00	00	00	00	00	00	00	00	00	00	00
008000140	00	00	00	00	00	00	00	00	00	00	00	00	00	00	00	08
008000150	00	00	00	00	00	00	00	00	00	00	00	00	1C	00	1C	00
008000160	01	00	00	00	00	00	00	00	00	00	00	00	00	00	00	00
008000170	00	00	00	00	04	00	00	00	1D	11	02	00	00	00	00	00

图 7-23　在 262144 号扇区搜索到的超级块

该超级块的参数可以用 WinHex 模板查看，如图 7-24 所示，其中与主超级块不同的部分已标注。

Ext3/4 超级块，基本偏移:8000000

Offset	标题	数值	
8000000	i-节点总数	1220608	
8000004	总块数	4882432	
8000008	保留的块数	244121	
800000C	空闲的块数	4761797	
8000010	空闲的i-节点数	1220597	
8000014	第一个数据块	0	
8000018	块大小 (0=1K, 1=2K, 2=4	2	
800001C	段大小 (0=1K, 1=2K, 2=4	2	
8000020	每个块组中的块数	32768	
8000024	每个块组中的段数	32768	
8000028	每个块组中的i-节点数	8192	
800002C	最后挂载时间	n/a	n/a
8000030	最后写入时间	2014-02-09	05:52:36
8000034	挂载次数	0	
8000036	最大挂载数	-1	
8000038	签名标记 (53 EF)	53 EF	
800003A	文件系统状态	0	
800003C	错误处理方式	1	
800003E	次版本号	0	
8000040	最后检查时间	2014-02-09	05:52:36
8000044	强迫一致性检查最大时间	0	
8000048	创建文件系统的OS类型 (	0	
800004C	主版本号	1	

Ext3/4 超级块，基本偏移:8000000

扩展超级块

Offset	标题	数值
8000054	第一个非保留i-节点	11
8000058	i-节点大小	256
800005A	当前超级块所在块组	1

兼容性特征标志

Offset	标题	数值
800005C	包含日志?	1
800005C	其他	28

非兼容性特征标志

Offset	标题	数值
8000060	目录项中包含文件类型	1
8000060	使用盘区?	1
8000060	64位块号?	0
8000060	可伸缩的块组	1
8000060	其他	64

图 7-24　用 WinHex 模板查看备份超级块

从模板查看的数据来看，找到的是 1 号块组的超级块备份。再根据“每块组中的块数”值 32768、块大小类型 2(即 4K 字节或 8 扇区)，计算得到 $32768 \times 8 = 262\ 144$，正好是我们搜索到的备份超级块所在扇区号，这表明我们搜索到的是一个合法的超级块(不是以前分区格式化留下的“垃圾”信息)。

将扇区 262144 的数据复制到扇区 2，用模板打开扇区 2 并将当前块组号改为 0，暂不考虑其余与原始超级块不相符的数据。重新启动 Linux 系统，即可发现能够正常登录了。

用 Linux Live CD 方式启动光盘版 Linux，用命令 sudo fsck.ext4 /dev/sda5 对刚修复的文件系统进行一致性检查，确保文件系统的完整性。

值得说明的是，文件系统一致性检查存在一定风险，所以，安全的做法是在尝试做任何修复操作之前，对受损的文件系统进行备份，如在 Linux 系统中用 dd 命令将文件系统镜像为文件(应确保保存镜像文件的空间足够大)或在 Windows 环境下用 WinHex 做镜像文件。

思　考　题

1．Linux 下的 Ext4 文件系统和 Windows 下的 NTFS 文件系统有哪些相似点和不同之处？

2．Ext4 文件系统的超级块损坏后能否修复？若不能修复，请说明原因；若能修复，请说明如何修复。

3．Ext4 文件系统中的文件被 rm 命令删除后能否恢复？Linux 下的文件恢复比 Windows 中的如何？

附　　录

一、常用数制

数制是人们利用符号进行计数的科学方法。数制有很多种，计算机中常用的数制有二进制、十进制和十六进制。

1．二进制

二进制数有两个特点：由基本数字 0 和 1 组成；二进制数的运算规则是“逢二进一”。为区别于其他进制数，二进制数的书写通常在数的右下方注上基数 2，或在后面加 B 表示。例如：二进制数 10110011 可以写成$(10110011)_2$，或写成 10110011B。十进制数可以不加注。计算机中的数据均采用二进制数表示，这是因为二进制数具有以下优点：

(1) 二进制数中只有两个字符 0 和 1，可表示具有两个不同稳定状态的元器件。例如，电路中，有电流用 1 表示，无电流用 0 表示。类似的还如电路中电压的高、低，晶体管的导通和截止等。

(2) 二进制数运算简单，大大简化了计算机中运算部件的结构。

例如，二进制数的加法和乘法运算如下：

$0+0=0 \quad 0+1=1+0=1 \quad 1+1=10$

$0\times0=0 \quad 0\times1=1\times0=0 \quad 1\times1=1$

2．十进制

人们通常使用的是十进制，其特点有两个：由 0、1、2、…、9 十个基本数字组成；十进制数运算是按“逢十进一”的规则进行的。

3．十六进制

由于二进制数在使用中位数太长，不易记忆，所以又提出了十六进制数。十六进制数有两个基本特点：由十六个字符 0～9 以及 A、B、C、D、E、F 组成(它们分别表示十进制数 0～15)；十六进制数的运算规则是“逢十六进一”，通常在表示时用尾部标以 H 或右下方标 16 以示区别。例如，十六进制数 4AC8 可写成$(4AC8)_{16}$或 4AC8H。

4．数制之间的转换

1) 二进制数、十六进制数转换为十进制数(按权求和)

二进制数、十六进制数转换为十进制数的规律是相同的。方法为：把二进制数(或十六进制数)按位权形式展开成多项式和的形式，求其最后的和，就是其对应的十进制数，简称“按权求和”。

例如：(1) 把$(1001.01)_2$转换为十进制数。

解　$(1001.01)_2=1\times8+4\times0+2\times0+1\times1+0\times(1/2)+1\times(1/4)=8+0+0+1+0+0.25=9.25$

(2) 把$(38A.11)_{16}$转换为十进制数。

解 $(38A.11)_{16} = 3\times16^2+8\times16+10\times16^0+1\times16^{-1}+1\times16^{-2}$

$= 768+128+10+0.0625+0.0039 = 906.0664$

2) 十进制数转换为二进制数、十六进制数(除 2/16 取余法)

一个十进制整数转换为二进制整数通常采用除二取余法，即用 2 连续除十进制数，直至商为 0，再逆序排列余数即可得到，这简称为除二取余法。同理，把十进制数转换为十六进制数时，将基数 2 转换成 16 就可以了。

例如：(1) 将 25 转换为二进制数。

解 25÷2=12 余数 1

12÷2=6 余数 0

6÷2=3 余数 0

3÷2=1 余数 1

1÷2=0 余数 1

所以$25=(11001)_2$。

(2) 将 25 转换为十六进制数。

解 25÷16=1 余数 9

1÷16=0 余数 1

所以$25=(19)_{16}$。

3) 二进制数与十六进制数之间的转换

由于 4 位二进制数恰好有 16 种组合状态，即 1 位十六进制数与 4 位二进制数是一一对应的，所以十六进制数与二进制数的转换十分简单。

(1) 十六进制数转换成二进制数时，只需将每一位十六进制数用对应的 4 位二进制数替代即可，这简称为位分四位。

例如：将$(4AF8B)_{16}$转换为二进制数。

解 4 A F 8 B

0100 1010 1111 1000 1011

所以$(4AF8B)_{16}=(1001010111110001011)_2$。

(2) 二进制数转换为十六进制数，分别向左、向右每四位一组，依次写出每组 4 位二进制数所对应的十六进制数即可，这简称为四位合一位。

例如：将二进制数$(111010110)_2$转换为十六进制数。

解 0001 1101 0110

1 D 6

所以$(111010110)_2$=1D6H。

注意：转换时若最后一组不足 4 位，则必须加 0 补齐 4 位。

5．数制转换的一般化

1) R 进制数转换成十进制数

任意 R 进制数按权展开、相加即可得十进制数。

例如：N = 1101.0101B = 1×23+1×22+0×21+1×20+0×2−1+1×2−2+0×2−3+1×2−4

= 8+4+0+1+0+0.25+0+0.0625 = 13.3125

N = 5A.8 H = 5*161+A*160+8*16−1 = 80+10+0.5 = 90.5

2) 十进制数转换为 R 进制数

十进制数转换成 R 进制数时，须将整数部分和小数部分分别转换。

(1) 整数转换——除 R 取余法。

规则：

① 用 R 去除给出的十进制数的整数部分，取其余数作为转换后的 R 进制数整数部分的最低位数字。

② 用 2 去除所得的商，取其余数作为转换后的 R 进制数高一位数字。

③ 重复执行②，直到商为 0 时结束。

例如：将 115 转换成二进制数据和十六进制数据。

115 = 1110011 B = 73 H

(2) 小数转换——乘 R 取整法。

规则：

① 用 R 去乘给出的十进制数的小数部分，取乘积的整数部分作为转换后 R 进制小数点后的第一位数字。

② 用 R 去乘①中乘积的小数部分，然后取新乘积的整数部分作为转换后 R 进制小数的低一位数字。

③ 重复②，直到乘积为 0 或已得到所要求精度数位为止。

二、ASCII 码表

完整的 ASCII 编码表如附图 1 所示。

十进制	十六进制	字符	十进制	十六进制	字符	十进制	十六进制	字符	十进制	十六进制	字符
0	00	NUL	32	20	SP	64	40	@	96	60	`
1	01	SOH	33	21	!	65	41	A	97	61	a
2	02	STX	34	22	"	66	42	B	98	62	b
3	03	ETX	35	23	#	67	43	C	99	63	c
4	04	EOT	36	24	$	68	44	D	100	64	d
5	05	ENQ	37	25	%	69	45	E	101	65	e
6	06	ACK	38	26	&	70	46	F	102	66	f
7	07	BEL	39	27	'	71	47	G	103	67	g
8	08	BS	40	28	(	72	48	H	104	68	h
9	09	HT	41	29	)	73	49	I	105	69	i
10	0A	NL	42	2A	*	74	4A	J	106	6A	j
11	0B	VT	43	2B	+	75	4B	K	107	6B	k
12	0C	FF	44	2C	,	76	4C	L	108	6C	l
13	0D	CR	45	2D	-	77	4D	M	109	6D	m
14	0E	SO	46	2E	.	78	4E	N	110	6E	n
15	0F	SI	47	2F	/	79	4F	O	111	6F	o
16	10	DLE	48	30	0	80	50	P	112	70	p
17	11	DC1	49	31	1	81	51	Q	113	71	q
18	12	DC2	50	32	2	82	52	R	114	72	r
19	13	DC3	51	33	3	83	53	S	115	73	s
20	14	DC4	52	34	4	84	54	T	116	74	t
21	15	NAK	53	35	5	85	55	U	117	75	u
22	16	SYN	54	36	6	86	56	V	118	76	v
23	17	ETB	55	37	7	87	57	W	119	77	w
24	18	CAN	56	38	8	88	58	X	120	78	x
25	19	EM	57	39	9	89	59	Y	121	79	y
26	1A	SUB	58	3A	:	90	5A	Z	122	7A	z
27	1B	ESC	59	3B	;	91	5B	[	123	7B	{
28	1C	FS	60	3C	<	92	5C	\	124	7C	|
29	1D	GS	61	3D	=	93	5D	]	125	7D	}
30	1E	RE	62	3E	>	94	5E	^	126	7E	~
31	1F	US	63	3F	?	95	5F	_	127	7F	DEL

附图 1 ASCII 码表

常用控制字符对应的 ASCII 码值如下：

ESC 键：VK_ESCAPE (27)

回车键：VK_RETURN (13)

TAB 键：VK_TAB (9)

CapsLock 键：VK_CAPITAL (20)

Shift 键：VK_SHIFT (16)

Ctrl 键：VK_CONTROL (17)

Alt 键：VK_MENU (18)

空格键：VK_SPACE (32)

退格键：VK_BACKSPACE (8)

左徽标键：VK_LWIN (91)

右徽标键：VK_RWIN (92)

鼠标右键快捷键：VK_APPS (93)

Insert 键：VK_INSERT (45)

Home 键：VK_HOME (36)

PageUp：VK_PRIOR (33)

PageDown：VK_NEXT (34)

End 键：VK_END (35)

Delete 键：VK_DELETE (127)

方向键(←)：VK_LEFT (37)

方向键(↑)：VK_UP (38)

方向键(→)：VK_RIGHT (39)

方向键(↓)：VK_DOWN (40)

F1 键：VK_F1 (112)

F2 键：VK_F2 (113)

F3 键：VK_F3 (114)

F4 键：VK_F4 (115)

F5 键：VK_F5 (116)

F6 键：VK_F6 (117)

F7 键：VK_F7 (118)

F8 键：VK_F8 (119)

F9 键：VK_F9 (120)

F10 键：VK_F10 (121)

F11 键：VK_F11 (122)

F12 键：VK_F12 (123)

NumLock 键：VK_NUMLOCK (144)

小键盘 0：VK_NUMPAD0 (96)

小键盘 1：VK_NUMPAD1 (97)

小键盘 2：VK_NUMPAD2 (98)

小键盘 3：VK_NUMPAD3 (99)
小键盘 4：VK_NUMPAD4 (100)
小键盘 5：VK_NUMPAD5 (101)
小键盘 6：VK_NUMPAD6 (102)
小键盘 7：VK_NUMPAD7 (103)
小键盘 8：VK_NUMPAD8 (104)
小键盘 9：VK_NUMPAD9 (105)
小键盘.：VK_DECIMAL (110)
小键盘*：VK_MULTIPLY (106)
小键盘+：VK_ADD (107)
小键盘-：VK_SUBTRACT (109)
小键盘/：VK_DIVIDE (111)
PauseBreak 键：VK_PAUSE (19)
ScrollLock 键：VK_SCROLL (145)

三、硬盘区域组织结构速查表

附表 1　MBR 分区信息表结构

字　节	含　义
0	活动分区标志，00 为非活动分区
1	起始磁头号
2	起始扇区号
3	起始柱面号
4	分区类型
5	结束磁头号
6	结束扇区号
7	结束柱面号
8～11	本分区之前已用扇区数
12～15	本分区扇区总数

附表 2　FAT32 分区的 BPB 结构

偏移量	长度/字节	组 成 部 分
0BH	2	每扇区字节数
0DH	1	每簇扇区数
0EH	2	保留扇区数
10H	1	文件分配表数量
11H	2	未用
13H	2	扇区总数，用于小于 32 MB 的分区
15H	1	存储介质代号，F8 为硬盘
16H	2	每个文件分配表占用扇区数，用于小于 32 MB 的分区
18H	2	每磁道扇区数

续表

偏移量	长度/字节	组 成 部 分
1AH	2	逻辑磁头数
1CH	4	系统隐含扇区数
20H	4	扇区总数，表示大于 32 MB 的分区
24H	4	每个 FAT 表占用扇区数
28H	2	标记
2AH	2	版本
2CH	4	根目录起始簇号
30H	2	BOOT 占用的扇区数
32H	2	备份引导扇区的位置
34H	7	保留
40H	1	BIOS 设备标识，从 80H 开始编号
41H	1	保留
42H	1	扩展引导标记
43H	4	序列号
47H	11	卷标
52H	8	文件系统名称

附表 3　NTFS 分区的 BPB 结构

字节偏移	字段长度	示 例 值	字 段 名
0x0B	WORD	0x0002	每扇区字节数
0x0D	BYTE	0x08	每簇扇区数
0x0E	WORD	0x0000	保留扇区
0x10	3 BYTE	0x000000	总是 0
0x13	WORD	0x0000	NTFS 未使用
0x15	BYTE	0xF8	介质描述
0x16	WORD	0x0000	总是 0
0x18	WORD	0x3F00	每磁道扇区数
0x1A	WORD	0xFF00	磁头数
0x1C	DWORD	0x3F000000	隐含扇区
0x20	DWORD	0x00000000	NTFS 未使用
0x24	DWORD	0x80008000	NTFS 未使用
0x28	LONGLONG	0x4AF57F0000000000	扇区总数
0x30	LONGLONG	0x0400000000000000	$MFT 的起始逻辑簇号
0x38	LONGLONG	0x54FF070000000000	$MFTMirr 的起始逻辑簇号
0x40	DWORD	0xF6000000	每个文件记录段的簇数
0x44	DWORD	0x01000000	每个索引块的簇数
0x48	LONGLONG	0x14A51B74C91B741C	卷序列号
0x50	DWORD	0x00000000	校验和

附表 4　FAT32 的 FDT 结构表

偏移	长度/字节	含　义
00	8	文件名，若第 1 字节为 0，表示空表项；若第 1 字节为 E5H，表示文件被删除；若第 1 字节为 2EH 或前两个字节为 2EH 2EH，表示子目录下的“.”或“..”目录项
08	3	文件扩展名
0B	1	文件属性
0C	1	文件名字节校验和
0D	3	文件建立时间。24 位二进制表示为 hhhhh mmmmmm sssss MMMMMMMM。其中，hhhhh 为小时，mmmmmm 为分钟，sssss 是以 2 秒为单位的秒数，最后 8 位是以 10 毫秒为单位的秒数
10	2	文件建立日期。16 位二进制表示为 yyyyyyy mmmm ddddd。其中，yyyyyyy 数值加上 1980 为年份，mmmm 表示月份，ddddd 为日期
12	2	文件最近访问日期，格式同文件建立日期
14	2	起始簇号高 16 位
16	2	文件最近修改时间。16 位二进制表示为 hhhhh mmmmmm sssss，定义同文件建立时间
18	2	文件最近修改日期，格式同文件建立日期
1A	2	起始簇号低 16 位
1C	4	32 位文件长度，以字节为单位。对于子目录项，此处总是置 0

附表 5　FAT32 长文件登记项

偏　移	长度/字节	含　义
0	1	顺序字节
1	10	长文件名，Unicode 格式
0B	1	属性字节，为 0FH
0C	1	保留，00H
0D	1	文件名校验和
0E	12	长文件名，Unicode 格式
1A	2	保留，0000H
1C	4	长文件名，Unicode 格式

四、常用 DOS 命令

1. Dir 命令

功能：显示某个硬盘指定目录下的全部或部分文件目录和子目录，显示信息包括文件名、扩展名、文件长度、文件创建日期和时间。同时给出所显示文件的总数和剩余的硬盘空间。

格式：

dir [drive:][path][name][[/a][:attrib]][/o[: sorted]][/s][/b][/l][/c[h]]

参数：[drive:][path][name]表示文件的完整路径，包括盘符、目录和文件名称。

/s—对当前目录及其子目录中所有文件进行列表。

/b—只显示文件名与扩展名。

/l—全部用小写字母对文件或子目录进行列表。

(1) dir 命令缺省情况下显示所有文件(但不包括系统文件和隐含文件)，使用/a:attrib 参数，用户可以显示特定文件，attrib 取值和含义如下：

[h/-h]—隐含文件或非隐含文件。

[r/-r]—只读文件或非只读文件。

[s/-s]—系统文件或非系统文件。

[a/-a]—要归档文件或非归档文件。

(2) dir 命令缺省情况下完全按字母顺序排列显示文件，子目录显示在文件之前，使用/o:sorted 参数可以指定文件显示方式，sorted 的取值和含义如下：

[n/-n]—按字母顺序或按文件名顺序/反向显示。

[e/-e]—按扩展名字母顺序/反向显示。

[d/-d]—按时间顺序/反向显示。

[s/-s]—按大小从大到小/反向显示。

[g/-g]—按子目录先于文件或文件先于子目录显示。

2. attrib 命令

功能：显示或更改文件属性。

格式：

attrib [+r|-r] [+a|-a] [+s|-s] [+h|-h] [d:] [name] [/s]

参数：attrib 缺省情况下显示所有文件的属性。+表示设置属性，–为清除属性。

[+r|-r]—设置或清除文件只读属性。

[+a|-a]—设置或清除文件归档属性。

[+s|-s]—设置或清除文件系统属性。

[+h|-h]—设置或清除文件隐含属性。

/s—对当前及当前子目录下的所有文件均起作用，可以用来查找文件。

3. cd 命令

功能：显示当前目录名或改变当前目录。

格式：

cd [/d][drive:][path]

参数：[drive:][path]表示要改变的全路径目录名。

path 参数还有下面特殊的用法：

.. —返回到父目录。

. —显示当前目录。

\ —返回到根目录。

4. copy 命令

功能：将一个或多个文件复制到另外的位置。

格式：

copy [/d][/v][/n][y/-y][/z][/a|/b] source [/a|/b] [+source[/a|/b][+…]][destination[/a|/b]]

参数：

source—指定要复制的文件。

/a—表示一个 ASCII 文件。

/b—表示一个二进制文件。

/d—允许解密要创建的目标文件。

destination—为新文件指定目录和/或文件名。

/v—验证新文件写入是否正确。

/n—复制带有非 8.3 格式名称的文件时，尽可能使用短文件名。

/z—用可重新启动模式复制已连网的文件。

/y—不加提示，对所有文件加以覆盖。

/-y—对所有文件加以提示(yes 或 no 提问)。

5．xcopy 命令

功能：复制文件和目录树。此命令可复制目录及其子目录下的所有文件。

格式：

```
xcopy source [destination] [/p] [/s] [/e] [/v] [/y][/-y]
```

参数：

source—指定要复制的文件。

destination—为新文件指定目录和/或文件名。

/p—提示创建子目录。

/s—复制目录和子目录，但不复制空目录。

/e—复制目录和子目录，包括空目录。

在目标盘上创建文件[按下]还是创建子目录[按下 d] ?应选择 d 键。

/v—验证新文件。

/y—覆盖同名文件时不显示提示信息。

/-y—覆盖同名文件时显示提示信息。

6．del 命令

功能：删除一个或多个文件。

格式：

```
del [/p] names
```

参数：

names—指定一个或多个文件，可使用通配符(“*”等)来删除多个文件。

/p—删除前提示是否执行删除操作。

7．deltree 命令

功能：删除目录，包括目录下的文件及其子目录。

格式：

```
deltree [/y] [drive:] path
```

参数：

drive—盘符。

path—目录名。

/y—删除时不加提示就执行删除操作。

8．format 命令

功能：格式化磁盘。

格式：

format drive: [/q] [/u] [/s] [/n: sectors] [/f: size] [/c]

参数：

drive—盘符。

/q—快速格式化，仅重写文件分配表和根目录区。仅对格式化过的磁盘有效。使用时应确保格式化过后没有增加新的坏道。

/u—无条件格式化，并且不保存原来盘上的信息。可以防止“unformat”。

/s—格式化为系统盘。也可以在格式化后使用“sys”命令。

/f:size—表示要格式化的磁盘大小，可以为 160K、180K、320K、360K、720K、1200K、1440K、2880K。

/n: sectors—指定每条磁道的扇区数。

/c—重新测试坏扇区，缺省时如果一个扇区标记为“坏”，以后格式化时就不再重新测试，仅作标记。

9．move 命令

功能：移动文件并重命名文件和目录。

格式：

move [/y|/-y] filename1 filename2

参数：

filename1—指定想移动的文件或目录名称。

filename2—要重命名的文件或目录名称。

/y—重命名时，覆盖同名文件或目录时不显示提示信息。

/-y—重命名时，覆盖同名文件或目录时显示提示信息。

10．md 命令

功能：创建目录。

格式：

md path

参数：

path—要建立的子目录名。

五、debug 命令简介

功能：程序调试工具。

格式：

debug [[drive:][path] filename [parameters]]

parameters 参数如下：

？一显示 debug 命令列表。

a—汇编 8086/8087/8088 记忆码。

c—比较内存的两个部分。

d—显示部分内存的内容。

e—从指定地址开始，将数据输入到内存。

f—使用指定值填充一段内存。

g—运行在内存中的可执行文件。

h—执行十六进制运算。

i—显示来自特定端口的 1 字节值。

l—将文件或磁盘扇区内容加载到内存。

m—复制内存块中的内容。

/n—为 l 或 w 命令指定文件，或者指定正在测试的文件的参数。

o—向输出端口发送 1 个字节的值。

p—执行循环、重复的字符串指令、软件中断或子例程。

q—停止 debug 会话。

r—显示或改变一个或多个寄存器。

s—在部分内存中搜索一个或多个字节值的模式。

t—执行一条指令，然后显示所有寄存器的内容、所有标志的状态和 debug 下一步要执行的指令的解码形式。

u—反汇编字节并显示相应的原语句。

w—将被测试文件写入磁盘。

xa—分配扩展内存。

xd—释放扩展内存。

xm—映射扩展内存页。

xs—显示扩展内存的状态。

filename—要调试的可执行程序名称。

debug 子命令及其功能如下(可参考 parameters 参数)：

debug:a　汇编

debug:c　比较

debug:d　转储

debug:e　键入

debug:f　填充

debug:g　转向

debug:h　十六进制

debug:i　输入

debug:l　加载

debug:m　移动

debug:n　名称

debug:o　输出

debug:p　执行

debug:q　退出

debug:r　寄存器

debug:s　搜索

debug:t　跟踪

debug:u　反汇编

debug:w　写入

debug:xa　分配扩展内存

debug:xd　取消分配扩展内存

debug:xm　映射扩展内存页

debug:xs　显示扩展内存状态

参 考 文 献

[1] 戴士剑，涂彦晖. 数据恢复技术. 2 版. 北京：电子工业出版社，2007.

[2] 刘伟. 数据恢复技术深度揭秘. 北京：电子工业出版社，2010.

[3] 宋群生，宋亚琼. 硬盘扇区读写技术——修复硬盘与恢复文件. 北京：机械工业出版社，2004.

[4] 微软. MSDN Library-January 2001. 2001.

[5] ACE Laboratory. Training materials for PC-3000 and Data Extractor. http://www.acelaboratory.com/downloads. php, 2014.